大数据
计算方法基础
——从静态数据到动态数据

李廉 陈国良 主编

周明洋 廖好 孙广中 王毅 季一木 陆克中 秦建斌 毛睿 编著

中国教育出版传媒集团

高等教育出版社·北京

内容提要

本书研究大数据计算的基础方法,重点讲述静态大数据和动态大数据的计算方法,静态大数据可以采用并行的方法来提高求解速度,而动态大数据则可以采用概率近似正确计算的方法来提高响应速度。

全书着重讲述了静态大数据并行计算相关理论(详见第二章)、动态大数据与概率近似正确计算方法(详见第三章)以及大数据的样本复杂性理论和样本价值(详见第四章),针对动态数据和静态数据的差异,各部分均进行了细致讨论。为了便于阅读和学习,提供了预备基础知识(详见第一章),并对常用的数据集和数据计算平台进行了介绍(详见第五章)。

本书框架清晰,内容翔实,对于一些经典问题给出了详细的证明,可作为高等学校计算机、计算数学以及相关专业的本科高年级学生和研究生的教学用书,亦可供从事高性能计算相关工作的科技人员阅读参考。

图书在版编目(CIP)数据

大数据计算方法基础:从静态数据到动态数据/李廉,陈国良主编;周明洋等编著. --北京:高等教育出版社,2023.10

ISBN 978 – 7 – 04 – 060142 – 8

Ⅰ.①大… Ⅱ.①李… ②陈… ③周… Ⅲ.①数据处理-高等学校-教材 Ⅳ.①TP274

中国国家版本馆 CIP 数据核字(2023)第 036214 号

大数据计算方法基础

Dashuju Jisuan Fangfa Jichu

| 策划编辑 | 张海波 | 责任编辑 | 张海波 | 封面设计 | 李卫青 | 版式设计 | 张 杰 |
| 责任绘图 | 杨伟露 | 责任校对 | 刘丽娟 | 责任印制 | 耿 轩 | | |

出版发行	高等教育出版社		网 址	http://www.hep.edu.cn
社 址	北京市西城区德外大街 4 号			http://www.hep.com.cn
邮政编码	100120		网上订购	http://www.hepmall.com.cn
印 刷	山东临沂新华印刷物流集团有限责任公司			http://www.hepmall.com
开 本	787mm×1092mm 1/16			http://www.hepmall.cn
印 张	23.25			
字 数	250 千字		版 次	2023 年 10 月第 1 版
购书热线	010-58581118		印 次	2023 年 10 月第 1 次印刷
咨询电话	400-810-0598		定 价	46.00 元

本书如有缺页、倒页、脱页等质量问题,请到所购图书销售部门联系调换

前　言

当今人类已经进入信息化时代,物联网、云计算、大数据、人工智能等新兴技术快速发展,也成为当前产业热点和科技竞争焦点之一。其中,物联网使成千上万的网络传感器嵌入现实世界中,云计算为物联网产生的或者其他来源的海量数据提供了存储空间和在线处理的能力,大数据经过云计算处理后产生了巨大的价值,人工智能则在大数据基础上进一步提供了智能模拟和自动决策能力。目前,大数据和人工智能迅速发展:在社会生活中,不管你愿意或不愿意、自觉或不自觉、关心或不关心,你都在分享和产生数据,同时各类平台也在利用人工智能算法分析你的数据,从而提供导航、购物、娱乐等新业态的服务;在科学技术领域,大数据和人工智能算法已被广泛应用到生物医药、新材料研发、空间数据分析、环境保护、优化决策等领域。大数据和人工智能正在迅速推动着科技和社会的发展,改变着人们的生活方式和思维方式。

近些年,多个国家和地区将人工智能和大数据列入国家竞争的关键信息技术。中国计算机学会于 2012 年成立"大数据专家委员会",随后国家自然科学基金委员会和相关科技部门纷纷发布指南,就大数据进行重点资助和广泛研发。由中国科学技术协会承办了以"人工智能"为主题的信息科技论坛,多项人工智能技术被列入信息技术领域十大前沿热点问题。近年来互联网、大数据和人工智能等技术深度融合、快速发展,在部分领域已具有领先优势。

当前基于神经网络等学习模型的各类计算方法严重依赖于大规模数据,机器学习领域知名学者吴恩达认为,80% 数据 + 20% 模型 = 更好的人工智能,这就对基础的大数据计算方法提出了新的要求。大数据计算是当前数据科学和人工智能领域的基础核心问题之一。因此科学工作者必须深入研究大数据计算本身给我们带来的问题,例如,它是一门科学吗,它有哪些关键问题值得研究等。自然而然地,作为从事计算科学研究的人员,我们也关心大数据的计算方法,没有好的计算方法就没有好的应用,这就是我们选择将大数据计算方法作为本书主题的原因。同时本书也作为我们承担的科学技术部重点专项"大数据计算理论"研究项目的成果,总结了大数据计算方法的基本理论和背景。

我们曾在《大数据计算理论基础——并行和交互式计算》(陈国良主编,高等教育出版社,2017)一书中对大数据情况下 P 问题和NP 问题的计算分别进行了讨论:针对 P 问题,通过并行计算来提高求解速度;针对 NP 问题,通过交互式计算来改善求解质量。实际上这些计算问题均要求数据提前准备好,一般属于静态数据的计算。而在实际计算问题中,往往需要在获得部分数据的情况下进行计算,例如动态(流)数据计算,这是传统的计算复杂性理论尚未完全讨论的问题。从应用的角度看,当前大数据情况下的一大类问题并不要求精确解,仅仅获得满意的近似解即可,人们关心的是如何利用部分数据进行计算,解的精度如何,是否能够获得给定精度的解,以多大的置信度获得这个解。从数据分析的角度看,统计学和数据挖掘领域的学者对该问题已经有了较深入的研究,但这些研究局限于具体的应用问题。同时当前的主流计算方法仍是建立在精确计算的基础上的。因此,针对这类动态数据有必要从计算方法的角度来讨论近似计算问题。在本书里,我们对此做了初步的尝试。

本书分别讨论了静态数据和动态数据的计算。针对静态大数据计算方法,可采用经典的并行计算尤其是亚线性方法来降低计算时间复杂度;针对动态大数据,通过概率近似正确(PAC)计算的方法在给定的误差范围和置信度区间内获取近似解。这里"概率近似正确"包含两层含义,一是解本身存在误差,二是能否获得这个近似解也存在一定的置信度,算法的复杂性与求解精度和置信度密切相关。在概率近似正确计算的框架下可对动态数据计算进行有效的处理和评估。

本书围绕上述主题,重点研究了静态数据和动态数据的计算方法及其复杂性问题,不仅包含传统的算法复杂性,更加入了有关样本复杂性等新的内容,算法复杂性和样本复杂性共同构成了大数据计算方法的分析框架。

本书第一章是数学基础,介绍了大数据计算中常用的数学基础知识,第二章讨论了静态大数据计算,从并行计算模型、算法设计的角度分析了并行计算的系统结构,并根据经典的整体同步并行(BSP)计算模型,从算法的时间复杂性、通信复杂性以及空间复杂性等方面分析了并行算法的关键设计要素,最后重点讨论了静态大数据计算的亚线性计算方法,其中尤其针对 NC 类做了进一步分析。第三章讨论了动态大数据计算,采用了概率近似正确计算的方法分析算法复杂性,研究了 PAC 方法所需要的样本数量、计算误差、置信度三者之间的关系,并通过数值计算和非数值计算的典型案例验证 PAC 方法的有效性。第四章系统地讨论了大数据计算的样本复杂性问题,揭示了样本复杂度与信息熵、柯尔莫哥洛夫复杂度之间的深刻联系,同时还借助样本复杂性对数据边际价值递减原理进行了更加深入的讨论,进一步地,通过典型算法说明了交互式计算在人工智能中的应用。最后,在本书第五章介绍了常用的大数据数据库、应用软件以及相应的计算平台。

近些年来,我们在讨论班上始终围绕大数据计算的主题进行了广泛、深入的研究,而且多次在相关学术会议上进行了交流和探讨。在此基础上逐步形成了本书的初稿,最终在陈国良院士和李廉教授的共同指导下,经周明洋、廖好、孙广中、王毅、季一木、陆克中、秦建斌、毛睿等老师的辛勤工作,终于在 2021 年完成了本书的终稿。感谢科学技术部重点专项的支持,同时也感谢国家重点研发计划项目课题(2018YFB1003201,所属项目“数据科学的若干基础理论”2018YFB1003200)、广东省自然科学基金(2019B151502055,2020B1515120028)、国家自然科学基金委-广东联合基金重点项目(U2001212)、国家自然科学基金面上项目(62072311,61972259,62122056)、珠江人才计划(2019ZT08X603)等对本项目的资助。

编者

2021 年 9 月于深圳大学

目　　录

第一章 大数据计算基本数学知识

1.1 概率统计基础

大数据计算涉及统计学中诸多概念与基础知识,其中包括概率论与数理统计、多元统计分析基础等。本章首先介绍大数据计算所需的基础数学知识,主要包括有关统计学的概念,如相关系数、协方差矩阵、熵、统计量与充分统计量,然后介绍多变元分析中样本均值、样本中位数以及样本方差等概念。最后,讨论在大数据计算中广泛使用的一些概率分布及其性质。由于大数据计算目前尚无统一的理论,因此相关的基础概念也在不断发展和完善中。

1.1.1 有关数据的统计学

在大数据计算过程中需要处理不确定变量或随机变量。这种不确定性可能与所分析系统内部的随机性、观测的不完整性或者模型的不完全性等许多因素有关。

概率论和统计学是用于表示和研究不确定性的数学分支。它不仅为量化不确定性提供了相应的方法,也引入了一些有关随机性和不确定性的公理,从而可以在存在不确定性的情况下进行计算和推理。而信息论则从信息的角度去描述和量化随机现象,揭示了不确定性与确定性之间的度量规则,成为研究计算理论和方法的又一个有力工具。下面介绍一些有关概率统计以及信息论的基本知识。

1. 统计量

对于一个大的数据集,人们很难对其完整的数据集进行计算,因此需要通过抽样方法利用样本的计算结果来推知数据集整体的情况。在获取样本后,需要对样本进行"加工"与"整理",把它们提供的、关于总体的信息提取出来。因此,我们引入统计量的概念,一般而言,统计量是一个函数,用来对数据的参数进行分析或者检验。定义如下:

设 $X = (X_1, X_2, \cdots, X_n)$ 是来自总体数据 D 的一组样本,D 满足某个分布 $f(X; \theta_1, \theta_2, \cdots, \theta_k)$,其中 $\theta_i (i = 1, 2, \cdots, k)$ 是参数,若从样本函数 $T(X)$ 可以推知参数 θ_i 的某些信息,则称 $T(X)$ 为参数 α_i 的统计量。统计量将大量的样本 $X_1, X_2, \cdots, X_n$ 简化为 $T(X)$,这样做的结果可能会损失样本中包含的、有关 θ_i 的信息,我们自然希望损失越少越好,如果毫无损失,就称为充分统计量。

通过计算统计量能够估计包含在数据中的许多参数。例如样本均值 $\mu = \dfrac{1}{n} \sum_{i=1}^{n} X_i$ 是一种统计量,它提供了一种定位度量——一个数据集的"中心值"。而从每个数据到均值的距离 $X_i - \mu$ 则反映了这些数据围绕"中心值"的偏离程度,$\dfrac{1}{n} \sum_{i=1}^{n} (X_i - \mu)^2$ 是方差统计量。

正是因为统计量的性质,在大数据计算中会尽量依靠统计量来估计整体数据集的一些参数。常用的一些统计量定义如下。

① $\bar{X} = \dfrac{1}{n} \sum\limits_{i=1}^{n} X_i$，称为样本均值，它与总体均值（期望）有密切的关系。

② $S^2 = \dfrac{1}{n-1} \sum\limits_{i=1}^{n} (X_i - \bar{X})^2$，称为样本方差，$S^2$是对样本$X_1, X_2, \cdots,$ X_n的分散程度的一个合理刻画，它与总体方差有密切的关系，S称为样本标准差。

③ $A_k = \dfrac{1}{n} \sum\limits_{i=1}^{n} X_i^k$（$k$为任意整数），称为样本$k$阶原点矩。

④ $M_k = \dfrac{1}{n} \sum\limits_{i=1}^{n} (X_i - \bar{X})^k$（$k$为任意整数），称为样本$k$阶中心矩。

原点矩和中心矩统称为样本矩，显然$A_1 = \bar{X}$。需要注意的是，样本二阶中心矩M_2与样本方差S^2相差一个因子，即 $M_2 = \dfrac{n-1}{n} S^2$。

2. 充分统计量

在统计学中，如果统计量 $T(X_1, X_2, \cdots, X_n)$ 携带了未知参数 θ 的所有信息，则 $T(X_1, X_2, \cdots, X_n)$ 称为充分统计量。其形式定义为：

对于统计量 $T = T(X)$，如果条件分布 $P(X \mid T)$ 与参数 θ 无关，则统计量 $T = T(X)$ 就是参数 θ 的充分统计量。

例如，设 B 服从两点分布 $B(x; \theta)$，$X_1, X_2, \cdots, X_n$ 是独立同分布（independent identically distributed，IID）抽样，$T(X_1, X_2, \cdots, X_n) = \sum\limits_{i=1}^{n} X_i$ 是统计量。参数 θ 定义为$P_\theta(X_i = 1) = 1 - P_\theta(X_i = 0) = \theta$，于是 $T(X)$ 服从二项分布

$$P_\theta(T = t) = \binom{t}{n} \theta^t (1-\theta)^{n-t} \quad (t = 0, 1, \cdots, n)$$

在给定 $T=t$ 的条件下,事件 $\{X_i=x_i,i=1,2,\cdots,n\}$ 的条件概率是

$$P_\theta(X_i=x_i,i=1,2,\cdots,n \mid T=t) = \frac{P_\theta(X_i=x_i,i=1,2,\cdots,n,T=t)}{P_\theta(P=t)}$$

$$= \begin{cases} \dfrac{\theta^t(1-\theta)^{n-t}}{\dbinom{t}{n}\theta^t(1-\theta)^{n-t}} = \dfrac{1}{\dbinom{t}{n}}, & \text{当} X_i=0 \text{ 或 } 1, i=1,2,\cdots,n, \text{且} \sum_{i=1}^n x_i=t \\ 0, & \text{其他情况} \end{cases}$$

这个分布与 θ 无关,因此是一个充分统计量。

定理 1.1 **费希尔-奈曼(Fisher-Neyman)分解定理** 设概率密度函数是 $f(x;\theta)$,那么统计量 T 是参数 θ 的充分统计量,当且仅当存在非负函数 g 和 h,对于任意的样本集 $X_1,X_2,\cdots,X_n$,满足

$$f(x_1,x_2,\cdots,x_n;\theta)=h(x_1,x_2,\cdots,x_n)g(T(x_1,x_2,\cdots,x_n),\theta)$$

$$(1.1)$$

即,样本的联合概率密度 $f(x_1,x_2,\cdots,x_n;\theta)$ 可以被分解为一个不依赖于参数 θ 的函数 h 和另一个既依赖于参数 θ 又通过 $T(x_1,x_2,\cdots,x_n)$ 依赖于 x 的函数 g。

式(1.1)分解定理提供了对充分统计量进行验证的方便方法。再设 $T_1(x_1,x_2,\cdots,x_n)$,$T_2(x_1,x_2,\cdots,x_n)$,$\cdots$,$T_l(x_1,x_2,\cdots,x_n)$ 都是统计量,用于联合估计参数 $\theta=(\theta_1,\theta_2,\cdots,\theta_k)$,如果有

$$f(x_1,x_2,\cdots,x_n;\theta)=h(x_1,x_2,\cdots,x_n)g(T_1,T_2,\cdots,T_l,\theta)$$

则显然 $T_1(x_1,x_2,\cdots,x_n)$,$T_2(x_1,x_2,\cdots,x_n)$,$\cdots$,$T_l(x_1,x_2,\cdots,x_n)$ 都是充分统计量。

下面给出充分统计量的两个例子。

例 1.1 设 $x_1,x_2,\cdots,x_n$ 为来自 $p(x;\theta)=\theta x^{\theta-1},0\le x\le 1$(幂律分布)的样本,求它的一个充分统计量。

首先求出联合概率密度

$$p(x_1, x_2, \cdots, x_n; \theta) = \theta^n \left(\prod_{i=1}^{n} x_i^{\theta-1} \right)$$

根据上式,第一个 θ^n 由于含有参数,不能放到因子 $h(x_1, x_2, \cdots, x_n)$ 中,只能归到因子 $g(T(x_1, x_2, \cdots, x_n), \theta)$ 上。第二个因子 $\prod_{i=1}^{n} x_i^{\theta-1}$ 与 θ 和样本同时有关,也只能放到因子 $g(T(x_1, x_2, \cdots, x_n), \theta)$ 上。因此,只需要设 $h(x_1, x_2, \cdots, x_n) = 1$,$T = \prod_{i=1}^{n} x_i$ 即可。于是就找到了一个充分统计量 $T = \prod_{i=1}^{n} x_i$。

例 1.2 设 $x_1, x_2, \cdots, x_n$ 为样本,样本满足正态分布

$$x_i \sim p(x_i; \mu, \sigma^2) = \frac{1}{\sqrt{2\pi}\,\sigma} \exp\left(-\frac{1}{2\sigma^2}(x_i - \mu)^2 \right) \quad (x_i > 0)$$

请估计 μ, σ^2 的充分统计量。

样本集的联合密度函数

$$p(x_1, x_2, \cdots, x_n; \mu, \sigma^2) = \prod_{i=1}^{n} \frac{1}{\sqrt{2\pi}\,\sigma} \exp\left(-\frac{1}{2\sigma^2}(x_i - \mu)^2 \right)$$

$$= \left(\prod_{i=1}^{n} \frac{1}{\sqrt{2\pi}} \right) \sigma^{-n} \exp\left(-\frac{1}{2\sigma^2} \sum_{i=1}^{n} x_i^2 + \frac{\mu}{\sigma^2} \sum_{i=1}^{n} x_i - \frac{n\mu^2}{2\sigma^2} \right)$$

首先 $\prod_{i=1}^{n} \frac{1}{\sqrt{2\pi}}$ 没有需要估计的参数,属于因子 $h(x_1, x_2, \cdots, x_n)$。然后是 σ^{-n},这是我们关心的统计量,但是它与样本并没有关系,属于因子 $g(T(x_1, x_2, \cdots, x_n), \theta)$。接着是 $\exp\left(-\frac{1}{2\sigma^2} \sum_{i=1}^{n} x_i^2 \right)$,它与样本有关,因此 $\exp\left(\sum_{i=1}^{n} x_i^2 \right)$ 是充分统计量。随后是 $\exp\left(\frac{\mu}{\sigma^2} \sum_{i=1}^{n} x_i \right)$,这部分与 μ, σ^2 以及样本均有关,显然 $\sum_{i=1}^{n} x_i$ 也是充分统计量。最后

是 $\exp\left(-\dfrac{n\mu^2}{2\sigma^2}\right)$，这部分与样本无关，属于因子 $g(T(x_1,x_2,\cdots,x_n),\theta)$。最终得到 $T=\left(\sum\limits_{i=1}^{n}x_i^2,\sum\limits_{i=1}^{n}x_i\right)$，这是充分统计量。一般情况下，有几个需要估计的参数就有几个统计量。具体来说，$\sum\limits_{i=1}^{n}x_i$ 用于统计均值 μ，$\sum\limits_{i=1}^{n}x_i^2$ 和 $\sum\limits_{i=1}^{n}x_i$ 联合起来统计方差 σ^2，有

$$\sum_{i=1}^{n}x_i\to n\mu,\qquad \frac{1}{n}\sum_{i=1}^{n}x_i^2-\left(\frac{1}{n}\sum_{i=1}^{n}x_i\right)^2\to\sigma^2$$

此处使用了方差的计算公式 $Dx=Ex^2-(Ex)^2$。

3. 协方差矩阵

在大数据计算中，经常遇到多个随机变量 $x_1,x_2,\cdots,x_n$ 的情况，在计算中不仅需要考察每个随机变量的性质，还需要考察各随机变量之间的相关性质，协方差反映了两个随机变量之间相关性质的数学特征。

本书总是假定一个分布或者随机变量的期望是存在的。随机变量 X 与 Y 的协方差定义为

$$cov(X,Y)=E\{[X-E(X)][Y-E(Y)]\} \qquad (1.2)$$

协方差有以下性质：

- 对称性：$cov(X,Y)=cov(Y,X)$；
- 齐次性：$cov(aX,bY)=a\cdot b\cdot cov(X,Y)$，$a,b$ 是常数；
- 可加性：$cov(X_1+X_2,Y)=cov(X_1,Y)+cov(X_2,Y)$。

由式（1.2）可知，协方差与期望之间有如下关系：

$$cov(X,Y)=E(XY)-E(X)E(Y)$$

如果随机变量 x_i 和 x_j 之间的协方差 $cov(x_i,x_j)$ 存在，那么矩阵

$$C = \begin{pmatrix} c_{11} & c_{12} & \cdots & c_{1n} \\ c_{21} & c_{22} & \cdots & c_{2n} \\ \vdots & \vdots & & \vdots \\ c_{n1} & c_{n2} & \cdots & c_{nn} \end{pmatrix}$$

其中，$c_{ij} = cov(x_i, x_j)$，则 C 为 n 维随机变量 $(x_1, x_2, \cdots, x_n)$ 的协方差矩阵。

协方差矩阵 $C = (x_{ij})_{n \times n}$ 满足：

（1）$c_{ii} = D(x)$，$i = 1, 2, \cdots, n$；

（2）$c_{ij} = c_{ji}, i \neq j, i, j = 1, 2, \cdots, n$。

可知协方差矩阵是对称矩阵。

4. 相关系数

若随机变量 (X, Y) 的协方差和方差均存在，且 $D(X) > 0, D(Y) > 0$，则称

$$\rho_{XY} = \frac{cov(X, Y)}{\sqrt{D(X)D(Y)}}$$

为随机变量 X 与 Y 的相关系数。ρ_{XY} 是无量纲的数值。

上式也可以写成

$$\rho_{XY} = E\left[\frac{X - E(X)}{\sqrt{D(X)}} \cdot \frac{Y - E(Y)}{\sqrt{D(Y)}}\right] = E(X^* Y^*) = cov(X^*, Y^*)$$

即相关系数 ρ_{XY} 是 X 与 Y 相应的标准化随机变量 X^*, Y^* 的协方差。

相关系数满足 $|\rho_{XY}| \leq 1$，$|\rho_{XY}| = 1$ 的充要条件是 $P(Y = a + bX) = 1$。

当 $|\rho_{XY}|$ 较大时，表明 X, Y 的线性关系较为紧密。特别当 $|\rho_{XY}| = 1$ 时，X, Y 以概率 1 存在线性关系。可见 ρ_{XY} 是一个用来表征 X, Y 之间线性关系紧密程度的量。当 $|\rho_{XY}|$ 较大时，通常说 X, Y 线性相关的

程度较好；当 $|\rho_{XY}|$ 较小时，通常说 X,Y 线性相关的程度较差；当 $|\rho_{XY}|=0$ 时，表明 X,Y 不相关。

对于 n 维随机变量 $(x_1, x_2, \cdots, x_n)$，如果任意 x_i, x_j 之间存在相关系数，那么相关矩阵为

$$R = \begin{pmatrix} \rho_{11} & \rho_{12} & \cdots & \rho_{1n} \\ \rho_{21} & \rho_{22} & \cdots & \rho_{2n} \\ \vdots & \vdots & & \vdots \\ \rho_{n1} & \rho_{n2} & \cdots & \rho_{nn} \end{pmatrix}$$

其中，$\rho_{ij} = \dfrac{cov(x_i, x_j)}{\sqrt{D(x_i)D(x_j)}}$。相关矩阵的对角线元素都是 1，相关矩阵同协方差矩阵一样都是对称矩阵。

假设随机变量 X, Y 的相关系数 ρ_{XY} 存在，当 X 和 Y 相互独立时，可以得到 $cov(X, Y) = 0$，从而 $\rho_{XY} = 0$，即 X, Y 不相关。反之，若 X, Y 不相关，X 和 Y 却不一定相互独立。因为不相关只是就线性关系来说的，而相互独立是就一般关系而言的。

5. 熵

信息论是应用数学的一个分支，主要研究的是一个信号所包含的信息量，这就是信息熵的概念。以下描述可进一步说明信息熵。

（1）可能性越大的事件信息量越小，可能性越小的事件信息量越大。并且规定，概率为 0 的随机事件所能提供的信息量为无穷大。

（2）必定能够发生的事件没有信息量，因为没有任何不确定性可被消除。

（3）独立事件可以独立地增加信息量，即熵应该具有可加性。

例如,投掷硬币两次正面朝上传递的信息量,应该是投掷一次硬币正面朝上信息量的两倍。

定义一个事件 a 的自信息(self-information)为

$$I(a) = -\log_2 P(a)$$

单位是 b(bit,比特,位)。

对随机信号 $(a_1, a_2, \cdots, a_n)$ 所能提供的总信息量 X 进行统计时,若每个随机事件的自信息为 $I(a_i)$,人们很自然地就能想到使用该系统中所有随机事件自信息的统计均值来代表该随机系统的总体信息量,这就是香农熵(Shannon entropy):

$$E(I(a_i)) = -\sum_{i=1}^n \log_2 p(a_i) p(a_i) = H(X)$$

上式也可以表述为,假设一个随机系统可以用一个离散随机变量 X 描述,那么这个随机系统总体信息量为

$$H(X) = -\sum_{x \in X} \log_2 p(x) p(x)$$

如果 x 是连续变量,一般可通过将连续变量进行离散分箱,即将连续值离散成离散值,然后再根据上式进行计算。离散化后求出的熵称为相对熵,因为它会受到变量分布和离散分箱方法的影响。

对于一个随机变量 x 或者随机系统,关于其分布的香农熵是指该分布所产生的期望信息量。

如果要对一个随机系统的信息总量(即信息熵)进行度量,那么用于度量的函数表达应该满足以下三个性质。

(1)连续性,即当随机系统的概率分布发生微小变化的时候,随机系统的总体信息量不应该发生显著的变化,变化发生前后的信息熵应该是连续的。

（2）等概率时单调递增性，即当随机系统在集合上等概率分布时，随着集合元素个数的增加，信息熵度量函数应该也是单调递增的。

（3）可加性，即一个随机系统的信息熵应该具有可加的性质。即若先对随机系统的一部分进行观察，再对随机系统剩下部分进行观察，这两次观察得到的总体信息量应当与对随机系统进行一次观察得到的信息量相同。

此外，信息熵有以下性质。

离散随机变量 X 为等概率分布时，即 $P(x) = \dfrac{1}{n}$，其信息熵取得最大值

$$H(X) = -\sum_{x \in X} \frac{1}{n} \log_2 \frac{1}{n} = \log_2 n = \log_2 |X|$$

设有随机变量 (X, Y)，其联合概率分布为 $p(x, y)$，则联合熵定义为

$$H(X, Y) = -\sum_{x \in X} \sum_{y \in Y} p(x, y) \log_2 p(x, y) = E\left[\log_2 \frac{1}{p(x, y)}\right]$$

联合熵的物理意义就是观察一个多元随机变量的系统获得的信息量，联合熵和单个熵的关系是

$$H(X, Y) = H(X) + H(Y \mid X)$$

其中，条件熵

$$H(Y \mid X) = -\sum_{x \in X} \sum_{y \in Y} p(x, y) \log_2 p(y \mid x)$$

条件熵的意义就是在得知某一信息的基础上获取另外一个信息的信息量。

同时，利用概率论的知识，可以得出结论：先观察哪一个随机变量对信息量的获取没有影响，即

$$H(X,Y) = H(Y) + H(X \mid Y) = H(X) + H(Y \mid X)$$

举例说明,环境温度高低、穿短袖还是外套这两个事件可以组成联合概率分布 $H(X,Y)$。假设 $H(X)$ 对应于环境温度的信息量,由于环境温度和穿什么衣服这两个事件并不是独立分布的,所以在已知环境温度的情况下,穿什么衣服的信息量或者说不确定性就减少了。当已知 $H(X)$ 这个信息量的时候,$H(X,Y)$ 剩下的信息量就是条件熵:$H(Y \mid X) = H(X,Y) - H(X)$;同理,在已知穿了什么衣服的情况下,环境温度的信息量或者说不确定性也就减少了。当已知 $H(Y)$ 这个信息量的时候,$H(X,Y)$ 剩下的信息量就是条件熵:$H(X \mid Y) = H(X,Y) - H(Y)$。

因此,对含两个随机变量的随机系统,可以先观察一个随机变量获取信息量,观察完后在拥有这个信息量的基础上再观察第二个随机变量的信息量。

熵表明了随机变量的不确定程度,但是熵的值却依赖对于信息的事先了解程度,如果已知一部分数据的信息(事实),那么其余数据的信息量就可能减少,即可以通过获得其他随机变量的信息来缩减某些变量信息的不确定性。对此提出了互信息(mutual information)概念,它可表示为

$$I(X;Y) = H(X) - H(X \mid Y)$$

互信息 $I(X;Y)$ 等于原随机变量 X 的信息熵 $H(X)$,减去已知信息 Y 后 X 的信息熵 $H(X \mid Y)$。互信息 $I(X;Y)$ 可表示为在已知信息 Y 后原来 X 的信息量减少了多少。

当计算这些量时,经常会遇到 $0\log 0$ 这个表达式。在信息论中将这个表达式处理为 $\lim_{x \to 0} x\log x = 0$。

1.1.2 多元分析基础

在很多情况下一个系统是多维的,因此会涉及多元随机变量以及多元随机分析方法等问题。多元随机样本的分析一般会采用矩阵代数的方法来处理,这给多元统计分析带来很多便利。

假定观测到了 p 维随机变量的 n 个样本,表示为 $n×p$ 的随机矩阵 $\boldsymbol{X}$

$$\boldsymbol{X} = \begin{pmatrix} X_{11} & X_{12} & \cdots & X_{1p} \\ X_{21} & X_{22} & \cdots & X_{2p} \\ \vdots & \vdots & & \vdots \\ X_{n1} & X_{n2} & \cdots & X_{np} \end{pmatrix} = \begin{pmatrix} \boldsymbol{X}_1^{\mathrm{T}} \\ \boldsymbol{X}_2^{\mathrm{T}} \\ \cdots \\ \boldsymbol{X}_n^{\mathrm{T}} \end{pmatrix}$$

其中, $X_i^{\mathrm{T}} = (X_{i1}, X_{i2}, \cdots, X_{ip})$ 表示第 i 个样本的值。如果 n 个样本来自概率密度函数为 $f(x) = f(x_1, x_2, \cdots, x_p)$ 的独立随机抽样,则称 X_1, $X_2, \cdots, X_n$ 构成一个来自分布密度为 $f(x)$ 的随机样本[1]。

关于多元随机样本的定义,需要注意:一个样本中的 p 个分量值常常是相关的,例如 p 个股票价格组成的样本,但是 n 个不同样本之间值可能是独立的。如果样本集的分布与总体分布一致,则该样本集称为独立同分布样本,对应的抽样过程称为独立同分布抽样。一般情况下,总是假设抽样是独立同分布的,尽管这个假设难以被验证,且在很多情况下并不成立。

对于 p 维样本统计量,一般使用向量或者矩阵表示,如 p 维均值向量 $\overline{\boldsymbol{X}}$ 可以用来表示 n 个样本的样本均值

$$\overline{\boldsymbol{X}} = \begin{pmatrix} \overline{X}_1 \\ \overline{X}_2 \\ \vdots \\ \overline{X}_p \end{pmatrix} = \begin{pmatrix} \dfrac{y_1^{\mathrm{T}}\mathbf{1}}{n} \\ \dfrac{y_2^{\mathrm{T}}\mathbf{1}}{n} \\ \vdots \\ \dfrac{y_p^{\mathrm{T}}\mathbf{1}}{n} \end{pmatrix} = \frac{1}{n} \begin{pmatrix} X_{11} & X_{12} & \cdots & X_{1n} \\ X_{21} & X_{22} & \cdots & X_{2n} \\ \vdots & \vdots & & \vdots \\ X_{p1} & X_{p2} & \cdots & X_{pn} \end{pmatrix} \begin{pmatrix} 1 \\ 1 \\ \vdots \\ 1 \end{pmatrix}$$

其中, $\overline{X}_i = \dfrac{X_{1i}\cdot 1 + X_{2i}\cdot 1 + \cdots + X_{ni}\cdot 1}{n}$ 。

可以用矩阵符号表示为

$$\overline{\boldsymbol{X}} = \frac{1}{n}\boldsymbol{X}^{\mathrm{T}}\mathbf{1}_n$$

接下来建立一个 $n \times p$ 的均值矩阵

$$\mathbf{1}_n\overline{\boldsymbol{X}}^{\mathrm{T}} = \frac{1}{n}\mathbf{1}_n\mathbf{1}_n^{\mathrm{T}}\boldsymbol{X} = \begin{pmatrix} \overline{X}_1 & \overline{X}_2 & \cdots & \overline{X}_p \\ \overline{X}_1 & \overline{X}_2 & \cdots & \overline{X}_p \\ \vdots & \vdots & & \vdots \\ \overline{X}_1 & \overline{X}_2 & \cdots & \overline{X}_p \end{pmatrix}$$

可以看出, 均值矩阵的每一行都是一样的, 也就是上边的均值向量。

然后用数据矩阵 $\boldsymbol{X}$ 减去这一结果, 得到 $n \times p$ 的均偏矩阵

$$\boldsymbol{X} - \frac{1}{n}\mathbf{1}_n\mathbf{1}_n^{\mathrm{T}}\boldsymbol{X} = \begin{pmatrix} X_{11}-\overline{X}_1 & X_{12}-\overline{X}_2 & \cdots & X_{1p}-\overline{X}_p \\ X_{21}-\overline{X}_1 & X_{22}-\overline{X}_2 & \cdots & X_{2p}-\overline{X}_p \\ \vdots & \vdots & & \vdots \\ X_{n1}-\overline{X}_1 & X_{n2}-\overline{X}_2 & \cdots & X_{np}-\overline{X}_p \end{pmatrix}$$

这 n 个样本的差异大小可以用 p 个随机样本的协方差矩阵 S 来表征

$$S = \begin{pmatrix} S_{X_1X_1} & S_{X_1X_2} & \cdots & S_{X_1X_p} \\ S_{X_2X_1} & S_{X_2X_2} & \cdots & S_{X_2X_p} \\ \vdots & \vdots & & \vdots \\ S_{X_pX_1} & S_{X_pX_2} & \cdots & S_{X_pX_p} \end{pmatrix}$$

其中，$S_{X_iX_j} = \dfrac{1}{n} \sum\limits_{k=1}^{n} (X_{ki} - \overline{X}_i)(X_{kj} - \overline{X}_j)$。

$$nS = \begin{pmatrix} X_{11}-\overline{X}_1 & X_{12}-\overline{X}_2 & \cdots & X_{1p}-\overline{X}_p \\ X_{21}-\overline{X}_1 & X_{22}-\overline{X}_2 & \cdots & X_{2p}-\overline{X}_p \\ \vdots & \vdots & & \vdots \\ X_{n1}-\overline{X}_1 & X_{n2}-\overline{X}_2 & \cdots & X_{np}-\overline{X}_p \end{pmatrix} \times$$

$$\begin{pmatrix} X_{11}-\overline{X}_1 & X_{12}-\overline{X}_2 & \cdots & X_{1p}-\overline{X}_p \\ X_{21}-\overline{X}_1 & X_{22}-\overline{X}_2 & \cdots & X_{2p}-\overline{X}_p \\ \vdots & \vdots & & \vdots \\ X_{n1}-\overline{X}_1 & X_{n2}-\overline{X}_2 & \cdots & X_{np}-\overline{X}_p \end{pmatrix}$$

$$= \left(X - \frac{1}{n}\mathbf{1}_n\mathbf{1}_n^{\mathrm{T}}X\right)^{\mathrm{T}} \left(X - \frac{1}{n}\mathbf{1}_n\mathbf{1}_n^{\mathrm{T}}X\right)$$

$$= X^{\mathrm{T}}X - n^{-1}X^{\mathrm{T}}\mathbf{1}_n\mathbf{1}_n^{\mathrm{T}}X = X^{\mathrm{T}}X - \overline{X}\,\overline{X}^{\mathrm{T}}$$

概括来说，样本均值向量 $\overline{X}$、样本协方差矩阵 S 和数据集 X 之间的关系为

$$\overline{X} = \frac{1}{n} X^{\mathrm{T}} \mathbf{1}_n$$

$$S = \frac{1}{n} X^{\mathrm{T}} \left(I - \frac{1}{n} \mathbf{1}_n \mathbf{1}_n^{\mathrm{T}} \right) X = \frac{1}{n} \left(X^{\mathrm{T}} X - \overline{X}\,\overline{X}^{\mathrm{T}} \right)$$

矩阵形式的协方差公式 $S = n^{-1} X^{\mathrm{T}} H X$，其中 $H = I_n - \dfrac{1}{n} \mathbf{1}_n \mathbf{1}_n^{\mathrm{T}}$。

可以证明矩阵 H 是对称且幂等的，即

$$H^2 = \left(I_n - \frac{1}{n} \mathbf{1}_n \mathbf{1}_n^{\mathrm{T}} \right) \left(I_n - \frac{1}{n} \mathbf{1}_n \mathbf{1}_n^{\mathrm{T}} \right)$$

$$= I_n - \frac{1}{n} \mathbf{1}_n \mathbf{1}_n^{\mathrm{T}} - \frac{1}{n} \mathbf{1}_n \mathbf{1}_n^{\mathrm{T}} + \left(\frac{1}{n} \mathbf{1}_n \mathbf{1}_n^{\mathrm{T}} \right) \left(\frac{1}{n} \mathbf{1}_n \mathbf{1}_n^{\mathrm{T}} \right)$$

$$= I_n - \frac{1}{n} \mathbf{1}_n \mathbf{1}_n^{\mathrm{T}} = H$$

因此 $S = \dfrac{1}{n} X^{\mathrm{T}} H X$，是半正定的，即

$$|S| \geqslant 0$$

事实上对于所有 p 维向量 a，有

$$a^{\mathrm{T}} S a = \frac{1}{n} a^{\mathrm{T}} X^{\mathrm{T}} H X a$$

$$= \frac{1}{n} \left(a^{\mathrm{T}} X^{\mathrm{T}} H^{\mathrm{T}} \right) \left(H X a \right)$$

在多元情况下，$S_u = \dfrac{n}{n-1} S = \dfrac{1}{n-1} X^{\mathrm{T}} \left(I - \dfrac{1}{n} \mathbf{1}_n \mathbf{1}_n^{\mathrm{T}} \right) X$ 是协方差矩阵的无偏估计。

接下来建立样本协方差矩阵和样本相关系数矩阵 R 的关系。首先在第 i 个变量和 j 个变量之间的样本相关系数是 $r_{X_i X_j} = \dfrac{S_{X_i X_j}}{\sqrt{S_{X_i X_i} S_{X_j X_j}}}$。那么，样本相关系数矩阵为

$$R = \begin{pmatrix} r_{X_1X_1} & r_{X_1X_2} & \cdots & r_{X_1X_p} \\ r_{X_2X_1} & r_{X_2X_2} & \cdots & r_{X_2X_p} \\ \vdots & \vdots & & \vdots \\ r_{X_pX_1} & r_{X_pX_2} & \cdots & r_{X_pX_p} \end{pmatrix}$$

然后定义 $p \times p$ 的样本方差矩阵 $D = diag(s_{X_iX_i})$，那么样本相关矩阵 R 就是

$$R = D^{-1/2}SD^{-1/2}$$

其中，$D^{-1/2}$ 是一个主对角线元素都是 $(s_{X_iX_i})^{-1/2}$ 的对角矩阵。

1.1.3 数据的概率统计分布

在本节中，我们将总结一些该领域内广泛使用的概率分布及其性质。对于每个概率分布，列出了一些关键的统计性质，例如期望 $E(x)$、方差（或者协方差）、熵 $H(x)$。这些是广泛用于大数据计算的基本概念。

在大数据应用中，经常需要通过样本集对总体的某些性质或参数进行估计，这里面就包含了对于分布的各种估计，或者根据后验概率进行估计修正或者估计优化，经典统计理论为此提供了很好的支持，特别是有关共轭分布的性质，它在计算上会为用户带来很大的便利。

1. 均匀分布

均匀分布（uniform distribution）是连续变量 x 的一种简单分布，一般记作 $U(x;a,b)$，表示变量 x 的定义区间为 $x \in [a,b], b>a$。

$$p(x \mid a, b) = \frac{1}{b-a}$$

$$E[x] = \frac{a+b}{2}$$

$$\sigma^2[x] = \frac{(b-a)^2}{12}$$

$$H[x] = \ln(b-a)$$

如果 x 服从均匀分布，那么 $a+(b-a)x$ 服从均匀分布 $U(x; 0, 1)$。

均匀分布是在抽样或者参数估计计算中经常使用的一种分布，如果对于数据没有任何先验知识，一般都假设数据服从均匀分布。同时在随机数的生成程序中，均匀分布又是基本的分布，由此可以产生其他分布。

2. 二项分布

二项分布(binomial distribution)是一个二值分布，随机变量 X 只取两个值，$x=1$，或者 $x=0$。在 n 次试验中 $x=1$ 出现次数为 m，则 $x=1$ 的概率为 $p = \frac{m}{n} \in [0, 1]$。二项分布记作 $B(x; n, p)$，n 次试验中正好得到 m 次 $x=1$ 的概率函数是

$$P(X = m) = \binom{n}{m} p^m (1-p)^{n-m}$$

$\binom{n}{m} = \frac{n!}{(n-m)! \, m!}$ 正好是二项式的系数，因此该分布称为二项分布。如果 $X \sim B(x; n, p)$，则 X 的期望

$$E[X] = np$$

X 的方差

$$\sigma^2[X] = np(1-p)$$

此外,当 n 较大时,二项分布近似于高斯分布。二项分布是一个非常基本且经常使用的分布,很多抽样理论和方法都与二项分布有关。

3. β 分布

β 分布(beta-distribution)是连续变量 $\mu \in [0,1]$ 的分布,通常用于表示某些二元事件的概率。它由两个参数 a 和 b 控制,其中 $a>0$, $b>0$。参数 a 和 b 经常被称为超参数(hyperparameter),图 1.1 展示了不同超参数值对应的 β 分布的图像。

$$\beta(x;a,b) = \frac{\Gamma(a+b)}{\Gamma(a)\Gamma(b)}\mu^{a-1}(1-\mu)^{b-1}$$

$$E[\mu] = \frac{a}{a+b}$$

$$\sigma^2[\mu] = \frac{ab}{(a+b)^2(a+b+1)}$$

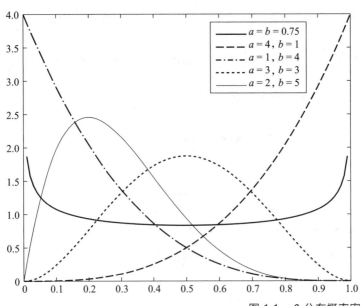

图 1.1　β 分布概率密度函数

从 β 分布的概率密度函数图像中可以看出,根据超参数 a,b 值的不同,β 分布的图像变化非常复杂,形态各异,但都在 $[0,1]$ 区间内,因此 β 分布可以描述各种 $0-1$ 区间内的形状(事件)。当 $a=1$, $b=1$ 时,即 $\beta(1,1)$ 正好就是均匀分布。

4. 高斯分布

高斯分布(Gaussian distribution)是使用最广泛的连续变量概率分布,也称为正态分布(normal distribution)。一元变量 x 的取值范围为 $(-\infty,+\infty)$,它由两个参数控制:均值 $\mu \in (-\infty,+\infty)$ 和方差 $\sigma^2 > 0$。

$$N(x;\mu,\sigma^2) = \frac{1}{(2\pi\sigma^2)^{\frac{1}{2}}}\exp\left(-\frac{1}{2\sigma^2}(x-\mu)^2\right)$$

$$E[x] = \mu$$

$$\sigma^2[x] = \sigma^2$$

$$H[x] = \frac{1}{2}\ln\sigma^2 + \frac{1}{2}(1+\ln(2\pi))$$

方差的倒数 $\tau = \dfrac{1}{\sigma^2}$ 称为精度,方差的平方根 σ 称为标准差。

对于多元情况,假设 $\boldsymbol{x}$ 是一个 D 维向量,高斯分布的参数是一个表示均值的 D 维向量 $\boldsymbol{\mu}$ 和一个表示协方差的 $D \times D$ 矩阵 $\boldsymbol{\Sigma}$。该协方差矩阵是对称的、正定的。

$$N(\boldsymbol{x}\mid\boldsymbol{\mu},\boldsymbol{\Sigma}) = \frac{1}{(2\pi)^{\frac{D}{2}}}\frac{1}{|\boldsymbol{\Sigma}|^{\frac{1}{2}}}\exp\left(-\frac{1}{2}(\boldsymbol{x}-\boldsymbol{\mu})^{\mathrm{T}}\boldsymbol{\Sigma}^{-1}(\boldsymbol{x}-\boldsymbol{\mu})\right)$$

$$E[\boldsymbol{x}] = \boldsymbol{\mu}$$

$$cov[\boldsymbol{x}] = \boldsymbol{\Sigma}$$

$$H[\boldsymbol{x}] = \frac{1}{2}\ln|\boldsymbol{\Sigma}| + \frac{D}{2}(1+\ln(2\pi))$$

存在一个正交变换 Q, 使得 $Q^T\Sigma Q = \Phi$, Φ 是对角矩阵, 对角线上元素是方差 σ_i^2。于是根据 $Q^T\Sigma^{-1}Q = (Q^T\Sigma Q)^{-1} = \Phi^{-1} = diag\left(\dfrac{1}{\sigma_1^2}, \dfrac{1}{\sigma_2^2}, \cdots, \dfrac{1}{\sigma_D^2}\right)$, 在此变换下, 向量 $(x-\mu)$ 变为 $Q(x-\mu)$, 再注意到 $|\Sigma| = |\Phi|$, 得到

$$N(x \mid \mu, \Phi) = \frac{1}{(2\pi)^{\frac{D}{2}}} \frac{1}{|\Phi|^{\frac{1}{2}}} \exp\left(-\frac{1}{2}(x-\mu)^T Q^T\Sigma^{-1}Q(x-\mu)\right)$$

$$= \frac{1}{(2\pi)^{\frac{D}{2}}} \frac{1}{|\Phi|^{\frac{1}{2}}} \exp\left(-\frac{1}{2}(x-\mu)^T \Phi^{-1}(x-\mu)\right)$$

$$= \frac{1}{(2\pi)^{\frac{D}{2}}} \frac{1}{|\Phi|^{\frac{1}{2}}} \exp\left(-\frac{1}{2}\sum_{i=1}^{D}\frac{1}{\sigma_i^2}(x_i-\mu_i)^2\right)$$

$$= \prod_{i=1}^{D} \frac{1}{\sqrt{2\pi}\,\sigma_i} \exp\left(-\frac{1}{2\sigma_i^2}(x_i-\mu_i)^2\right)$$

这说明, 经过适当的线性变换, 联合分布的密度函数就是各个边缘分布密度函数的乘积, 这相当于各变量之间不再相关, 因此这个过程称为去相关, 或者归一化。

协方差矩阵的逆矩阵 $\Lambda = \Sigma^{-1}$ 称为精度矩阵, 它也是对称且正定的。根据中心极限定理, 随机变量的均值趋于高斯分布, 并且两个高斯变量之和仍为高斯分布。对于给定的方差(或协方差), 高斯分布是最大化熵值的分布。高斯随机变量的任意线性组合仍然是高斯分布。多元高斯变量关于变量的一个子集的边缘分布仍然是高斯分布。

高斯分布具有极其广泛的实际应用场景, 大数据计算中很多随机变量的概率分布都可以近似地用高斯分布来描述。通过引入离散型隐藏变量, 多峰分布可以使用混合高斯分布来描述。类似地, 引入连续型隐藏变量可以产生一种模型, 这种模型中自由参数可以

被控制成与数据空间的维度 D 无关,同时仍然允许模型描述数据集里主要的相关性关系。实际上,可将这两种方法结合起来做进一步扩展,以适用于广阔的应用领域。例如,应用于线性动态系统对时序数据(例如视频跟踪)进行建模,产生一个联合高斯分布,这个分布涉及相当多的观测变量和隐藏变量。但是通过分布上的结构化信息,可以很方便地进行处理。

5. 多项分布

如果我们把伯努利分布推广到 K 维二元变量 $\boldsymbol{x}$,分量 $x_k \in \{0,1\}$ 且 $\sum\limits_k x_k = 1$,那么有下面的离散分布:

$$p[\boldsymbol{x}] = \prod_{k=1}^{K} \mu_k^{x_k}$$

$$E[x_k] = \mu_k$$

$$\sigma^2[x_k] = \mu_k(1-\mu_k)$$

$$cov[x_j x_k] = -\mu_j \mu_k \ (j \neq k)$$

$$H[x] = -\sum_{k=1}^{K} \mu_k \ln \mu_k$$

由于 $p(x_k = 1) = \mu_k$,因此参数必须满足 $0 \leqslant \mu_k \leqslant 1$ 以及 $\sum\limits_k \mu_k = 1$。

多项分布是二项分布的推广,它给出了一个具有 K 个状态的离散变量在总计 N 次观测中处于状态 k 的次数 m_k 的分布。

$$Mult(x; m_1, m_2, \cdots, m_K \mid \boldsymbol{\mu}, N) = \left(\frac{N}{m_1 m_2 \cdots m_K}\right) \prod_{k=1}^{K} \mu_k^{m_k}$$

$$E[m_k] = N\mu_k$$

$$\sigma^2[m_k] = N\mu_k(1-\mu_k)$$

$$cov[m_j m_k] = -N\mu_j \mu_k \ (j \neq k)$$

其中,$\boldsymbol{\mu} = (\mu_1, \cdots, \mu_k)^{\mathrm{T}}$,并且

$$\begin{pmatrix} N \\ m_1 m_2 \cdots m_K \end{pmatrix} = \frac{N!}{m_1 \cdots m_K!}$$

其中，$k=1,\cdots,K$。参数 $\{\mu_k\}$ 的共轭先验是狄利克雷分布（Dirichlet distribution）。

6. 幂律分布

幂律分布密度函数是幂函数，由于密度函数必然满足"归一律"，所以这里幂函数中的指数 $-\alpha+1$ 一般小于 -1，但这并不是绝对的，如图 1.2 所示。

$$f(x) = c\, x^{-\alpha+1}$$

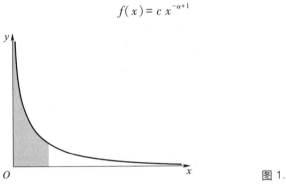

图 1.2　幂律分布

在双对数坐标系下，幂律分布表现为一条斜率为负数的直线，这一线性关系是判断给定的数据中随机变量是否满足幂律的依据。

在人类社会和自然界中，存在很多外在表现形式不同但内在本质都可以用幂律分布来解释的问题，更多时候我们听到的另一种说法是"二八规律"，这与人类社会中的许多经济活动息息相关，正因为其普适性，幂律分布具有深远的研究价值。

幂律分布适用的领域非常广泛，包括但不限于物理、生物领域，甚至可以说与人类社会相关的大部分分布都遵循这一规律，比如马太效应等，具体例子有英文单词的使用频率、社会财富分配规律、不同城市的人口分布等。

7. 卡方分布

χ^2分布首先由阿贝（Abbe）于 1863 年提出，后来由黑尔墨特（Helmert）和皮尔逊（Pearson）分别于 1875 年和 1900 年推导出来。

若 k 个独立的随机变量$\xi_1,\xi_2,\cdots,\xi_k$均服从标准正态分布（也称独立同分布于标准正态分布），则 k 个随机变量的平方和

$$Q = \sum_{i=1}^{k} \xi_i^2$$

构成一新的随机变量，其分布规律称为自由度为 k 的χ^2分布（chi-square distribution），记作 $Q \sim \chi^2(x;k)$。χ^2分布密度函数为

$$f_k(x) = \begin{cases} \dfrac{(1/2)^{k/2}}{\Gamma(k/2)}x^{\frac{k}{2}-1}e^{-x/2}, & x \geq 0 \\ 0, & x < 0 \end{cases}$$

其中，k 称为自由度，自由度不同就是不同的χ^2分布。当自由度很大时，χ^2分布近似为正态分布。

χ^2分布累积分布函数为

$$F_k(x) = \frac{\gamma(k/2,x/2)}{\Gamma(k/2)}$$

其中，$\gamma(k,z)$为不完全 Γ 函数。

χ^2分布性质如下：

$$E[x] = k$$
$$\sigma^2[x] = 2k$$
$$H[x] = \frac{k}{2}+\ln\left(2\Gamma\left(\frac{k}{2}\right)\right)+\left(1-\frac{k}{2}\right)\psi(k/2)$$

其中，$\psi(x)$是双 Γ 函数，$\psi(x)=\Gamma'(x)/\Gamma(x)$。

χ^2分布在大数据计算中经常用于抽样检验，以确定样本空间与

总体数据空间是否满足同分布性质,这一方法已纳入多种抽样标准,称为 p 检验或卡方检验。卡方检验的一种用途是检验两种方法的结果是否一致,如采用两种诊断方法对同一批患者进行诊断,以及采用两种方法对客户进行价值类别预测等。

1.2 抽样方法

本节主要探讨的问题是,给定一个概率密度函数 $p(z)$,用什么方法去计算关于随机变量 z 的期望。对于随机变量 z 有两种情况需要讨论,一是离散型随机变量,二是连续型随机变量。在连续型随机变量的情形下,期望计算公式为

$$E[f] = \int f(z)p(z)\,\mathrm{d}z \tag{1.3}$$

在离散型随机变量的情形下,式(1.3)中积分被替换为求和 $E[f] = \sum f(z)p(z)$。但是这种情形存在的一个问题(当下许多大数据背景下的问题)是,使用这种解析方式难以精确地计算出期望。

由此提出解决此类问题的抽样方法,可行的一般方法是根据概率分布 $p(z)$ 独立抽取一组样本 $z^{(l)}$,其中 $l = 1, \cdots, L$。这样就可以用有限和的方法来计算期望,即

$$\hat{f} = \frac{1}{L} \sum_{l=1}^{L} f(z^{(l)}) \tag{1.4}$$

只要样本 $z^{(l)}$ 是从概率分布 $p(z)$ 中抽取的,那么我们希望 $\lim_{L \to \infty} \hat{f} = E[f]$,从而通过式(1.4)能够估计 $E[f]$,这时估计函数 f 称为无偏的。f 的方差为

$$\sigma^2[\hat{f}] = \frac{1}{L} E[(f - E[f])^2]$$

在某些情况下,对于数量相对较少的样本 $z^{(l)}$,也可能会达到较高的精度。例如在很多传统的统计检验中,30 个或者 40 个左右独立的样本就能够对期望做出精度足够高的估计。但是对于大数据计算,由于计算问题的不同,对于抽样的个数需要做新的研究,抽样个数与计算精度的关系称为样本复杂性,这将在第四章和第五章专门予以讨论。

1.2.1 依分布采样

第一个要解决的问题就是怎么获得任意分布的随机数,在已经有一个均匀分布的随机数来源的假设前提下,设 z 在区间 $(0,1)$ 上均匀分布,用函数 $f(\cdot)$ 对 z 的值进行变换,即 $y=f(z)$。y 的概率分布为

$$p(y)=p(z)\left|\frac{\mathrm{d}z}{\mathrm{d}y}\right|$$

现在我们的目标就变成了找到一个函数 $f(z)$ 使得计算出的 y 值满足分布 $p(y)$,对上式进行积分,有

$$z=h(y)\equiv\int_{-\infty}^{y}p(\hat{y})\,\mathrm{d}\hat{y}$$

这是关于 $p(y)$ 的不定积分。容易得出,$y=h^{-1}(z)$,即所求概率分布的不定积分的反函数。

考虑指数分布

$$p(y)=\lambda\exp(-\lambda y)$$

其中,$0\leqslant y<+\infty$。在满足这种条件的情况下,上式的积分下界为 0,容易得到 $h(y)=1-\exp(-\lambda y)$。如果用 $y=-\lambda^{-1}\ln(1-z)$ 去替换均匀

分布中的变量 z，那么 y 将服从指数分布。

同时，还可以采用柯西分布（Cauchy distribution）作为变换公式：

$$p(y) = \frac{1}{\pi}\frac{1}{1+y^2}$$

这种情况下不定积分的反函数用正切函数表示。

可以考虑使用 Box-Muller 方法作为变换方法的一个样例，从高斯概率分布中生成样本。首先，假设生成一对均匀分布的随机变量 $z_1, z_2 \in (-1, 1)$。然后用筛选条件 $z_1^2 + z_2^2 \leq 1$ 去除不满足条件的点对。由此产生单位圆内部的一个均匀分布，且 $p(z_1, z_2) = \frac{1}{\pi}$，如图 1.3 所示。然后，对于每对 z_1, z_2 计算

$$y_1 = z_1\left(\frac{-2\ln z_1}{r^2}\right)^{\frac{1}{2}}$$

$$y_2 = z_2\left(\frac{-2\ln z_2}{r^2}\right)^{\frac{1}{2}}$$

满足条件 $r^2 = z_1^2 + z_2^2$。代入柯西分布变换公式，可得 y_1 和 y_2 的联合概率分布为

$$p(y_1, y_2) = p(z_1, z_2)\left|\frac{\partial(z_1, z_2)}{\partial(y_1, y_2)}\right|$$

$$= \left[\frac{1}{\sqrt{2\pi}}\exp\left(\frac{-y_1^2}{2}\right)\right]\left[\frac{1}{\sqrt{2\pi}}\exp\left(\frac{-y_2^2}{2}\right)\right]$$

其中 $\partial(z_1, z_2)$ 是 y_1, y_2 对 z_1, z_2 的偏导，根据 y_1 和 y_2 的联合概率分布可知 y_1 和 y_2 是独立随机变量，且每个都服从高斯分布，均值为 0，方差为 1。

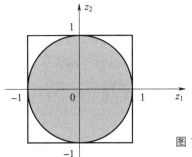

图 1.3　采用 Box-Muller 方法生成单位元
内部均匀分布的样本

设随机变量 y 服从均值为 0、方差为 1 的高斯分布，那么对变量 y 作线性变换 $\sigma y+\mu$ 也服从高斯分布，均值为 μ，方差为 σ^2。为了生成服从均值为 $\boldsymbol{\mu}$、协方差为 $\boldsymbol{\Sigma}$ 的多元高斯分布的变量，可以采取平方根方法分解，一般形式为 $\boldsymbol{\Sigma}=\boldsymbol{L}\,\boldsymbol{L}^{\mathrm{T}}$。如果 $\boldsymbol{z}$ 是一个向量值的随机变量，且它的元素是独立的，并且服从均值为 0、方差为 1 的高斯分布，那么 $\boldsymbol{y}=\boldsymbol{\mu}+\boldsymbol{Lz}$ 的均值为 $\boldsymbol{\mu}$，协方差为 $\boldsymbol{\Sigma}$。

综上，可以得出结论，变换方法依赖于目标概率分布，以及不定积分的反函数，这只对一些非常有限的概率分布可行。接下来介绍几种经典采样方法，虽然这些方法主要应用在单变量概率分布中，无法直接应用于多维的复杂问题，但是这些方法是更一般方法的重要成分。

1.2.2　重要性采样

前面式(1.4)给出的求和近似依赖于从概率分布 $p(\boldsymbol{z})$ 中采样，但很多情况下直接从 $p(\boldsymbol{z})$ 中采样很困难。简单的替换方法是将 $\boldsymbol{z}$ 空间离散化为均匀的格点，将被积函数改写求和的方式进行计算，形式为

$$E[f] \simeq \sum_{l=1}^{L} p(\boldsymbol{z}^{(l)}) f(\boldsymbol{z}^{(l)})$$

这种方法的问题是求和项的数量会随着 z 的维度呈指数增长。此外概率分布中大部分质量限制在 z 空间中相对较小的区域,只有非常小的一部分样本会对求和式产生显著的贡献。因此希望从质量分布较大的区域中采样,或者在理想情况下,从 $p(z)f(z)$ 值较大的区域中采样。

为了使用重要性采样方法,一般首先需要构建一个简单的概率分布 $q(z)$(称为提议分布),然后从提议分布中进行采样,如图 1.4 所示。随后用 $q(z)$ 中样本 $\{z^{(l)}\}$ 的有限和形式来表示期望

$$E[f] = \int f(z)p(z)\,\mathrm{d}z$$

$$= \int f(z)\frac{p(z)}{q(z)}q(z)\,\mathrm{d}z$$

$$\simeq \frac{1}{L}\sum_{l=1}^{L}\frac{p(z^{(l)})}{q(z^{(l)})}f(z^{(l)})$$

其中,$r_l = \dfrac{p(z^{(l)})}{q(z^{(l)})}$ 称为重要性权重(importance weight),它修正了由于从错误的概率分布中采样而引入的偏差。

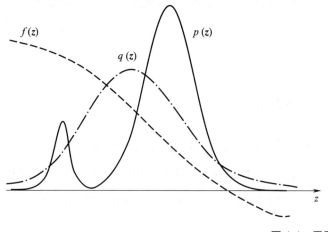

图 1.4 重要性采样分布

对于任意 $p(z)$,利用重要性采样都能够容易地计算出相应结果。有时概率密度函数 $p(z)$ 的计算结果需要进行归一化,即 $p(z) = \dfrac{\tilde{p}(z)}{Z_p}$,其中 $\tilde{p}(z)$ 可以很容易地计算出来,而 Z_p 未知。类似地,可能使用重要性采样分布 $q(z) = \dfrac{\tilde{q}(z)}{Z_q}$,它具有相同性质:

$$E[f] = \int f(z) p(z) \, \mathrm{d}z$$

$$= \frac{Z_q}{Z_p} \int f(z) \frac{\tilde{p}(z)}{\tilde{q}(z)} q(z) \, \mathrm{d}z$$

$$\simeq \frac{Z_q}{Z_p} \frac{1}{L} \sum_{l=1}^{L} \tilde{r}_l f(z^{(l)})$$

其中,$\tilde{r}_l = \dfrac{\tilde{p}(z^{(l)})}{\tilde{q}(z^{(l)})}$。使用同样的样本集来计算比值 $\dfrac{Z_p}{Z_q}$,结果为

$$\frac{Z_p}{Z_q} = \frac{1}{Z_q} \int \tilde{p}(z) \, \mathrm{d}z = \int \frac{\tilde{p}(z)}{\tilde{q}(z)} q(z) \, \mathrm{d}z$$

$$\simeq \frac{1}{L} \sum_{l=1}^{L} \tilde{r}_l$$

因此

$$E[f] \simeq \sum_{l=1}^{L} \omega_l f(z^{(l)})$$

其中,ω_l 定义为

$$\omega_l = \frac{\tilde{r}_l}{\sum_m \tilde{r}_m} = \frac{\dfrac{\tilde{p}(z^{(l)})}{q(z^{(l)})}}{\dfrac{\sum_m \tilde{p}(z^{(m)})}{q(z^{(m)})}} \tag{1.5}$$

重要性采样依赖于提议概率密度函数 $q(z)$ 与所求的概率密度函数 $p(z)$ 的相似程度。经常出现的情形是 $p(z)f(z)$ 变化剧烈,并且

大部分的质量都集中于 z 空间的一个相对较小的区域中,此时重要性权重 $\{r_l\}$ 由几个具有较大值的权重控制,剩余的权重相对较小。因此,有效的样本集非常小。如果没有样本落在 $p(z)f(z)$ 较大的区域中,那么估计偏差就很大。因此,重要性采样方法的一个缺点是它具有产生任意错误结果的可能性,并且这种错误无法被检测出来。这也对提议分布 $q(z)$ 有要求,即它不应该在 $p(z)$ 可能较大的区域中取得较小的值或者为零的值。

重要性采样属于蒙特卡洛方法(Monte Carlo method),在神经网络建模中,尤其在训练的初始阶段,可引入重要性采样技术作为加速算法来加速神经网络模型的训练。在强化学习异策略方法中,需要使用重要性采样方法进行数据评估。

1.2.3　重要性重采样

重要性重采样(sampling importance resampling,SIR)是一种提高采样效率的方法,其适用范围广、实现容易,在通信网、航空航天、自动控制等系统中得到了广泛研究和应用。

SIR 采样也使用提议分布 $q(z)$,这个方法有两个阶段。在第一个阶段,从 $q(z)$ 中抽取 L 个样本 $z^{(1)},\cdots,z^{(L)}$。然后在第二阶段通过式(1.5)构造出权重 $\omega_1,\cdots,\omega_L$。最后,从离散概率分布 $(z^{(1)},\cdots,z^{(L)})$ 中抽取第二组 L 个样本集,概率由权重 $(\omega_1,\cdots,\omega_L)$ 给定。

生成的 L 个样本只是近似服从 $p(z)$,在样本数量趋于无穷时完全服从分布 $p(z)$。考虑一元变量的情形,重新采样值的累积分

布为

$$p(z \leqslant a) = \sum_{l:z^{(l)} \leqslant a} \omega_l$$

$$= \frac{\sum_l I(z^{(l)} \leqslant a) \ \tilde{p}(z^{(l)})/q(z^{(l)})}{\sum_l \tilde{p}(z^{(l)})/q(z^{(l)})}$$

其中, $I(\cdot)$ 是示性函数(参数为真时函数值为 1,否则为 0)。取极限 $L \to \infty$,并且假设概率分布进行了适当的正则化,可以将求和替换为积分,权重为原始的采样分布 $q(z)$,即

$$p(z \leqslant a) = \frac{\int I(z \leqslant a) \left\{ \dfrac{\tilde{p}(z)}{q(z)} \right\} q(z) \, \mathrm{d}z}{\int \left\{ \dfrac{\tilde{p}(z)}{q(z)} \right\} q(z) \, \mathrm{d}z}$$

$$= \frac{\int I(z \leqslant a) \ \tilde{p}(z) \, \mathrm{d}z}{\int \tilde{p}(z) \, \mathrm{d}z}$$

$$= \int I(z \leqslant a) p(z) \, \mathrm{d}z$$

它是 $p(z)$ 的累积分布函数。

对于有限 L 以及一个给定的初始样本集,重新采样只是近似地服从目标概率分布。与拒绝采样的情形相同,随着样本分布 $q(z)$ 接近所求的分布 $p(z)$,重新采样的效果也会提升。当 $q(z) = p(z)$ 时,初始样本 $(z^{(1)}, \cdots, z^{(L)})$ 服从目标概率分布,权重为 $\omega_n = \dfrac{1}{L}$,重新采样的值也服从目标概率分布。

如果需要求出概率分布 $p(z)$ 的各阶矩,那么可以直接使用原始样本和权重进行计算,因为

$$E[f(z)] = \int f(z)p(z)\,\mathrm{d}z$$

$$= \frac{f(z)\left[\dfrac{\tilde{p}(z)}{q(z)}\right]q(z)\,\mathrm{d}z}{\displaystyle\int\left[\dfrac{\tilde{p}(z)}{q(z)}\right]q(z)\,\mathrm{d}z}$$

$$\simeq \sum_{l=1}^{L}\omega_l f(z^{(l)})$$

1.2.4　吉布斯采样

吉布斯采样(Gibbs sampling)属于马尔可夫链蒙特卡洛(Markov chain Monte Carlo, MCMC)采样方法的一种变形,在大数据计算中被广泛采用,在许多情况下,它能够很好地保证样本集与总体数据满足同分布性质。

对于高维的情形,由于接受率 α 的存在(通常 $\alpha < 1$),能否找到一个转移矩阵 $\boldsymbol{Q}$ 使接受率 $\alpha = 1$ 呢? 先来看看二维的情形。假设有一个概率分布 $p(x,y)$,考察 x 坐标相同的两个点 $A(x_1, y_1)$,$B(x_1, y_2)$,如图 1.5 所示,

$$p(x_1, y_1)p(y_2 \mid x_1) = p(x_1)p(y_1 \mid x_1)p(y_2 \mid x_1)$$

$$p(x_1, y_2)p(y_1 \mid x_1) = p(x_1)p(y_2 \mid x_1)p(y_1 \mid x_1)$$

可得到

$$p(x_1, y_1)p(y_2 \mid x_1) = p(x_1, y_2)p(y_1 \mid x_1) \tag{1.6}$$

即

$$p(A)p(y_2 \mid x_1) = p(B)p(y_1 \mid x_1)$$

基于以上等式,在 $x = x_1$ 这条与 y 轴平行的直线上,如果使用条件分布 $p(y \mid x_1)$ 作为任何两个点之间的转移概率(注: $\sum\limits_{y} p(y \mid x_1) = 1$),

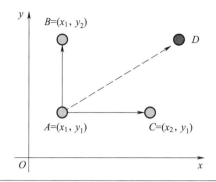

图 1.5　平面上马氏链转移矩阵的构造

那么任何两个点之间的转移满足细致平稳条件。同样地,如果在 $y=y_1$ 这条直线上任意取两个点 $A(x_1,y_1)$ 和 $C(x_2,y_1)$,则有如下等式

$$p(A)p(x_2\,|\,y_1)=p(C)p(x_1\,|\,y_1)$$

于是可以构造平面上任意两点之间的转移概率矩阵 $\boldsymbol{Q}$:

$$\begin{cases} \boldsymbol{Q}(A\to B)=p(y_B\,|\,x_1), & \text{如果}\,x_A=x_B=x_1 \\ \boldsymbol{Q}(A\to C)=p(x_C\,|\,y_1), & \text{如果}\,y_A=y_C=y_1 \\ \boldsymbol{Q}(A\to D)=0, & \text{其他} \end{cases}$$

很容易验证对平面上任意两点 X,Y,满足细致平稳条件 $p(X)\boldsymbol{Q}(X\to Y)=p(Y)\boldsymbol{Q}(Y\to X)$(通过横向移动和纵向移动),于是这个二维空间上的马尔可夫链将收敛到平稳分布 $p(x,y)$。而这个算法就称为吉布斯采样算法,是斯图尔特 · 杰曼(Stuart Geman)和唐纳德 · 杰曼(Donald Geman)两兄弟于 1984 年提出来的,之所以称为吉布斯采样,是因为这个方法依赖于吉布斯随机场的概念,这个算法在现代贝叶斯分析中占据了重要位置。

吉布斯采样过程如图 1.6 所示,马尔可夫链的转移只是轮换地沿着 x 轴和 y 轴实施,于是得到样本 (x_0,y_0),(x_0,y_1),(x_1,y_1),(x_1,y_2),(x_2,y_2) 等。马尔可夫链收敛后,最终得到的样本就是 $p(x,y)$ 的样本,而收敛之前的阶段称为燃烧阶段(burn-in period)。经典的吉布斯采样算法大多是对坐标轴轮换采样的,但这其实不是强制要求。最一般的情形是,在时刻 t,可以在 x 轴和 y 轴之间随机地选择一个坐标轴,然后按条件概率做转移,马尔可夫链收敛效果是一样的。在两个坐标轴之间轮换采样只是一种方便的形式。

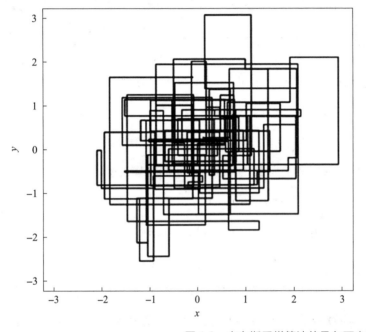

图 1.6 吉布斯采样算法的马尔可夫链转移

以上过程很容易推广到高维的情形,对于式(1.6),如果 x_1 变为多维情形,推导过程不变,所以细致平稳条件同样是成立的,有

$$p(x_1, y_1)p(y_2 \mid x_1) = p(x_1, y_2)p(y_1 \mid x_1)$$

此时转移矩阵 $\boldsymbol{Q}$ 由条件分布 $p(y \mid x_1)$ 定义。上式只是说明了一个坐标轴的情形,和二维情形类似,很容易验证对所有坐标轴都有类似的结论。所以 n 维空间中对于概率分布 $p(x_1, x_2, \cdots, x_n)$ 可以如下定义转移矩阵:

(1) 如果当前状态为 $(x_1, x_2, \cdots, x_n)$,马尔可夫链的转移只能沿

着坐标轴实施。沿着 x_i 坐标轴做转移的时候，转移概率为条件概率 $p(x_i \mid x_1, \cdots, x_{i-1}, x_{i+1}, \cdots, x_n)$；

（2）其他无法沿着单坐标轴进行的转移，转移概率都设置为 0。

于是可以把吉布斯采样算法从采样二维的 $p(x, y)$ 推广到采样 n 维的 $p(x_1, x_2, \cdots, x_n)$。

吉布斯算法收敛后，得到的就是概率分布 $p(x_1, x_2, \cdots, x_n)$ 的样本，当然这些样本并不独立，但是我们要求的是样本符合给定概率分布，并不要求其独立。同样地，在以上算法中坐标轴轮换采样不是必需的，可以在坐标轴轮换中引入随机性，这时候转移矩阵 $\boldsymbol{Q}$ 中任何两个点的转移概率中就会包含选择坐标轴的概率，而通常在吉布斯采样算法中，坐标轴轮换是一个确定性的过程，也就是在给定时刻 t，在一个固定的坐标轴上转移的概率是 1。

注意，这里关键是计算 $p(x_j \mid x_1^{t+1}, x_2^{t+1}, \cdots, x_{j-1}^{t+1}, x_{j+1}^t, \cdots, x_n^t)$，但 $(x_1^{t+1}, x_2^{t+1}, \cdots, x_{j-1}^{t+1}, x_{j+1}^t, \cdots, x_n^t)$ 不一定在样本中出现或者出现概率低，难以有统计意义。这时有两种办法，一个是利用公式

$$p(x_j \mid x_1^{t+1}, x_2^{t+1}, \cdots, x_{j-1}^{t+1}, x_{j+1}^t, \cdots, x_n^t) = \frac{p(x_1^{t+1}, x_2^{t+1}, \cdots, x_{j-1}^{t+1}, x_j, x_{j+1}^t, \cdots, x_n^t)}{p(x_1^{t+1}, x_2^{t+1}, \cdots, x_{j-1}^{t+1}, x_{j+1}^t, \cdots, x_n^t)}$$

此时仍然有 $(x_1^{t+1}, x_2^{t+1}, \cdots, x_{j-1}^{t+1}, x_j, x_{j+1}^t, \cdots, x_n^t)$ 未必出现的问题，可以考虑利用独立性条件，将与第 j 个坐标轴独立的其他坐标轴都去掉；另一种方法是若这些坐标轴之间是相互独立的，则考虑公式

$$p(x_j \mid x_1^{t+1}, x_2^{t+1}, \cdots, x_{j-1}^{t+1}, x_{j+1}^t, \cdots, x_n^t) = \prod p(x_j \mid x_k^\theta)(\theta = t, t+1)$$

吉布斯采样可应用于许多领域，如主题模型（topic model）、受限玻尔兹曼机（restricted Boltzmann machine，RBM）、贝叶斯网络（Bayesian network）等，此外，约书亚·本吉奥（Yoshua Bengio）等学者提出了吉布斯网络算法，该算法即使在吉布斯采样无法完全应用

的领域中,通过精巧设计也可以融合吉布斯采样的基本算法,取得良好的效果。

1.2.5　辛普森采样

辛普森采样算法是 1933 年由辛普森(Simpson)引入的一个基于贝叶斯后验置信区间的随机采样算法,又称随机概率配对算法。该算法尽管在 20 世纪初期就被提出,却一直未被大范围使用。直到 21 世纪之初人们对多摇臂老虎机问题进行研究时,才发现可以采用辛普森采样算法实现快速、有效的决策。与其他方法相比,辛普森采样算法具有更好的经验效果,在模拟试验中后悔率最低。

多摇臂老虎机指的是一个赌徒进入赌场坐在一台老虎机旁,他可以拉动多个杠杆或手臂,当一只手臂被拉动时,它会产生一个独立于过去的随机支付报酬。由于没有列出每个手臂对应的支付报酬分布,玩家只能通过试验来学习。当赌徒了解到手臂的报酬时,他面临一个两难的境地:在不久的将来,他希望利用过去产生高额报酬的手臂来赚取更多的收入;但通过继续探索其他手臂,他可能会学会如何在未来赚取更高的报酬。能否制定一个循序渐进的策略来平衡这种权衡,并最大限度地增加累积收益呢?[3]

在经典多摇臂老虎机问题中,每一次的回报只能为 1 或者 0,第 i 个决策项回报为 1 的概率为 μ_i。辛普森采样算法假设 μ_i 有先验分布 $\beta(1,1)$,即服从均匀分布。在阶段 t,如果决策项 i 已经成功 $S_i(t)$ 次(即回报为 1),失败 $F_i(t)$ 次。那么更新第 i 个决策变量的后验分布为 $\beta(S_i(t)+1,F_i(t)+1)$,并将此作为下一阶段决策时的先验分布。多摇臂赌博机问题中的辛普森采样算法的具体步骤如下所示。

步骤 1：对于每个决策项 $i=1,2,\cdots,N$，令 $S_i=0,F_i=0$。

步骤 2：对每一个 $t=1,2,\cdots$,

步骤 2.1：每个决策项 $i=1,\cdots,N$，根据分布 $\beta(S_i+1,F_i+1)$ 中采样 $\theta_i(t)$；

步骤 2.2：选择决策项 $i(t)=\arg\max \theta_i(t)$ 并观测到回报 r_t；

步骤 2.3：如果 $r=1$，那么 $S_{i(t)}=S_{i(t)}+1$，否则 $F_{i(t)}=F_{i(t)}+1$。

步骤 3：结束。

辛普森采样广泛应用于人工智能的知识工程,在大数据计算中也受到越来越多的重视,其基本原因是在很多应用场合中,如果忽视先验知识从零开始进行计算或者学习知识,往往因为初始阶段采样的参数值发生较大波动而影响计算的精度,只有当样本个数充分多以后,一些参数才会逐渐稳定,这就会迟滞计算过程。因此采用先验知识,事先确定一个参数值,例如均匀分布假设 $\beta(1,1)$,然后在此基础上进行辛普森采样,这会使计算过程较快收敛。辛普森采样是探索广泛问题的一种简单、有效的方法,例如,在投放广告的时候,可以根据经验,先设立三个不同的标题,然后就可以在最短的时间内知道哪一个标题更好、更吸引人,从而使收益最大化,而不必从头做起。

1.3　大数据计算重要定理

本节介绍大数据计算中常用的重要定理,其中包括四个重要不等式[4]、贝叶斯定理以及在理论研究和应用中起着重要作用的大数定律[5,6]和中心极限定理[5,6,7]。

1.3.1 四个重要不等式

定理 1.2 切比雪夫（Chebyshev）不等式 设随机变量 X 的数学期望 $E(x)$ 和方差 $D(X)$ 存在，则对任意常数 $\varepsilon > 0$，下列不等式成立：

$$P\{\,|X - E(X)|\geqslant\varepsilon\} \leqslant \frac{D(X)}{\varepsilon^2} \qquad (1.7)$$

或

$$P\{\,|X - E(X)|<\varepsilon\} \geqslant 1 - \frac{D(X)}{\varepsilon^2} \qquad (1.8)$$

切比雪夫不等式解决了概率论中的一个基本问题，即在不知道随机变量具体分布的情况下如何估计随机变量发生的概率。根据切比雪夫不等式，在已知随机变量数学期望和方差的情况下，可以粗略地估计随机变量发生的概率。

定理 1.3 马尔可夫（Markov）不等式 令 X 为非负随机变量，且假设 $E(X)$ 存在，则对任意 $t>0$，当 $t=kE(X)$ 时，有

$$P\{X>kE(X)\} \leqslant \frac{1}{k} \qquad (1.9)$$

马尔可夫不等式是概率论中的一个基本不等式，它扩展和改进了切比雪夫不等式的结果，利用它可以在随机变量概率分布未知的情况下根据数学期望估计概率的上界。

定理 1.4 切尔诺夫（Chernoff）不等式 设 $X_1, X_2, \cdots, X_n$ 为 n 个独立随机变量，令 $S = \sum X_i$，则对任意 $t>0$，有

$$P(S \leqslant a) \leqslant \min_{t>0} \mathrm{e}^{ta} \prod_{i=1}^{n} E[\mathrm{e}^{-tX_i}] \qquad (1.10)$$

因为这不是一个严格的不等式,因此又称它为切尔诺夫限或切尔诺夫界。切尔诺夫界在稀疏网络中设置平衡和分组路由时有着非常重要的应用,利用切尔诺夫界可以得到排列路由问题的严格界,从而减少网络拥塞。

定理 1.5 霍夫丁(Hoeffding)不等式 若 $X_1, X_2, \cdots, X_n$ 为 n 个独立随机变量,且满足 $0 \leqslant X_k \leqslant 1$,则对任意给定的 $\varepsilon > 0$,有

$$P\left\{\frac{1}{n}\sum_{k=1}^{n} X_k - \frac{1}{n}\sum_{k=1}^{n} E(X_k) \geqslant \varepsilon\right\} \leqslant \exp(-2n\varepsilon^2) \quad (1.11)$$

$$P\left\{\left|\frac{1}{n}\sum_{k=1}^{n} X_k - \frac{1}{n}\sum_{k=1}^{n} E(X_k)\right| \geqslant \varepsilon\right\} \leqslant 2\exp(-2n\varepsilon^2)$$

$$(1.12)$$

以上是人工智能领域和机器学习领域中十分重要且常用的不等式,其中,切尔诺夫不等式可应用于多决策器协同决策场景$\left(\text{每个决策器精度优于随机猜测,即大于}\dfrac{1}{2}\right)$,霍夫丁不等式可以应用于同分布伯努利随机变量的重要特殊情况。

1.3.2 贝叶斯定理

贝叶斯定理(Bayes theorem)描述的是两个事件的条件概率之间的关系。条件概率通常写成 $P(A \mid B)$,表示的是在事件 B 已发生的情况下事件 A 发生的概率。

定理 1.6 贝叶斯定理 设试验 E 的样本空间为 S,A 为 E 的事件,$B_1, B_2, \cdots, B_n$ 为 S 的一个划分,且 $P(A) > 0$,$P(B_k) > 0$($k = 1, 2, \cdots, n$),则贝叶斯定理用公式表达如下:

$$P(B_k \mid A) = \frac{P(B_k A)}{P(A)} = \frac{P(B_k) P(A \mid B_k)}{\sum\limits_{j=1}^{n} P(B_j) P(A \mid B_j)} \qquad (1.13)$$

在利用贝叶斯公式时,其中的 $P(B_j)(j=1,2,\cdots,n)$ 的概率是事先假设(或者根据积累的经验)知道的,常称 $P(B_j)$ 为先验概率(prior probability),而当事件 A 发生时,可以对 B_j 发生的概率进行重新认定(或修正),常称 $P(B_j \mid A)$ 为后验概率(posterior probability)。

贝叶斯定理的一个经典应用就是解读临床检测结果,例如癌症诊断检查结果[9]。现在假设根据以往数据,某种诊断癌症的试验具有如下效果:若以 A 表示事件"试验反应为阳性",以 C 表示事件"被诊断者患有癌症",则有 $P(A \mid C) = 0.95$,$P(\bar{A} \mid \bar{C}) = 0.95$。现在对自然人群进行普查,设参与试验的人患有癌症的概率为 0.005,即 $P(C) = 0.005$,试求 $P(C \mid A)$。

在贝叶斯理论中,我们要计算的是当检查结果为阳性时,被诊断者患有癌症的概率 $P(C \mid A)$。已知 $P(A \mid C) = 0.95$,$P(A \mid \bar{C}) = 1 - P(\bar{A} \mid \bar{C}) = 0.05$,$P(C) = 0.005$,$P(\bar{C}) = 0.995$,根据贝叶斯定理,有

$$P(C \mid A) = \frac{P(A \mid C) P(C)}{P(A \mid C) P(C) + P(A \mid \bar{C}) P(\bar{C})} = 0.087$$

该结果表明,虽然 $P(A \mid C) = 0.95$,$P(\bar{A} \mid \bar{C}) = 0.95$,这两个概率都比较高,但若将此试验用于普查,则有 $P(C \mid A) = 0.087$,亦即其正确性只有 8.7%(平均 1 000 个具有阳性反应的人中大约只有 87 人确定患有癌症)。如果未注意到这一点,将会得出错误的诊断。

1.3.3 大数定律和中心极限定理

1. 大数定律

定义 1.1 设随机变量序列 $X_1, X_2, \cdots, X_n, \cdots$ 的数学期望 $E(X_k)$, $k = 1, 2, \cdots$ 均存在,做前 n 个变量的算术平均 $\overline{X} = \dfrac{1}{n} \sum\limits_{k=1}^{n} X_k$,如果对任意给定的 $\varepsilon > 0$,有

$$\lim_{n \to \infty} P\left\{ \left| \frac{1}{n} \sum_{k=1}^{n} X_k - \frac{1}{n} \sum_{k=1}^{n} E(X_k) \right| < \varepsilon \right\} = 1 \qquad (1.14)$$

则称随机变量序列 $X_1, X_2, \cdots, X_n, \cdots$ 服从大数定律。

下面介绍几个重要的大数定律。

定理 1.7 切比雪夫大数定律 设 $X_1, X_2, \cdots, X_n, \cdots$ 是相互独立的随机变量序列,每个随机变量的数学期望 $E(X_k)$ 和方差 $D(X_k)$ 都存在,而且方差一致有界,即存在常数 $M > 0$,使得

$$D(X_k) < M \quad (k = 1, 2, \cdots)$$

则 $X_1, X_2, \cdots, X_n, \cdots$ 服从大数定律。

证明:需证明对于任意 $\varepsilon > 0$,有

$$\lim_{n \to \infty} P\left\{ \left| \frac{1}{n} \sum_{k=1}^{n} X_k - \frac{1}{n} \sum_{k=1}^{n} E(X_k) \right| < \varepsilon \right\} = 1$$

因为

$$E\left(\frac{1}{n} \sum_{k=1}^{n} X_k \right) = \frac{1}{n} \sum_{k=1}^{n} E(X_k)$$

$$D\left(\frac{1}{n} \sum_{k=1}^{n} X_k \right) = \frac{1}{n^2} \sum_{k=1}^{n} D(X_k) \leqslant \frac{1}{n^2} nM = \frac{M}{n}$$

由切比雪夫不等式,对给定的 $\varepsilon > 0$,有

$$P\left\{\left|\frac{1}{n}\sum_{k=1}^{n}X_k-\frac{1}{n}\sum_{k=1}^{n}E(X_k)\right|<\varepsilon\right\}\geq 1-\frac{\frac{1}{n^2}\sum_{k=1}^{n}D(X_k)}{\varepsilon^2}\geq 1-\frac{M}{n\varepsilon^2}$$

$$(1.15)$$

令 $n\to\infty$，注意到概率不能大于1，故有

$$\lim_{n\to\infty}P\left\{\left|\frac{1}{n}\sum_{k=1}^{n}X_k-\frac{1}{n}\sum_{k=1}^{n}E(X_k)\right|<\varepsilon\right\}=1$$

注意，式（1.15）事实上给出了样本均值 $\frac{1}{n}\sum_{k=1}^{n}X_k$ 逼近整体

均值 $\frac{1}{n}\sum_{k=1}^{n}E(X_k)$ 的量化关系，这一点在大数据计算中是非常有

用的。

定理 1.8　弱大数定律　设 $X_1,X_2,\cdots,X_n,\cdots$ 是相互独立且服从

同一分布的随机变量序列，随机变量的数学期望与方差存在

$$E(X_k)=\mu,\quad D(X_k)=\sigma^2\quad(k=1,2,\cdots)$$

则 $X_1,X_2,\cdots,X_n,\cdots$ 服从大数定律，即对任意 $\varepsilon>0$，有

$$\lim_{n\to\infty}P\left\{\left|\frac{1}{n}\sum_{k=1}^{n}X_k-\mu\right|<\varepsilon\right\}=1\qquad(1.16)$$

证明：因 $X_1,X_2,\cdots,X_n,\cdots$ 是相互独立同分布的，所以有

$$\frac{1}{n}\sum_{k=1}^{n}E(X_k)=\frac{1}{n}n\mu=\mu,\quad D(X_k)=\sigma^2\quad(k=1,2,\cdots)$$

方差数列是有界数列，根据切比雪夫大数定律知 $X_1,X_2,\cdots,X_n,\cdots$ 服

从大数定律，并且式（1.14）可改写为：对任意 $\varepsilon>0$，有

$$\lim_{n\to\infty}P\left\{\left|\frac{1}{n}\sum_{k=1}^{n}X_k-\mu\right|<\varepsilon\right\}=1$$

弱大数定律很好地指出，通常样本均值在 $n\to\infty$ 时总是接近总

体均值的,即 $\frac{1}{n}\sum_{k=1}^{n}X_k$ 依概率收敛于 μ,表示为 $\bar{X}\xrightarrow{P}\mu$。弱大数定律适用于大多数实际情况,事实上,弱大数定律还有一个更普遍的版本,我们只需假设均值存在即可。

定理 1.9 辛钦大数定律 设 $X_1,X_2,\cdots,X_n,\cdots$ 是相互独立且服从同一分布的随机变量序列,且具有数学期望

$$E(X_k)=\mu \quad (k=1,2,\cdots)$$

则 $X_1,X_2,\cdots,X_n,\cdots$ 服从大数定律,即对任意 $\varepsilon>0$,有

$$\lim_{n\to\infty}P\left\{\left|\frac{1}{n}\sum_{k=1}^{n}X_k-\mu\right|<\varepsilon\right\}=1$$

大数定律反映了一个重要的思想,即"频率收敛于概率",这个思想可使我们用局部的数据估算总体的情况,这是众多大数据算法设计的理论根源。

2. 中心极限定理

下面从随机变量序列的依分布收敛概念,引进另一类重要的极限定理——中心极限定理(central limit theorem)。

中心极限定理有很强的实际背景,在现实中许多随机变量都可以表示为大量相互独立的随机变量之和,而且其中任一个随机变量对总和只起到微小的影响,这类随机变量往往服从或近似服从正态分布。中心极限定理从理论上阐明了其缘由。中心极限定理表明,在许多情况下,当相互独立的随机变量相加时是趋向于正态分布的,即使原始变量本身并不是正态分布的。该定理是大数据计算中的一个重要概念,因为它意味着适用于正态分布的统计方法也适用于涉及其他数学分布的许多问题。这里将介绍三个常用的中心极限定理。

考虑 $X_1, X_2, \cdots, X_n, \cdots$ 是相互独立的随机变量序列,并假设它们的期望和方差均存在,则对它们的前 n 项求和

$$\sum_{k=1}^{n} X_k = X_1 + X_2 + \cdots + X_n$$

有

$$E\left(\sum_{k=1}^{n} X_k\right) = \sum_{k=1}^{n} E(X_k), \quad D\left(\sum_{k=1}^{n} X_k\right) = \sum_{k=1}^{n} D(X_k) > 0$$

将 $\sum_{k=1}^{n} X_k$ 标准化,令

$$G_n = \frac{\sum_{k=1}^{n} X_k - \sum_{k=1}^{n} E(X_k)}{\sqrt{\sum_{k=1}^{n} D(X_k)}}$$

则有

$$E(G_n) = 0, \quad D(G_n) = 1$$

定义 1.2 设 $X_1, X_2, \cdots, X_n, \cdots$ 是相互独立的随机变量序列,其前 n 项和的标准化随机变量序列为

$$G_n = \frac{\sum_{k=1}^{n} X_k - \sum_{k=1}^{n} E(X_k)}{\sqrt{\sum_{k=1}^{n} D(X_k)}} \quad (k = 1, 2, \cdots)$$

记 G_n 的分布函数为 $F_n(x) = P\{G_n \leqslant x\}$。如果

$$\lim_{n \to \infty} F_n(x) = \Phi(x) = \int_{-\infty}^{x} \frac{1}{\sqrt{2\pi}} e^{-\frac{t^2}{2}} dt, \quad -\infty < x < +\infty \qquad (1.17)$$

则称随机变量序列 $X_1, X_2, \cdots, X_n, \cdots$ 服从中心极限定理。

定理 1.10 **独立同分布中心极限定理** 设 $X_1, X_2, \cdots, X_n, \cdots$ 是相互独立且服从同一分布的随机变量序列,具有数学期望和方差

$$E(X_k) = \mu, \quad D(X_k) = \sigma^2 \quad (k = 1, 2, \cdots)$$

则随机变量序列 $X_1, X_2, \cdots, X_n, \cdots$ 服从中心极限定理,即对于任意 x 满足

$$\lim_{n \to \infty} P\left\{ \frac{\displaystyle\sum_{k=1}^{n} X_k - n\mu}{\sqrt{n}\,\sigma} \leqslant x \right\} = \frac{1}{\sqrt{2\pi}} \int_{-\infty}^{x} e^{-\frac{t^2}{2}} \mathrm{d}t = \Phi(x) \qquad (1.18)$$

该定理说明,当 n 很大时,随机变量 $G_n = \dfrac{\displaystyle\sum_{k=1}^{n} X_k - n\mu}{\sqrt{n}\,\sigma}$ 近似服从

标准正态分布 $N(0,1)$。因此,当 n 很大时,$\displaystyle\sum_{k=1}^{n} X_k = \sqrt{n}\,\sigma G_n + n\mu$ 近似服从 $N(n\mu, n\sigma^2)$,而随机变量序列 $X_1, X_2, \cdots, X_n, \cdots$ 前 n 项的算术平均 $\bar{X} = \dfrac{1}{n} \displaystyle\sum_{k=1}^{n} X_k$ 近似服从 $N\left(\mu, \dfrac{\sigma^2}{n}\right)$ 分布。

该定理是中心极限定理最简单又最常用的一种形式,因为一般很难求出 n 个随机变量之和 $\displaystyle\sum_{k=1}^{n} X_k$ 的分布函数,在实际计算中,只要 n 足够大,便可以把独立同分布的随机变量之和看作正态变量。在处理大数据时,它是经常使用的重要方法。

定理 1.11　李雅普诺夫(Lyapunov)中心极限定理　设 X_1, $X_2, \cdots, X_n, \cdots$ 是相互独立的随机变量序列,具有数学期望和方差

$$E(X_k) = \mu_k, \quad D(X_k) = \sigma_k^2 > 0 \quad (k = 1, 2, \cdots)$$

记

$$B_n^2 = \sum_{k=1}^{n} \sigma_k^2$$

若存在 $\delta > 0$,使得当 $n \to \infty$ 时,有

$$\frac{1}{B_n^{2+\delta}} \sum_{k=1}^{n} E\{ |X_k - \mu_k|^{2+\delta} \} \to 0$$

则随机变量序列 $X_1, X_2, \cdots, X_n, \cdots$ 服从中心极限定理,即前 n 项和

$\sum\limits_{k=1}^{n} X_k$ 的标准化随机变量序列

$$G_n = \frac{\sum\limits_{k=1}^{n} X_k - \sum\limits_{k=1}^{n} E(X_k)}{\sqrt{\sum\limits_{k=1}^{n} D(X_k)}} = \frac{\sum\limits_{k=1}^{n} X_k - \sum\limits_{k=1}^{n} \mu_k}{B_n}$$

的分布函数 $F_n(x)$ 对于任意的 x,满足

$$\lim_{n\to\infty} F_n(x) = \lim_{n\to\infty} P\left\{ \frac{\sum\limits_{k=1}^{n} X_k - \sum\limits_{k=1}^{n} \mu_k}{B_n} \leqslant x \right\}$$

$$= \int_{-\infty}^{x} \frac{1}{\sqrt{2\pi}} e^{-\frac{t^2}{2}} \mathrm{d}t = \Phi(x) \qquad (1.19)$$

下面介绍的中心极限定理是定理 1.10 的特殊情况。

定理 1.12 棣莫弗-拉普拉斯 (De Moivre-Laplace) 中心极限定理 设随机变量 $G_n \sim B(n,p)$ $(n=1,2,\cdots)$,则对任意实数 x 有

$$\lim_{n\to\infty} P\left\{ \frac{G_n - np}{\sqrt{np(1-p)}} \leqslant x \right\} = \int_{-\infty}^{x} \frac{1}{\sqrt{2\pi}} e^{-\frac{t^2}{2}} \mathrm{d}t = \Phi(x) \qquad (1.20)$$

证明:设 $X_1, X_2, \cdots, X_n, \cdots$ 是相互独立且服从 0-1 分布的随机变量序列,有

$$E(X_k) = p, \quad D(X_k) = p(1-p) \quad (k=1,2,\cdots)$$

由定理 1.10 可知 $X_1, X_2, \cdots, X_n, \cdots$ 服从中心极限定理,有

$$\lim_{n\to\infty} P\left\{ \frac{\sum\limits_{k=1}^{n} X_k - np}{\sqrt{np(1-p)}} \leqslant x \right\} = \Phi(x)$$

又由二项分布的可加性可知 $\sum\limits_{k=1}^{n} X_k = G_n \sim B(n,p)$,上式可以改写为

$$\lim_{n\to\infty} P\left\{ \frac{G_n - np}{\sqrt{np(1-p)}} \leqslant x \right\} = \Phi(x)$$

定理 1.12 表明二项分布的极限分布是正态分布,当 n 充分大时,可以利用式(1.20)来计算二项分布的概率。

1.4　统计模拟方法

本节将介绍统计模拟方法中的蒙特卡洛方法[8],以及在数据分析中的主成分分析方法和期望最大化算法,最后对与数据拟合相关的基础知识做一个梳理归纳。

1.4.1　蒙特卡洛方法

蒙特卡洛方法(Monte Carlo method)是一类通过随机变量的统计试验、随机模拟来求解数学物理、工程技术问题的数值方法。蒙特卡洛方法是计算机模拟方法的重要组成部分。

当对一个求和函数或者积分函数无法精确计算时,通常可以使用蒙特卡洛方法来近似求解。这种方法把求和或积分视作某分布下的期望,然后通过估计对应的均值来近似求解这个期望。

接下来,通过对一维积分随机模拟

$$\theta = \int_0^1 f(x)\,\mathrm{d}x \quad (0 < f(x) < 1)$$

介绍用蒙特卡洛方法求解一般实际问题的基本步骤和主要特点。

为了用蒙特卡洛方法模拟积分,就需要根据积分的特点构造一个概型。在图 1.7 中,第一象限中正方形内曲线 $y = f(x)$ 下面的面积即积分值 θ。如果条件限定在正方形内,任意投掷一点 (x,y),则随机点 (x,y) 位于曲线 $f(x)$ 下面的概率

$$P = P\{y < f(x)\} = \int_0^1 \int_0^{f(x)} \mathrm{d}x\mathrm{d}y$$

等于积分值 θ。由此可以构造模拟实现积分的方法。

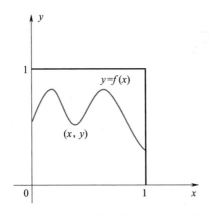

图 1.7 积分模拟

按 $(0,1)$ 上的均匀分布,产生随机变量 (x,y) 的抽样值,作为正方形内随机点的坐标,模拟随机投点试验取随机变量 η。当随机点 (x,y) 位于曲线 $f(x)$ 的下方时,随机投点试验成功,η 取值为 1,否则取值为 0,即

$$\eta = \begin{cases} 1, & y < f(x), \quad \text{随机投点试验成功} \\ 0, & y > f(x), \quad \text{随机投点试验失败} \end{cases}$$

通过大量重复产生相互独立随机变量 (x,y) 的抽样值 (x_i, y_i),得到 η 的观测值 $\eta_i = \theta_i(x_i, y_i)$。在 N 次随机投点试验中,$\sum\limits_{i=1}^{N} \theta_i$ 给出随机投点试验成功的总次数。

根据大数定律和中心极限定理,样本均值

$$\bar{\eta} = \frac{1}{N} \sum_{i=1}^{N} \eta_i \tag{1.21}$$

给出积分值 η 的无偏估计,样本标准差

$$s_\eta = \left(\frac{1}{N} \sum_{i=1}^{N} (\eta_i - \bar{\eta})^2 \right)^{\frac{1}{2}} \tag{1.22}$$

给出$\bar{\eta}$精度的统计估计。

用式(1.21)对积分进行直接模拟结果的精度很低。在多数情况下,必须根据它们的特点降低方差。例如模拟积分时,产生$(0,1)$上均匀分布的随机变量x_i,可以得到比式(1.21)更为有效的估计

$$\theta_1 = \frac{1}{N}\sum_{i=1}^{N} f(x_i) \tag{1.23}$$

从积分的模拟过程可以看出,用蒙特卡洛方法模拟一个实际问题的基本步骤为:

(1)根据实际问题,构造模拟方法;

(2)根据方法的特点降低方差,加速模拟结果的收敛;

(3)给出方法中各种不同分布随机变量的抽样方法;

(4)统计处理模拟结果,给出问题的解和解的精度估计。

这里给出的模拟步骤,组成了蒙特卡洛方法研究的基本课题,即蒙特卡洛方法的基本理论、随机变量的产生和检验以及实际应用。

从积分的模拟过程可知,蒙特卡洛方法是模拟方法中的一个随机变量η,更确切地说,是模拟一个复杂的随机变量$x_1,x_2,\cdots,x_n$的函数

$$\eta = \eta(x_1,x_2,\cdots,x_n)$$

通过对η的随机模拟,得到抽样值$\eta_1,\eta_2,\cdots,\eta_N$并经过统计处理后,给出$\eta$的概率分布或各阶矩的估计值,得到模型的解。在实际应用中经常要求给出η的数学期望$E(\eta)$和标准差σ_η的估计值,即式(1.21)和式(1.22)中的$\bar{\eta}$和s_η。因此,模拟方法的随机性质、模拟算法的简单性是蒙特卡洛方法的第一个特点。而式(1.21)和式(1.23)两种不同的模拟算法都给出积分的无偏估值,模拟方法的这

种灵活性是蒙特卡洛方法的第二个特点。蒙特卡洛方法的误差估计和收敛性构成它的第三个特点。

1.4.2 主成分分析

主成分分析(principal component analysis,PCA)是一种广泛应用于降维、有损数据压缩、特征提取的技术,也被称为卡-洛变换(Karhunen-Loeve transform)。

主成分分析通过一组变量的线性组合来解释这组变量的方差-协方差结构,从而达到数据压缩(降维)或数据解释的目的,主成分分析经常作为大数据处理的中间过程。

对于主成分分析,有以下两种不同的定义,但可以得到相同的算法。第一种是将 PCA 定义为数据在低维线性空间上方差最大化的正交投影,这个线性空间称为主子空间。第二种是将 PCA 定义为最小化平均投影成本的线性投影,投影成本定义为数据点到投影点距离平方的均值。下面将依次讨论这两种定义。

1. 最大化方差的形式

假设观测到数据集 $\{X_i\}_{i=1}^n$,X_i 是 p 维欧几里得空间变量。目标是把数据投影到一个 M 维的空间($M<p$),同时最大化投影数据的方差。这里首先假设 M 是已知的,后边讨论如何确定 M。

考虑一维空间上的投影($M=1$),使用一个 p 维向量 u_1 来定义空间的方向,为了方便(且不失一般性)取 u_1 为单位向量,即 $u_1^T u_1 = 1$。然后将每个数据点 X_i 投影到向量 u_1 上得到标量 $u_1^T X_i$。投影数据的均值为 $u_1^T \overline{X}$,其中 $\overline{X}$ 是数据集的均值,有

$$\overline{X} = \frac{1}{n} \sum_{i=1}^{n} X_i$$

那么,投影数据的方差就是

$$\frac{1}{n} \sum_{i=1}^{n} (u_1^{\mathrm{T}} X_i - u_1^{\mathrm{T}} \overline{X})^2 = u_1^{\mathrm{T}} S u_1$$

S 是数据的协方差矩阵

$$S = \frac{1}{n} \sum_{i=1}^{n} (X_i - \overline{X})(X_i - \overline{X})^{\mathrm{T}}$$

现在可以在 u_1 的情况下最大化投影方差 $u_1^{\mathrm{T}} S u_1$,显然需要一些约束来防止 $\|u_1\|$ 趋于无穷,也就是上文提过的 $u_1^{\mathrm{T}} u_1 = 1$。为了实现这一约束,引入一个拉格朗日乘子 λ_1,然后最大化下式

$$u_1^{\mathrm{T}} S u_1 + \lambda_1 (1 - u_1^{\mathrm{T}} u_1)$$

通过上式对 u_1 求导并设置导数为零可以得到一个极值点

$$u_1^{\mathrm{T}} S = \lambda_1 u_1$$

这意味着 u_1 一定是 S 的特征向量。如果在等式两边右乘 u_1^{T},并把 $u_1^{\mathrm{T}} u_1 = 1$ 代入,那么方差恰好等于 λ_1,即

$$u_1^{\mathrm{T}} S u_1 = \lambda_1$$

因此将 u_1 设置为最大特征值 λ_1 对应的特征向量时,这个特征向量就是第一主成分。

接下来通过递增的方式来定义其他主成分,在所有与那些已经得到的特征向量正交的可能方向中,将最大化投影方差的方向选为下一个主成分的方向。然后考虑 M 维投影空间的一般情况,数据协方差矩阵的 M 个特征向量 $u_1, u_2, \cdots, u_M$ 定义了最佳的线性投影,这个线性投影恰好是方差最大的投影,且这 M 个特征向量 $u_1, u_2, \cdots, u_M$ 分别对应了前 M 个最大的特征值 $\lambda_1, \lambda_2, \cdots, \lambda_M$。

总之,主成分分析涉及估计样本的均值向量 $\bar{X}$ 和协方差矩阵 S,然后找到与 S 的前 M 个最大特征值对应的特征向量。计算 $D \times D$ 维矩阵的全部特征向量的时间复杂度是 $O(D^3)$。如果只计算前 M 个主成分,也就是把数据投影到 M 维的空间中,那么只需要找到 M 个特征值和特征向量即可。

2. 最小化误差的形式

为了最小化投影的误差,首先找到 p 维基向量 $\boldsymbol{u}_i$,其中 $i = 1, 2, \cdots, p$,满足

$$\boldsymbol{u}_i^{\mathrm{T}} \boldsymbol{u}_j = \delta_{ij}$$

所有的数据点都可以使用基向量的线性组合表示

$$\boldsymbol{x}_n = \sum_{i=1}^{p} \alpha_{ni} \boldsymbol{u}_i$$

系数 α_{ni} 对不同的数据点是不一样的。这一步只是旋转 z 坐标系得到以基向量 $\{\boldsymbol{u}_i\}$ 表示的新坐标系,那么原始数据点中的 p 个成分 $\{x_{n1}, x_{n2}, \cdots, x_{np}\}$ 就被替换为 $\{\alpha_{n1}, \alpha_{n2}, \cdots, \alpha_{np}\}$,计算 $\boldsymbol{x}_n$ 和 $\boldsymbol{u}_j$ 的内积,根据正交的特性可以得到 $\alpha_{nj} = \boldsymbol{x}_n^{\mathrm{T}} \boldsymbol{u}_j$,那么不失一般性,有

$$\boldsymbol{x}_n = \sum_{i=1}^{p} (\boldsymbol{x}_n^{\mathrm{T}} \boldsymbol{u}_i) \boldsymbol{u}_i \tag{1.24}$$

PCA 的目标是使用投影到低维子空间的 M 个向量来近似表示这个数据点。不失一般性,这个 M 维线性子空间可以被 M 个基向量表示。然后就可以通过下式来近似表示每一个数据点 $\boldsymbol{x}_n$:

$$\tilde{\boldsymbol{x}}_n = \sum_{i=1}^{M} z_{ni} \boldsymbol{u}_i + \sum_{i=M+1}^{p} b_i \boldsymbol{u}_i$$

其中,$\{z_{ni}\}$ 对不同的数据点是不同的,而 $\{b_i\}$ 对于所有的数据点来说是相同的常数。因此可以通过选择不同的 $\{\boldsymbol{u}_i\}$,$\{b_i\}$ 和 $\{z_{ni}\}$ 来最小化因降维而导致的误差。使用原始数据点 $\boldsymbol{x}_n$ 和其近似点 $\tilde{\boldsymbol{x}}_n$ 之间距

离的平方作为误差的度量,那么整个数据集中优化目标是使下式最小化。

$$J = \frac{1}{N} \sum_{n=1}^{N} \| \boldsymbol{x}_n - \tilde{\boldsymbol{x}}_n \|^2$$

首先考虑关于$\{z_{ni}\}$的最小化。J对z_{ni}求导并让导数等于0,根据正交特性可以得到

$$z_{ni} = \boldsymbol{x}_n^{\mathrm{T}} \boldsymbol{u}_i$$

上式中$i = 1, \cdots, M$。同样地,让J对b_i求导并让导数等于0,那么

$$b_i = \boldsymbol{x}_n^{\mathrm{T}} \boldsymbol{u}_i$$

其中,$i = M+1, \cdots, D$。如果不使用b_i和z_{ni},使用式(1.24)可得

$$\boldsymbol{x}_n = \sum_{i=1}^{p} (\boldsymbol{x}_n^{\mathrm{T}} \boldsymbol{u}_i) \boldsymbol{u}_i$$

那么

$$\boldsymbol{x}_n - \tilde{\boldsymbol{x}}_n = \sum_{i=M+1}^{p} ((\boldsymbol{x}_n^{\mathrm{T}} \boldsymbol{u}_i)^{\mathrm{T}} \boldsymbol{u}_i) \boldsymbol{u}_i$$

可以看到$\boldsymbol{x}_n$到$\tilde{\boldsymbol{x}}_n$的位移向量在和主子空间正交的空间中,因为它是$\boldsymbol{u}_i (i = M+1, \cdots, D)$的线性组合,如图 1.8 中所示。因为$\tilde{\boldsymbol{x}}_n$是在主子空间中的向量,但是可以在主子空间里自由移动投影点,因此最小的误差可以由正交投影得到。

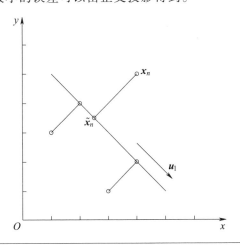

图 1.8 正交投影示意图

这样就得到了只与 $\{u_i\}$ 有关的 d 误差度量函数 J,即

$$J = \frac{1}{n} \sum_{j=1}^{n} \sum_{i=M+1}^{p} (x_n^{\mathrm{T}} u_i - \bar{x}^{\mathrm{T}} u_i)^2 = \sum_{i=M+1}^{p} u_i^{\mathrm{T}} S u_i$$

现在只需要调整 u_i 来最小化 J,这是一个带约束条件的最小化优化问题,约束条件来自正交正态条件。在考虑一般解的情况前,首先考虑将二维数据投影到一维主子空间的情况,需要选择 u_2 的方向以便得到服从归一化约束 $u_2^{\mathrm{T}} u_2 = 1$ 的 $J = u_2^{\mathrm{T}} S u_2$ 的最小值。同样,使用一个拉格朗日乘子 λ_2 来强制执行这个约束,那么最小化目标就是

$$\tilde{J} = u_2^{\mathrm{T}} S u_2 + \lambda_2 (1 - u_2^{\mathrm{T}} u_2)$$

$\tilde{J}$ 对 u_2 求导并让导数等于 0,可以得到 $S u_2 = \lambda_2 u_2$,那么 u_2 就是 S 的特征向量,对应的特征值为 λ_2。因此任何特征向量都是误差度量的临界点。为了找到 J 的最小值,将 u_2 重新代入误差度量中,得到 $J = \lambda_2$。也可以选择两个特征值中较小的一个对应的特征向量作为 u_2,从而得到 J 的最小值。因此选择主子空间时,应该选择与较大特征值对应的特征向量一致的空间。为了使平均投影距离的平方最小,应该让主子空间穿过数据点的均值并与最大化方差的方向对齐。对于多个特征值相等的情况,选择其中任意一个方向都可以得到最小的 J 值。

那么,对于任意的 p 和 $M<p$,最小化 J 的通解可以通过让 $\{u_i\}$ 等于数据的协方差矩阵的特征向量来得到,即

$$S u_i = \lambda_i u_i$$

其中 $i = 1, 2, \cdots, p$,且特征向量 $\{u_i\}$ 都是相互正交的。对应的误差度量就是

$$J = \sum_{i=M+1}^{p} \lambda_i$$

也就是那些与主子空间正交的特征向量的特征值之和。因此主成分分析就可以通过选择最小的 $p-M$ 个特征值来得到这个误差度量 J，那么对应的、与主子空间一致的特征向量也就是数据的协方差矩阵的前 M 个最大特征值对应的特征向量。

尽管之前只考虑了 $M<p$ 的情况，但当 $M=p$ 的时候主成分分析依然是成立的。在这种情况下维度没有下降，只是对坐标系进行了旋转，从而使坐标系和主成分对齐。

1.4.3 拟合方法基础

数据拟合一般基于测量或试验数据，通过曲线拟合来构造最适合这一系列数据点的曲线或者函数。在拟合过程中可能需要约束，通常来说测量结果和相应条件之间的潜在函数关系应该是已知的，或者需要假定一个函数关系，然后用一个数学模型来描述这个关系。拟合的目标就是找到这些模型的参数，通过模型和对应的参数来描述不同变量之间的关系[9]。

测量或试验结果 y 依赖于其他因素，这些因素可以用一个多元变量 x 来表示。那么 x 和 y 之间的关系就可以用数学模型来描述。模型参数可以用一个未知多元参数 w 来表示。需要用拟合方法来确定参数 w 以使这个模型能够满足测量结果。那么模型函数就是

$$y = f(x, w)$$

例如在牛顿第二定律的实验中，当用大小为 F 的力来推动平面

上的物体时,观测到物体的加速度 a 就相当于因变量 y,推动物体时用的力 F 就相当于自变量 x,那么物体的质量 m 就是参数 w。根据牛顿第二定律 $F=ma$,可以通过一阶多项式来拟合 F 和 a 之间的关系,计算出参数 m。

在实际情况下可能还会有未观察到的其他因素,以及测量过程中的误差,这些因素统称为误差,因此这个模型更准确地应该表述为

$$y_i = f(x_i, w) + \varepsilon_i$$

其中 x_i 和 w 是一系列自变量和对应的参数,ε_i 代表测量或试验过程中的误差。而且 x_i 一般是已知量,所以只有参数 w 是未知的。在已知模型的情况下(如上边提到的力与加速度的关系),只需要多次进行实验,就可以减小误差从而揭示真实的关系。

数据拟合其实是一种优化问题,在这里需要强调的是,参数 w 的最优解不是绝对的,而是与测量数据、观测结果及误差分布的假设有关。数据拟合也是数据压缩的方法之一,因为通过拟合把 N 次观测数据缩减成一个合适的参数和模型。一般而言,模型并不能准确地代表所有的观测结果,而是对数据的一种近似,所以拟合是一种特殊的有损压缩。

在应用过程中,条件 x 和观测值 y 之间的模型经常是未知的。在这种情况下一般会假设模型是一些特殊函数,如高阶多项式、三角函数或者幂函数等。模型选择是非常重要的,错误的模型对拟合的结果影响非常巨大。下面的例子也会说明这个问题。

首先假设一个拟合数据集,这个数据集由函数 $\sin \pi x$ 加上一些随机噪声得到。现在假设一个给定的数据集,$N=20$ 个节点表示为

$(x_1, x_2, \cdots, x_{20})^{\mathrm{T}}$,同时对应 20 个观测值$(t_1, t_2, \cdots, t_{20})^{\mathrm{T}}$,如图 1.9 所示。

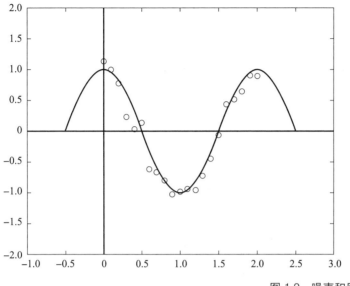

图 1.9 噪声和原始图像

在拟合的过程中,确定模型系数的最常用方法就是最小化误差函数。一种简单且广泛应用的误差函数是用预测值与观测值之差的平方和来表示,即

$$E(w) = \frac{1}{2} \sum_{i=1}^{N} \{ y(x_i, w) - t_i \}^2$$

如果对所有数据点都做出正确预测,则误差为 0。

1. 用常数拟合数据

数据拟合中最简单的问题就是确定一个常数值,一般来说可选择观测值的均值,也可以用上述最小化误差的方法确定。如图 1.10 所示。

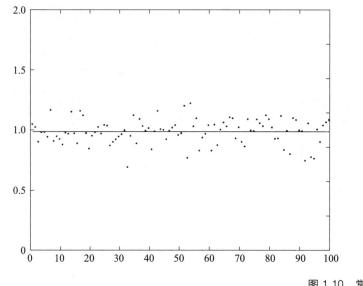

图 1.10　常数拟合

2. 用直线拟合数据点

用直线拟合数据点是用一次函数来拟合,同样是一种应用广泛的拟合方法。如图 1.11 所示。

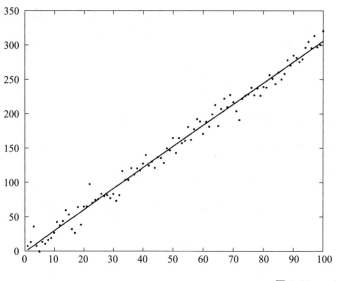

图 1.11　一次函数拟合

3. 用多项式拟合数据点

下面用一种更加复杂的模型来拟合这个数据,模型如下:

$$y(\boldsymbol{x},\boldsymbol{w}) = w_0 + w_1 x + w_2 x^2 + \cdots + w_M x^M = \sum_{i=0}^{M} w_i x^i$$

其中,M 是多项式的阶数,系数 $w_0, w_1, \cdots, w_M$ 的整体记作向量 $\boldsymbol{w}$。二次函数拟合如图 1.12 所示。

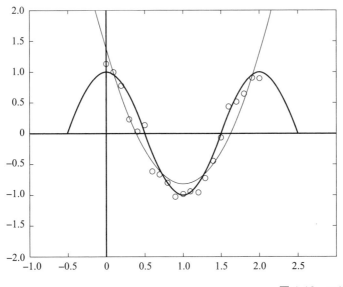

图 1.12   二次函数拟合

很明显,函数 $y(\boldsymbol{x},\boldsymbol{w})$ 是 $\boldsymbol{x}$ 的一个非线性函数,但是对于系数 $\boldsymbol{w}$ 来说是线性函数。在数据拟合领域,术语"线性"和"非线性"的意义和在信号处理等领域中意义不同,它不是指自变量与因变量之间的关系是否为线性关系,而是指因变量 y 与参数 $\boldsymbol{w}$ 的关系是否为线性关系。因此多项式模型在数据拟合领域也是一种线性模型。

如图 1.13 所示,当 $M=19$ 时,模型经过所有的数据点,这是因为当 $M=19$ 时,模型刚好有 20 个自由度(degree of freedom),可以拟合这 20 个点。更普遍一点的说法是,有 20 个自由度的模型可以拟合 20 个约束,约束包括点、角度和曲率。其中角度和曲率一般用来确保一个模型中不同曲线连接处的平滑转变。

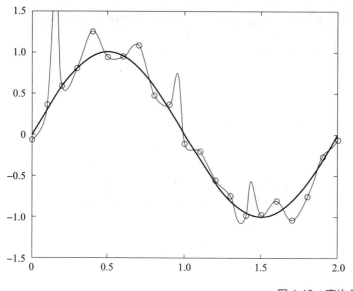

图 1.13　高次函数拟合

　　但是过分强调拟合函数经过每一个数据点并不一定是最好的拟合,因为数据会有很大的波动,例如在拟合 $\sin \pi x$ 时表现非常明显,反而是 $M=3$ 时,虽然很多数据点都没有经过,但是模型的整体趋势在 $(0,1)$ 内更加符合 $\sin \pi x$。这种现象称为过拟合(overfitting)。过拟合的两个主要原因分别是参数过多和数据集太小。因此如果有拟合精度差不多的两种模型,一般选择参数较少的模型来拟合。

　　在真实的情景中,观测结果在很多时候是多个条件综合作用的结果,曲面的平面近似就是一个简单的例子,假设 x_1 和 x_2 是因变量,w_1,w_2,w_3 是对应的参数,可以假设一个平面函数来拟合数据:

$$y(x,w) = w_1 + w_2 x_1 + w_3 x_2$$

在拟合的过程中可能会用到插值或者平滑的方法来使拟合结果更加符合这个数据。

从总体上说,在大数据计算中可利用曲线拟合方法将复杂的数据在一定的误差范围内用较为简单的函数表示出来。因此可以极大简化计算过程和复杂度,也便于算法设计。同时,拟合方法还可以用作数据可视化的工具,可以形象地揭示两个或多个变量之间的关系。拟合方法与统计量方法从不同角度对数据进行约简表示,在当前大数据计算研究中仍然十分活跃。

参考文献

[1] HARDLE W K,SIMAR L.Applied multivariate statistical analysis[M].4th ed. Heidelberg:Springer,2015.

[2] BISHOP C M.Pattern recognition and machine learning[M].New York:Springer,2006.

[3] AGRAWAL S,GOYAL N.Analysis of Thompson sampling for the multi-armed bandit problem[J]. Journal of Machine Learning Research,2011,23(4):357-364.

[4] MOOD A M,GRAYBILL F A,BOES D C.Introduction to the theory of statistics [M]. 3rd ed.[S.l.]:McGraw-Hill,1974.

[5] 徐全智,吕恕.概率论与数理统计[M].2 版.北京:高等教育出版社,2010.

[6] RICE J A.Mathematical statistics and data analysis[M].3rd ed.[S.l.]:Cengage Learning,2013.

[7] GEORGE C,ROGER L B.Statistical inference[M]. 2nd ed. [S.l.]:Cengage

Learning,2001.

［8］张建中.蒙特卡洛方法（Ⅰ）［J］.数学的实践与认识,1974,1:28-40.

［9］STRUTZ T. Data fitting and uncertainty:a practical introduction to weighted least squares and beyond［M］.［S.l.］:Vieweg and Teubner,2010.

第二章　静态大数据计算

　　本章分析经典的静态大数据计算问题,着重讨论如何通过并行计算提升计算速度。针对并行算法的设计与分析,在数值科学计算应用中有大量相关研究成果。随着计算科学和计算机应用的发展,对非数值计算问题的并行算法研究也越来越重要,如模式串匹配、表达式求值、排序选择等。不同于传统的科学数值计算,在静态大数据处理中,对计算模型和时间/空间复杂度有较为严格的要求,并且在算法设计中需要考虑资源均衡和亚线性、双亚线性等需求,在应用上也有其特殊之处。《并行算法的设计与分析(第 3 版)》(陈国良,高等教育出版社,2009)对于这些问题也有详细的讨论,可参考阅读。

2.1　并行计算与 BSP 模型

2.1.1　并行计算的基本知识

　　本节介绍并行计算的若干基础知识,包括并行计算的需求及其基本定义、并行计算机系统及其结构模型,以及并行算法的基础知识[1]。

1. 并行计算需求及其定义

随着计算机和计算方法的飞速发展,几乎所有的学科都向定量化和精确化方向发展,从而产生了一系列诸如计算物理、计算化学、计算生物学、计算地质学、计算气象学和计算材料科学等计算科学,在世界上逐渐形成了一门有关计算的学科分支,即计算科学与工程(computational science and engineering, CSE)。当今,计算科学已经与理论研究和实验研究并列成为第三种科学研究范式,它们相辅相成地推动了科学发展与社会进步。在许多情况下,或者是理论模型复杂甚至理论尚未建立,或者是实验费用昂贵甚至实验无法实施,此时计算就成为求解问题的主要手段。计算极大地增强了人们从事科学研究的能力,加速了把科技转化为生产力的过程,深刻地改变着人类认识世界和改造世界的方法和途径。计算科学的理论和方法,作为新的研究手段和新的设计与制造技术的理论基础,正推动着当代科学与技术向纵深发展[2-7]。

计算科学高效地促进了社会的发展,作为计算的载体,人类对计算机的性能要求也是无止境的,诸如预测模型的构造和模拟、工程设计和自动化、能源勘探、医学以及基础理论研究等领域都对计算提出了极高的要求。例如,在做数值气象预报时,要提高全球气象预报的准确性,据估计在经度、维度和大气层方向上至少要取 $200 \times 100 \times 20 = 4 \times 10^5$ 个网格点。目前中期天气预报有的模式需要 6.35×10^6 个点,内存需要几十吉字节(GB),总运算量达太级别($T = 10^{12}$),并要求在 2 小时内完成 48 小时内的天气预报。当计算能力不足时,只好降低结果的分辨率,简化计算方案,从而影响了预报的准确度。又如,在进行油田整体"油藏模拟"时,假定一个油田有上万口井,每口井模拟时至少要取 8×8×50 个点,则总的变量数可高达千万量级,这对于一般计算机是难以实现的。其他的应用领域包括核武器数值模拟、航空航天高速飞行器的设计、原子物理过程微观世界的模拟、材料科学计算、环境资源以及生物计算等。这些重大计算问题涉及非规则复杂结构、非均匀的复合材料、非线性的动力学系统以及奇性区域、活动边界、带约束条件等各种复杂的数学物理问题。要对这些复杂的非线性数学物理方程进行大规模和高精度的计算,在一般计算机上用传统的计算方法往往是无能为力的。

在这样的背景下,并行计算得到越来越多的关注。并行计算(parallel computing),简单地讲,就是在并行计算机上所做的计算,它和常说的高性能计算(high performance computing)、超级计算(supercomputing)可以认为是同义词,因为任何高性能计算和超级计算总离不开并行技术。

2. 并行计算机系统及其结构模型

并行计算机是并行计算的载体,本节主要介绍并行计算机系统互联、并行计算机系统结构。

在多处理机、多计算机或分布式系统中,不同组成部分(CPU、存储模块、I/O 设备、网络接口等)都要通过互联网络彼此连接起来。这些组成部分之间的互联,主要包括静态网络和动态网络两种连接方式。所谓静态网络(static network)是指处理单元间有着固定连接的一类网络,在程序执行期间,这种点到点的连接保持不变;相反,动态网络(dynamic network)是由开关单元构成的,可按应用程序的要求动态改变连接组态。典型的静态网络有一维线性阵列、二维网孔、树连接、超立方网络、立方环、混洗交换网、蝶形网络等;典型的动态网络包括总线、交叉开关和多级互联网络等。动态互联不是固定连接,而是在连接路径的交叉点处置以电子开关、选路器或仲裁器,以提供动态连接特性。

大型并行机系统一般可分为六种类型:单指令多数据流(single-instruction stream multiple-data stream,SIMD,也称单指令流多数据流),并行向量处理机(parallel vector processor,PVP),对称多处理机(symmetric multiprocessor,SMP),大规模并行处理机(massively parallel processor,MPP),工作站机群(cluster of workstations,COW),分布式共享存储器(distributed shared memory,DSM)。SIMD 计算机多为专用机,其余的五种均属于多指令多数据流(multiple-instruction stream multiple-data stream,MIMD,也称多指令流多数据流)计算机。

下面从系统访问存储器的模式角度讨论多处理机和多计算机系统的访存模型[1,3,29]。

(1) 均匀存储访问(uniform memory access,UMA)模型的特点是:① 物理存储器被所有处理器均匀共享,② 所有处理器访问任何存储单元时具有相同的时间(此即均匀存储访问名称的由来),③ 每个处理器可带私有高速缓存,④ 外围设备(peripheral equipment,又称外部设备,简称外设)也可以一定形式共享。这种系统由于高度共享资源而被称为紧耦合系统(tightly coupled system,也称紧密耦合系统)。当所有的处理器都能等同地访问所有 I/O 设备、能同样地运行执行程序时就称该机为对称多处理机(SMP);如果只有一台或一组处理器(称为主处理器),它能执行操作系统并能操纵 I/O,而其余处理器无 I/O 能力(称为从处理器),只能在主处理器的监控之下执行用户代码,这时就称该机为非对称多处理机。一般而言,UMA 结构适于通用或分时应用场景。

（2）非均匀存储访问（non-uniform memory access, NUMA）模型的特点是:① 被共享的存储器在物理上分布在所有的处理器中,其所有本地存储器的集合构成了全局地址空间;② 处理器访问存储器的时间是不一样的:访问集群共享存储器（cluster shared memory, CSM）较快,而访问全局共享存储器（global shared memory, GSM）较慢（此即非均匀存储访问名称的由来）;③ 每个处理器照例可带私有高速缓存,且外设也可以某种形式共享。

（3）全高速缓存存取（cache only memory access, COMA）模型的特点是:① 各处理器节点内不再划分存储层次结构,全部高速缓存构成了全局地址空间;② 利用分布高速缓存目录实现远程高速缓存访问;③ COMA 中的高速缓存容量一般都大于二级高速缓存容量;④ 使用 COMA 时,数据开始时可任意分配,因为在运行时它最终会被迁移到要用到它的地方。

（4）高速缓存一致性非均匀存储访问（cache coherent non-uniform memory access, CC-NUMA）模型的特点是:① 绝大多数商用 CC-NUMA 多处理机系统都使用基于目录的高速缓存一致性协议;② 它在保留 SMP 结构易于编程这一优点的同时,也改善了常规 SMP 的可扩放性问题;③ CC-NUMA 实际上是一个分布共享存储的多处理机系统;④ 它最显著的优点是程序员无须明确地在节点上分配数据,系统硬件和软件开始时会自动为各节点分配数据,在运行期间高速缓存一致性硬件会自动将数据移至要用到它的地方。

（5）非远程存储访问（no-remote memory access, NORMA）模型

是指,在一个分布存储的多计算机系统中,所有存储器都是私有的,仅能由其处理器访问。其特点是:① 所有存储器均是私有的,② 绝大多数 NUMA 都不支持远程存储器的访问,③ 在分布共享存储并行机中不存在 NORMA。

3. 并行算法基础知识

并行算法(parallel algorithm)是一些可同时执行的、若干进程的集合,这些进程互相作用和协调动作从而实现给定问题的求解。

并行算法可从不同的角度去分类,例如,数值计算和非数值计算的并行算法,同步、异步和分布式算法,确定性和随机化算法等,相关定义如下[8,9]。

(1)数值计算是指基于代数关系运算的一类诸如矩阵运算、多项式求值、求解线性方程组等数值计算问题。求解数值计算问题的算法称为数值算法(numerical algorithm)。

(2)非数值计算是指基于比较关系运算的一类诸如排序、选择、搜索、匹配等符号处理问题。求解非数值计算问题的算法称为非数值算法(non-numerical algorithm)。

(3)同步算法(synchronous algorithm)是指算法诸进程的执行必须相互等待的一类并行算法。

(4)异步算法(asynchronous algorithm)是指算法诸进程的执行不必相互等待的一类并行算法。

(5)分布式算法(distributed algorithm)是指由通信链路连接的多个站点(site)或节点协同完成问题求解的一类并行算法。

(6)确定性算法(deterministic algorithm)是指算法每一步都能明确地指明下一步应该如何执行的一种算法。

（7）随机化算法（randomized algorithm）是指算法某一步随机地从指定范围内选取若干参数，由其来确定算法下一步操作的一种算法。

并行算法中与进程互相作用和协调动作相联系的两个关键概念是同步和通信。同步（synchronization）是在时间上强制要求各执行进程在某一点必须相互等待。在并行算法各进程异步执行过程中，为了确保各处理器的工作顺序正确以及对共享可写数据进行正确访问（互斥访问），程序员需在算法适当之处设置同步点。同步可用软件、硬件和固件办法来实现。下面以 MIMD-SM 多处理器系统中 n 个数求和为例，说明如何用同步语句 lock 和 unlock 来确保对共享可写数据的互斥访问。假定系统中有 p 个处理器 $P_0, \cdots, P_{p-1}$；输入数组 $A = (a_0, \cdots, a_{n-1})$ 存放在共享存储器中；全局变量用于存放结果；局部变量 L 包含各处理器计算的子和；lock 和 unlock 语句位于临界区内，加锁操作是原子操作；在 for 循环中各进程异步地执行各语句，并在 endfor 处结束。详见算法 2.1。

算法 2.1 共享存储多处理器上求和算法

输入：$A = (a_0, \cdots, a_{n-1})$，处理器数 p

输出：$S = \sum a_i$

Begin

（1）$S = 0$

（2）for all P_i where $0 \leqslant i \leqslant p-1$ do

　　（2.1）$L = 0$

　　（2.2）for $j = i$ to n step p do

　　　　$L = L + a_j$

```
        endfor
(2.3) lock (S)
        S = S + L
(2.4) unlock (S)
    endfor
End
```

通信(communication)是在空间上对各并发执行进程施行数据交换。通信可使用通信原语来表达;在共享存储的多处理机中,可使用 global read(X,Y)和 global write(U,V)来交换数据,前者将全局存储器中数据 X 读入局部变量 Y 中,后者将局部数据 U 写入共享变量 V 中;在分布存储的多计算机中,可使用 send(X,i)和 receive(Y,j)来交换数据,前者是处理器发送数据 X 给 P_i,后者是处理器从 P_j 接收数据 Y。下面以 MIMD-DM 多计算机系统中矩阵向量乘法为例说明之。假定连接拓扑为环。矩阵 A 和 X 划分成 p 块:$A=(A_1,\cdots,A_p)$ 和 $X=(x_1,\cdots,x_p)$,其中 x_i 的大小为 nr。假定有 $p\leqslant n$ 个处理器,$r=n/p$ 为一证书。为了计算 $y=AX$,先由处理器 i 计算 $z_i=A_ix_i$ ($1\leqslant i\leqslant p$),再累加求和 $z_1+\cdots+z_p$。如果 P_i 开始在其局存中保存 $B=A_i$ 和 $w=x_i$($1\leqslant i\leqslant p$),则各处理器可局部计算乘积 Bw_i;然后采用在环中顺时针循环求部分和的方法将这些向量累加起来;最终输出向量保存在 P_1 中。每个处理器都执行算法 2.2。

算法 2.2　分布存储多计算机上矩阵向量乘算法

输入:处理器数 p,第 i 个大小为 $n\times r$ 的子矩阵 $B=A(1:n,(i-1)r+1:ir)$,其中 $r=n/p$;第 i 个大小为 r 的子向量 $w=x((i-1)r+1:ir)$

输出:P_i 计算 $y=A_1x_1+\cdots+A_ix_i$,并向右传送此结果;算法结束

时,P_1 保存乘积 AX

Begin

  （1）compute $z = Bw$

  （2）if $i = 1$ then $y_i = 0$ else receive(y,left) endif

  （3）$y = y + z$

  （4）send(y,right)

  （5）if $i = 1$ then receive(y,left) endif

End

2.1.2　静态大数据与并行计算

1. 大数据算法

静态数据是指在运行过程中所处理的对象数据,它们在运行过程的很长一段时间内不会变化,现实中很多问题的处理对象都是静态数据。本节对静态大数据算法进行概述,并阐述大数据计算问题与传统计算问题的区别。

对大数据进行问题求解实际上就是要求解一个计算问题,也就是说要用计算机来处理一个问题。首先需要判定这个问题是否可以用计算机进行计算,由可计算性理论可知,许多问题是计算机无法计算的,比如判断一个程序是否有死循环,或者是否存在能够查杀所有病毒的软件,这些问题都是计算机解决不了的。从"可计算"角度来看,大数据上的判定问题和普通判定问题是一样的,也就是说,如果还是用今天的电子计算机模型,即图灵机模型,在小数据上不可计算的问题,在大数据上肯定也不可计算。二者在计算模型的计算能力上是一样的,只是计算的速度不同。

那么,大数据计算问题与传统计算问题有什么本质区别呢?

第一个不同之处是数据量,大数据处理的数据量比传统数据处理的数据量大。第二个不同之处是有资源约束,就是说数据量可能很大,但是能真正用于处理数据的资源是有限的,这里资源包括CPU、内存、磁盘、计算所消耗的能量等[14]。实际上传统计算也受到资源的约束,但是由于数据规模不大,所占用的资源不多,因此资源约束问题并不突出。第三个不同之处是对计算时间存在约束。大数据有很高的实时性要求,最简单的一个例子是基于无线传感器的森林防火,如果能在几秒之内自动发现火情,这个信息就是非常有价值的,如果三天之后才发现火情,那么这个信息就没有价值了,所以说大数据上的计算问题需要有一个时间约束,即到底需要在多长时间内得到计算结果才是有价值的。判定能否对给定数据量的数据,在计算资源存在约束的条件下,在时间约束内完成计算任务,是大数据上计算的可行性问题,这需要由针对大数据的计算复杂性理论来解决。然而,当前这类研究还刚刚开始,还有大量问题需要解决[28]。

根据大数据上的计算过程可以定义大数据算法的概念为:在给定资源约束下,以大数据为输入,在给定时间约束内可以计算出给定问题结果的算法。这个定义和传统算法有相同之处,首先大数据算法也是一个算法,有输入、有输出;其次算法必须是可行的,也必须是可机械执行的计算步骤。二者不同之处有三点,第一个不同之处是,大数据算法受到可用资源的约束,这意味着算法设计必须考虑资源的限制,在 100 KB 数据上可行的算法在 100 MB 的数据上就可能不可行,最常见的一个错误是内存溢出,这意味着进行大数据处理的内存资源不足。因此在大数据算法的设计过程中,资源是一个必须考虑的约束。第二个不同之处是,大数据算法以大数据为输入,而不是以传统小规模数据为输入。第三个不同之处是,大数据算法需要在时间约束之内产生结果,因为有些情况下超过约束时间大数据就会失效,超过时间约束的计算结果也就没有价值了。

要设计一个大数据算法并不容易,因为大数据具有规模巨大、涌入速度快的特点。大数据算法设计的难度主要体现在以下四个方面。

1)访问全部数据时间过长

有的时候算法访问全部数据时间太长,应用上无法接受。特别是数据量达到拍字节(1 PB $=2^{50}$ B)级甚至更大的时候,即使有多台机器一起访问数据,在规定的时间内遍历数据也是很困难的。在这种情况下怎么办呢? 只能放弃使用全部数据这种想法,而通过部分数据得到一个还算满意的结果,这个结果不一定是精确的,但可以保证基本满意,这就涉及一个“时间亚线性算法”的概念,即算法的时间复杂度低于数据量,算法运行过程中需要读取的数据量小于全部数据。

2)数据难以放入内存计算

第二个问题是数据量非常大,可能无法放入内存。一个策略是把数据放到磁盘上,基于磁盘上的数据来设计算法,这就是所谓的外存算法。学过数据结构与算法的读者对于外存算法可能不陌生,一些数据结构课程里讲过的外存排序算法就是比较典型的外存算法,在数据库实现课程中讲过的一趟选择算法、两趟连接算法、嵌套循环连接算法也属于外存算法。这些外存算法的特点是以磁盘块为处理单位,其衡量标准不再是简单的 CPU 时间,而是磁盘的 I/O。另外一个处理方法是不对全部数据进行计算,而只向内存放入小部分数据,仅使用内存中的小部分数据,就可以得到一个有质量保证的结果,这样的算法通常称为"空间亚线性算法",就是说执行这一类算法所需要的空间是小于数据本身的,即"空间亚线性"。

3)单台计算机难以保存全部数据,计算需要整体数据

在一些情况下,单台计算机难以保存或者在时间约束内处理全部数据,而计算需要整体数据,应对这种问题的一个办法就是采取并行处理技术,使用多台计算机协同工作[13]。并行处理对应的算法是并行算法,大数据处理中常见的 MapReduce 就是一种大数据编程模型,Hadoop 是基于 MapReduce 编程模型的计算平台。

4)计算机计算能力不足或知识不足

还有一种情况是计算机的计算能力不足或者说计算所需要的知识不足。例如,判断一幅图里是不是包含猫或者狗。这时候计算机并不知道什么是猫、什么是狗,如果仅仅利用计算机而没有人的知识参与计算,这个问题会变得非常困难,可能要从大量的标注图像里去学习。但如果可以让人来参与,这个问题就变得简单了。更难一点的问题,比如说两个照相机哪个更好,这是一个比较主观的问题,计算机是无法判断的,怎么办呢?可以让人来参与,因此,有一类算法称为"众包算法",相当于把计算机难以计算但人相对容易计算的任务交给人来做,有时候众包算法的成本更低,算得更快。

针对上述难点,并行计算是解决大数据问题的可靠方案。

2. 并行计算在大数据问题上的应用

目前处理大数据问题的一个途径是分而治之,即将大数据问题

分解成规模较小的子问题来解决。如果子问题之间是相互独立的，就可以并行处理这些子问题，然后将各个子问题的结果合并，从而得到最终解。这样做的目的是提高系统处理大规模数据的"可扩展性"，也就是可以用多台机器一起处理大数据，而在处理过程中这些机器可以彼此独立工作。本节以 MapReduce 为例介绍如何使用并行计算方法来解决大数据问题，并给出相应实例来帮助理解。

为了让并行程序设计变得容易，杰弗里·迪安（Jeffrey Dean）和桑贾伊·格玛沃特（Sanjay Ghemawat）于 2004 年开发了分布式编程模型 MapReduce。开发这个模型的目的是为对并行编程不太熟悉的程序员提供一个编程框架，使他们能够比较容易地实现并行程序设计，而且这个并行程序可以在成百上千乃至上万台机器上运行，其最大的优点在于对程序员隐藏了系统级的运行细节。

顾名思义，MapReduce 实现了两个主要功能：一个是映射（Map），一个是归约（Reduce）。Map 是把一个函数应用于集合中的所有成员，然后返回一个基于这个函数处理的结果集。Reduce 则是将两个或更多个 Map 中的一些结果，通过多个线程、进程或者独立系统并行处理的结果集进行分类和归纳。

MapReduce 框架从函数式编程中得到了灵感，函数式程序中 Map 函数对应 MapReduce 中的 Map 阶段，Fold 函数对应 Reduce 阶段。于是，MapReduce 将大数据的处理问题分为两个阶段进行：

* 对于数据集中每个数据执行用户定义的 Map 函数，获得中间结果；

* 中间结果通过用户定义的 Reduce 函数进行合并。

在 MapReduce 模型中，用户需要定义 Map 和 Reduce 函数，输入是一个键值对表,键值对就是一个由键和值组成的二元组(key,value),排序和分组都基于二元组中的键 key 实施。Map 函数的输入是键值对,对每个键值对进行计算,产生的结果也是中间键值对表,该中间键值对表基于键进行聚集。Reduce 函数的输入是基于键的键值对的分组,其中每个分组都是独立的。这样就可以使用分布式大规模并行方式进行处理,总输入能远大于 MapReduce 节点的内存。

下面通过一个例子来讲解 MapReduce 执行过程。对于类似于搜索引擎这样的应用场景,对每个文档单词进行统计是很常见的需求,然而该场景下文档数量非常多,不可能使用单机进行处理。使用 MapReduce 多机并行处理是该问题的一种解决方案。下面代码(算法 2.3)用于统计所有文档中每个单词出现的次数。

算法 2.3　统计单词出现次数的基础版本

Map 函数

输入:(key:文档 a,$value$:文档内容 d)

输出:(key:单词 t,$value$:1)

for all 单词 $t \in doc\ d$ do

　　输出 $(t,1)$

Reduce 函数

输入:(key:单词 t,$value$:单词个数 $\{c_1,c_2,\cdots\}$)

输出:(key:单词 t,$value$:单词总数)

$sum \leftarrow 0$

for all $c \in \{c_1,c_2,\cdots\}$ do

　　$sum \leftarrow sum+c$

输出(t,sum)

首先看 Map 的代码,其对每个文档执行 Map 操作,提取每个文档中的单词并输出键值对$(t,1)$,该键值对表示单词 t 出现了一次。我们知道一个文档中可能有多个单词,那么 Map 之后就实现了$(a,d) \rightarrow (t,1)$ 的过程。实现了上述过程的第一步 Map:$(k_1,v_1) \rightarrow [(k_2,v_2)]$。

在算法的中间层,将 Map 所得键值对按照键分组,也就是键值相同的键值对放在一起,于是获得了一系列键值对$(t,1)$。接下来按照键值对将这些键值对分配给 Reduce 去处理。

每个 Reduce 将对$(t,1)$进行操作,由于需要统计每个单词出现的次数,而$(t,1)$中每个 *count* 均为 1,所以只需要统计$(t,1)$中 1 的个数即可,这就代表该单词出现的次数。至此,算法统计出各个单词出现的次数,也就是$[(term\ t,\ count\ num)]$。

2.1.3　BSP 计算模型

计算模型是硬件和软件之间的一个桥梁,使用它能够设计、分析算法,在其上高级语言能被有效地编译且能够用硬件来实现。在实施串行计算时,冯·诺依曼机就是一个理想的串行计算模型,在此模型上硬件设计者可设计多种多样的冯·诺依曼机而无须考虑被执行的软件;而软件工程师能够编写各种可在此模型上有效执行的程序而无须考虑所使用的硬件。但在实施并行计算时,并不存在一个类似于冯·诺依曼机的、真正通用的并行计算模型。现在流行的计算模型要么过于简单、抽象(如 PRAM),要么过于专用(如互联网络模型和 VLSI 计算模型)。本节介绍一种更为实用、能够较真实反映现代并行机性能的并行计算模型——整体同步并行（bulk syn-chronous parallel，BSP）计算模型。

1. BSP 模型的基本参数

BSP 模型，字面的含义是"大"同步模型（相应地，APRAM 模型也称"轻量"同步模型），早期最简单的版本称为 XPRAM 模型，它可被视为计算机语言和体系结构之间的桥梁，是可用以下三个参数描述的分布存储多计算机模型：① 处理器、存储器模块（下文也简称为处理器）；② 施行处理器、存储器模块对之间点到点传递消息的选路器；③ 执行以时间间隔 L 为周期的所谓路障同步器。所以 BSP 模型将并行机的特性抽象为三个定量参数：处理器数 p，选路器吞吐量（亦称带宽因子）g，全局同步之间的时间间隔 L。

2. BSP 模型中的计算

在 BSP 模型中，计算由一系列用全局同步分开的、周期为 L 的超级步（superstep）组成。在各超级步中，每个处理器均执行局部计算，并通过选路器接收和发送消息；然后做全局检查，以确定该超级步是否已由所有的处理器完成：若是，则前进到下一个超级步，否则下一个周期 L 被分配给未曾完成的超级步。

3. BSP 模型的性质和特点

BSP 模型是一个分布存储的 MIMD 计算模型，其特点如下。

（1）它将处理器和选路器分开，强调了计算任务和通信任务的分离，而选路器仅施行点到点的消息传递，不提供组合、复制或广播等功能，这样既掩盖了具体的互联网络拓扑，又简化了通信协议。

（2）采用路障方式以硬件实现的全局同步是可控的粗粒度级同步，从而提供了执行紧耦合同步式并行算法的有效方式，而程序员并无其他负担。

（3）在分析 BSP 模型性能时，假定局部操作可在一个时间步内完成，而在每一超级步中，一个处理器至多发送或接收 h 条消息（称为 h-relation）。假定 s 是传输建立时间，所以传送 h 条消息时间为 $gh+s$，如果 $gh \geqslant 2s$，则 L 至少应大于或等于 gh。很明显，硬件上可将 L 设置得尽量小（例如使用流水线或宽的通信带宽使 g 尽量小），而软件上可以设置 L 的上界（因为 L 愈大，并行粒度愈大）。在实际使用中，g 可定义为每秒处理器所能完成的局部计算数目与每秒选路器所能传输的数据量之比。如果能合适地平衡计算和通信任务，则 BSP 模型在可编程性方面具有主要优点，而直接在 BSP 模型上执行算法（不是自动地编译它们），此优点将随 g 的增加而更加明显。

（4）为 PRAM 模型所设计的算法，均可采用在每个 BSP 处理器上模拟一些 PRAM 处理器的方法加以实现。理论分析证明，这种模拟在常数因子范围内是最佳的，只要并行宽松度（parallel slackness），即每个 BSP 处理器所能模拟的 PRAM 处理器数目足够大。在并发情况下，多个处理器同时访问分布式存储器会引起一些问题，但是用散列方法可使程序均匀地访问分布式存储器。在 PRAM-EREW 情况下，如果所选用的散列函数足够有效，则 L 至少是对数的，于是模拟可达最佳，这是因为我们欲在 p 个物理处理器的 BSP 模型上，模拟 $v \geqslant p\log p$ 个虚拟处理器，可将 $\dfrac{v}{p} \geqslant \log p$ 个虚拟处理器分配给各个物理处理器。在一个超级步内，v 次存取请求可均匀摊开，每个处理器执行大约 v/p 次，因此机器执行本次超级步的最佳时间为 $O(v/p)$，且概率很高。同样，在 v 个处理器的 PRAM-CRCW 模型上，能够在 p 个处理器（如果）和 $L \geqslant \log p$ 的 BSP 模型上用 $O(v/p)$ 时间实现最佳模拟。

4. 对 BSP 模型的评注

（1）在进行并行计算时,瓦利安特(Valiant)试图在软件和硬件之间架起一座类似于冯·诺依曼机的桥梁,他论证了 BSP 模型可以起到这样的作用,正是因为如此,BSP 模型也常称为桥模型。

（2）一般而言,分布存储的 MIMD 模型编程能力均较差,但在 BSP 模型中,如果计算和通信可做到合适的平衡(例如 $g = 1$),则可在可编程方面呈现出突出的优势。

（3）在 BSP 模型上,曾直接实现了一些重要算法(如矩阵乘积、并行前缀运算、FFT 和排序等),它们均避免了自动存储管理的额外开销。

（4）BSP 模型可有效地利用超立方网络和光交叉开关互联技术实现,呈现出该模型与特定网络结构技术无关的特性,只要选路器有一定的通信吞吐量即可。

（5）在 BSP 模型中,超级步长度必须能充分地适应任意 h 条消息,这一点是人们最不喜欢的。

（6）在 BSP 模型中,在超级步开始处发送的消息,即使网络延迟时间比超级步长度短,它也只能在下一个超级步中使用。

（7）BSP 模型中全局路障同步假定由特殊的硬件支持,这在很多并行机中可能并没有相应的硬件机构。

（8）瓦利安特所提出的编程模拟环境,在算法模拟时相应常数可能不是很小,如果再考虑进程间的切换(可能不仅要设置寄存器,还要考虑部分高速缓存)则此常数可能很大。

2.2　计算资源均衡与亚线性算法

2.2.1　并行算法的复杂性度量

1. 算法复杂度的渐近表示

一个算法的复杂度（complexity，也称复杂性），是指计算中所需要的资源（时间、空间、通信等）开销与问题规模的关系，例如串行算法（又称顺序算法）的复杂度是指运算时间步或存储空间与问题规模之间的关系。它们都是求解问题规模 n 的函数，当 n 趋向无穷大时，就得到算法复杂度的渐近表示（asymptotic representation）。一般而言，我们关心的是 n 充分大时的复杂度，这时它与渐近复杂度相差不多，在算法分析中，往往对这两者不予区分。

对算法进行分析时，常使用上界（upper bound）、下界（lower bound）和精确界（tight bound）的概念。下面就来精准地定义它们。

定义 2.1　设 $f(n)$ 和 $g(n)$ 是定义在自然数集 **N** 上的两个函数。若存在两个正常数 n_0 和 c，使得当 $n \geqslant n_0$ 时，恒有 $f(n) \leqslant cg(n)$，则称 $g(n)$ 是 $f(n)$ 的上界，记作 $f(n) = O(g(n))$。

当 $f(n) = O(g(n))$ 时，称 $g(n)$ 是 $f(n)$ 的上界，或更准确地说，$g(n)$ 是 $f(n)$ 的渐近上界，以强调没有考虑常数因子。

例如，函数 $f(n) = 5n^3 + 100n^2 + 1$，利用大 O 记法，则该函数的时间复杂度为 $O(n^3)$。

定义 2.2　$f(n)$ 和 $g(n)$ 定义如上，如存在两个正常数 n_0 和 c，使得当 $n \geqslant n_0$ 时，恒有 $f(n) \geqslant cg(n)$，则称 $g(n)$ 是 $f(n)$ 的下界，记作

$f(n)=\Omega(g(n))$。

定义 2.3 $f(n)$ 和 $g(n)$ 定义如上,如存在正常数 c_1、c_2 和 n_0,使得当 $n \geq n_0$ 时,恒有 $c_1 g(n) \leq f(n) \leq c_2 g(n)$,则称 $g(n)$ 是 $f(n)$ 的精确界,又称紧致界,记作 $f(n)=\Theta(g(n))$。

注意,在求 $f(n)$ 的上界时总是试图求出最小的 $g(n)$,使得 $f(n) \leq cg(n)$;而求 $f(n)$ 的下界时总是试图求出最大的 $g(n)$,使得 $f(n) \geq cg(n)$;一个算法的复杂度为 $f(n)=\Theta(g(n))$,这意味着此算法在最好和最坏情况下的复杂度,在一个常量因子范围内是相同的。

例如,如果 $f(n)=10n$,$g(n)=n^2/5$,则有 $f(n)=O(n)$,$g(n)=\Omega(n^2)$,$g(n)=\Theta(f(n)^2)$。

算法复杂度可以有各种层次的,如对数的、线性的、多项式的、指数的以及超指数的等,当前主要关心两类算法:凡是复杂度函数上界是多项式界的算法称为多项式时间算法(polynomial-time algorithm),而复杂度函数上界是指数界的算法称为指数时间算法(exponential-time algorithm)。

几种常见的多项式与指数函数的关系如下:

$$O(1)<O(\log n)<O(n)<O(n\log n)<O(n^2)<O(n^3)$$

$$O(2^n)<O(n!)<O(n^n)$$

*2. 算法执行时间的归一化

算法中通常包含两种操作:运算操作和通信操作,前者是指对数据所执行的基本算术或逻辑运算,后者是指数据从源到目的所进行的移动。运算操作通常用计算步(computational step)来度量;通信操作通常用选路步(routing step)来度量,特别是经由互联网络进行通信时,此时的选路步数就是源、目的之间的跨步(hop)数,也称跳段计数(hop count),也就是通常所说的距离。这些计算步数和选路步数在分析算法时将等效地转换为时间。通常我们并不使用处理器运算操作的实际执行时间,而是将其归一化为单位时间(unit time),然后将算法执行某一步的计算时间表示成常数倍时间,通常记为 $O(1)$。当通信的双方使用共享存储器来交换数据时,就涉及读和写共享存储器的两种存储操作,在简化分析时,每次存储访问时间也取常数倍的单位时间。

3. 并行算法的复杂性度量

算法花费的资源(例如时间或者处理器的数量)可用算法复杂度来度量,我们主要关心的是算法复杂度与求解问题规模 n 之间的关系。对于一个规模为 n 的问题,通常有各种可能的输入集合。在分析算法时,对所有的输入分析其平均复杂度,即可得到期望复杂度(expected complexity)。为了分析算法的期望复杂度,往往需要对输入的分布做某种假定。但在大多数情况下,这并不容易。所以我们感兴趣的是分析在某些输入时,使算法复杂度呈现最坏的情况,此时的复杂度称为最坏情况下的复杂度(worst-case complexity)。

对给定计算模型上的并行算法进行分析,主要是分析其在最坏情况下,算法执行时间(execution time)和所需的处理器数量与问题规模 n 的关系。

(1) 执行时间 $t(n)$:算法从开始执行到结束所经过的时间。

① 在 SIMD 模型上,对共享存储而言,此时间通常包含在一个处理器内执行算术、逻辑运算所需的计算时间和访存时间;对固定连接的模型而言,还包括数据从源处理器经互联网络到达目的处理器所需的选路时间。

② 在 MIMD 模型上,对共享存储而言,其时间应包含同步等时间,与 SIMD 模型上的复杂度度量基本一致。

③ 在异步通信的分布式计算模型上,其算法的度量标准包括通信复杂度(指传送消息的二进制位数的总和)和时间复杂度(指算法从第一个处理器上开始执行到最后一个处理器上终止执行的这段时间间隔)。在基于异步通信的分布式计算模型中,由于处理器之间传递的消息虽可在有限的时间内到达目的地,但此时间的长短是不确定的;同时算法执行与处理器互联的拓扑结构密切相关,所以想要精确分析算法的时间复杂度是非常困难的。因此,目前估算出的复杂度都是假定相邻处理器之间的通信可在 $O(1)$ 时间内完成这一基础上得出的。

④ 在 VLSI 计算模型上,算法复杂度的度量标准是芯片面积 A 和计算时间 T,且常用 AT^2 度量。

(2)处理器数 $p(n)$:算法使用的处理器数。在设计并行算法时,通常是事先给定,或者取算法执行中实际所需的处理器数。

(3)并行算法的成本 $c(n)$:定义为并行算法的运行时间 $t(n)$ 与其所需的串行求解此问题所需的处理器数 $p(n)$ 之乘积,即 $c(n) = t(n)p(n)$。

(4)总运算量 $W(n)$:并行算法所完成的总的操作数量。此时我们并不关心、也不必指明算法使用了多少个处理器。当给定了并行系统中的处理器数时,就可以使用下述 Brent 定理计算出相应的运行时间。

(5)Brent 定理:令 $W(n)$ 是某并行算法 A 在运行时间 $T(n)$ 内所执行的运算量,则 A 使用 p 个处理器可在 $t(n) = O(W(n)/p +$

$T(n)$)时间内执行完毕。

$W(n)$和$c(n)$密切相关。按照成本之定义和 Brent 定理,有$c(n)=t(n)p=O(W(n)+pT(n))$,当$p=O(W(n)/T(n))$时,$W(n)$和$c(n)$两者是渐近一致的;而对于任意的p,则有$c(n)>W(n)$。这说明一个算法在运行过程中,不一定都能充分利用处理器高效地完成工作。

2.2.2　并行算法的资源均衡

1. 设计技术

并行算法设计方法大体上有三种:第一种方法是检测和开拓现有串行算法中的固有并行性而直接将其并行化,这种方法很难将具有内在串行性质的算法并行化;第二种方法是修改已有的并行算法使其可求解另一类相似问题,这种方法过于依赖待求解问题的性质;第三种方法是从问题本身的描述出发,从头开始设计一个全新的并行算法。第三种方法设计全新的并行算法,尽管技术上尚不成熟且似乎又需要技巧,但也不是无章可循[10,11,14-16]。下面将介绍目前普遍使用的几种设计方法。

1)分治策略

分治策略是一种问题求解的方法,其思想是将原问题分解成若干个特性相同的子问题分而治之。若所得的子问题规模仍嫌太大,可反复使用分治策略直至容易求解诸子问题为止。使用分治法时,子问题的类型通常与原问题的类型相同,因此很自然地产生递归过程。

并行分治策略分为三步:① 将输入划分成若干个规模近乎相等的子问题,② 同时递归地求解各个子问题,③ 归并各个子问题的解成为原问题的解,在 SIMD 模型上可把它形式描述为算法 2.4。

算法 2.4　SIMD 模型上的分治算法

输入:问题的输入集合 I

输出:问题的解输出 Q

Producedure D&C(I,O)

Begin

 if $SMALL(I,O)$ then return ($ANSWER(I,O)$)

  / * 如果问题规模足够小,直接返回结果 * /

 else / * 将问题的输入划分成 k 个同类型的子问题 $S_1,S_2,\cdots,$ S_k,并行执行 k 次递归调用;将子问题的解与 I 中某些可能值结合,产生输出解 * /

  $SPLIT\ INPUT\ (I: S_1,S_2,\cdots,S_k)$

  for $i=1$ to k par-do

   D&C(I,O)

  $COMBINE\ (T_1,\cdots,T_k,I,O)$

 end if

End

上述算法中的 $SMALL$ 是布尔量,当其为真时返回由 $ANSWER$ 直接计算出的结果;当 $SMALL$ 的值为假时,执行 $SPLIT\ INPUT$、D&C(I,O)和 $COMBINE$。

一个问题能否用分治策略求解,主要看它能否有效地执行上述的分解和归并。如归并开销过大,可使用流水线,即级联分治策略进行归并。

2）流水线技术

在并行处理中,流水线技术是一项重要的并行技术。它在 VLSI 并行算法中表现得尤为突出。其基本思想是将一个计算任务 t 分成一系列子任务 $t_1,t_2,\cdots,t_m$,一旦 t_i 完成,后续子任务就可以立即开始,并以同样的速度进行计算。下面以一维阵列上归并排序为例,说明流水线技术的使用。

使用流水线归并排序时:① 输入序列不必在算法开始前加载到阵列的各处理器中,而是以流水线方式逐步注入阵列;② 输入序列的长度是可变的。

假定 $n=2^r(r$ 为正整数$)$,$p(n)=r+1$(编号为 $1\sim r+1$)。除首处理器和尾处理器只有一个输出外,其余各个处理器均有两个输入和两个输出。系统中各个处理器同步运行。在一个时间周期内,P_1 从输入序列中读取一个数并将其作为结果输出,$P_i(1\leqslant i\leqslant r+1)$ 从 P_{i-1} 接收两个长度为 2^{i-2} 的子序列,并将其归并成长度为 2^{i-1} 的子序列。$P_1\sim P_r$ 在它们上面和下面的两输出线交替地产生归并的子序列。每个处理器(P_1 除外)当其前驱处理器的一条线已经产生了一个完整的子序列,而另一条线上的下一个子序列的第一个元素已经出现时就开始归并。

令 q_1 和 $q_{2(r+1)}$ 分别表示输入和输出队列,则处理器 P_i 和 P_{i+1} 通过队列 q_{2i} 和 q_{2i+1} 进行通信。因为 P_i 所产生的归并子序列交替地出现在 q_{2i} 和 q_{2i+1} 中,所以必须指明,两队列中哪个在接收输出。为此引入整数 $a,b,c(0\leqslant b<c)$ 且 $a\bmod c=b$,即 a 除以 c 时余数为 b。这样如果由 P_i 所产生的现行子序列置于 q_{2i+j} 中,则下个子序列将置于

$q_{2i+(j+1)\bmod 2}$,其中 $j=0$ 或 1。

3）平衡树方法

平衡树方法是将输入元素作为叶节点来构造一棵平衡二叉树,然后自叶节点向根节点往返遍历。此方法成功的部分原因是能快速地存取所需的信息。平衡二叉树方法可推广到内节点的子节点数目不止两个的任意平衡树。这种方法对数据的播送、压缩、抽取和前缀计算等甚为有效。下面以计算前缀和为例,说明平衡树方法的使用。

对于取值于集合 S 上的、满足二元结合律运算 $*$ 的 n 个元素 $\{x_1,\cdots,x_n\}$ 的序列,所谓 n 个元素的前缀和是指如下定义的 n 个部分和（或积）：

$$s_i = x_1 * x_2 * \cdots * x_i, 1 \leqslant i \leqslant n$$

显然,使用等式 $s_i = s_{i-1} * x_i, 2 \leqslant i \leqslant n$ 计算前缀和的算法具有固有的顺序性,且时间为 $O(n)$。

使用平衡二叉树计算前缀和时,在自叶节点向根节点正向遍历过程中,各内节点对其相应的子节点应用一次 $*$ 运算,因此每个节点 v 保存了根在 v 的子树的叶节点中所存储元素的和;在自根节点向叶节点反向遍历过程中,将计算出给定高度上各个节点中所存储的元素的前缀和。

下面给出一个非递归求解前缀和的算法（见算法 2.5）。令 $A(i)=x_i(1 \leqslant i \leqslant n)$；令 $B(h,j)$ 和 $C(h,j)$ 是辅助变量集（$0 \leqslant h \leqslant \log n, 1 \leqslant j \leqslant n/2^h$）,其中数组 B 用于记录正向遍历时树中各节点的信息,而数组 C 用于记录反向遍历时树中各个节点的信息。

算法 2.5　SIMD-TC 模型上非递归求前缀和算法

输入：$n=2^k$ 的数组 A,k 为非负整数

输出:数组 C, 其中 $C(0,j)$ 是第 j 个前缀和 $(1 \leqslant j \leqslant n)$

Begin

    for $j = 1$ to n par-do

        $B(0,j) \leftarrow A(j)$

    end for

    for $h = 1$ to $\log n$ do

        for $j = 1$ to $n/2^h$ par-do

            $B(h,j) \leftarrow B(h-1,2j-1) * B(h-1,2j)$

        end for

    end for

    for $h = \log n$ to 0 do

        for $j = 1$ to $n/2^h$ par-do

            if $j = even$ then $C(h,j) \leftarrow C(h+1,j/2)$ end if

            if $j = 1$ then $C(h,1) \leftarrow B(h,1)$ end if

            if $j = odd > 1$ then $C(h,j) \leftarrow C(h+1,(j-1)/2) *$

               $B(h,j)$ end if

        end for

    end for

End

4) 倍增技术

倍增技术又称指针跳跃技术,特别适合处理以链表或有向根树等表示的数据结构,在图论和链表算法中有着广泛的应用。做递归调用时,所要处理的数据之间的距离将逐步加倍,经过 k 步后就可完成距离为 2^k 的所有数据的计算。下面以求表中元素的位序(简称表序问题)为例,来说明此项技术的具体使用,详见算法 2.6。

令 L 是具有 n 个元素的表,且每个元素分配一个处理器。所谓表序问题就是给表中每个元素 k 指定一个它在表中的位序号 $rank(k)$,$rank(k)$ 可视为元素 k 至表尾的距离。为此每个元素 k 都有一个指向下一个元素的指针 $next(k)$。如果 k 是表中最后一个元素,则 $next(k)=k$。具体算法形式描述如下。

算法 2.6   SIMD-EREW 模型上求元素表序算法

输入:具有 n 个元素的表 L

输出:$rank(k)$,$k \in L$

Begin

    for all $k \in L$ par-do

        $P(k) \leftarrow next(k)$

        if $P(k) \neq k$ then $distance(k) \leftarrow 1$ else $distance(k) \leftarrow 0$

        end if

    end for

    repeat $\lceil \log n \rceil$ times

        for all $k \in L$ par-do

            if $P(k) \neq P(P(k))$ then

                $distance(k) = distance(k) + distance(P(k))$

                $P(k) \leftarrow P(P(k))$

            end if

        end for

        for all $k \in L$ par-do

            $rank(k) \leftarrow distance(k)$

```
        end for

    end repeat
End
```

显然,算法 2.6 的 $t(n)=O(\log n)$, $p(n)=n$。

5) 划分原理

划分原理又称分组原理,用其求解问题时可分为两步:将给定的问题分割成 p 个独立的、几乎等尺寸的问题;用 p 个处理器并行求解诸子问题。它和分治策略的共同点是二者均试图将原问题分解成可并行求解的子问题。但分治策略的注意力集中在子问题解的归并上,而划分原理的侧重点是如何划分以使子问题的解很容易能被组合成原问题的解。下面结合归并问题说明此原理的使用。

给定具有偏序关系 ≤ 的集合 S;如果对于每个元素 $a,b \in S$,要么 $a \leq b$,要么 $b \leq a$,则称 S 是线性序的或全序的。令 $A=(a_1,a_2,\cdots,a_n)$ 和 $B=(b_1,b_2,\cdots,b_n)$ 是元素取值于线性序集合 S 上的两个非降序列,所谓归并就是将 A 和 B 合并成一个有序序列 $C=(c_1,c_2,\cdots,c_{2n})$。

令 $X=(x_1,x_2,\cdots,x_n)$, $x_i \in S$。x 在 X 中的位序记为 $rank(x:X)$,就是 X 中 ≤x 的元素数目。令 $Y=(y_1,y_2,\cdots,y_n)$, $y_i \in S$。$rank(Y:X)=(r_1,r_2,\cdots,r_s)$ 就是 Y 在 X 中的位序,其中 $r_i=rank(y_i:X)$。

这样一来,归并问题就可视为确定每个来自集合 A 或 B 的元素 x 在集合 $A \cup B$ 中的位序。如果 $rank(x:A \cup B)=i$,则 $c_i=x$,其中 c_i 是所希望的有序序列中的第 i 个元素。因为 $rank(x:A \cup B)=rank(x:A)+rank(x:B)$,所以归并问题的求解可以采用求解 $rank(A:B)$ 和 $rank(B:A)$ 的方法得到。而求一个元素在另一个有序集合中的位序可以使用对半搜索的方法,其时间界为 $O(\log n)$。很明显,在施行归并时,可以并行地求各个元素的位序,这就意味着,归并长度为 n 的有序序列可在 $O(\log n)$ 时间内完成,使用了 $O(n\log n)$ 次比较操作。

2. 调度

调度问题是一类组合优化问题,对一个给定的活动周期确定各项活动的执行时间段,以使预先选定的目标函数取最小值。一般地,构成调度问题的基本元素有三个,即资源集、消费者集以及这些资源为这些消费者服务所依据的规则集,调度问题是在满足资源集和消费者集约束条件的基础上,设计一个有效的调度系统来管理消费者,以期高效地使用这些资源,并使一些系统性能指标达到最优或近似最优。

任务调度是并行分布计算中最为基本的一个问题,它涉及并行分布计算环境及实际并行应用程序的各个方面。按照确定各任务的执行处理器号的时机不同,并行分布计算中的任务调度方法主要分为静态调度、动态调度和混合调度三类。静态调度指在并行程序编译时,就决定每个任务的执行处理器及执行时序,它经常应用于任务图比较确定的场景。而动态调度则是在并行程序运行过程中,根据当前任务调度及系统执行情况,临时决定每个任务的执行处理器及起始执行时刻。

静态调度算法的限制条件是,并行分布程序在执行前就已经确定,但在一般情况下,实际并行应用程序在执行前存在着许多不确定性因素,虽然能通过某些技术把这些不确定性因素转化为确定性因素,但是,并行分布程序中存在的很多不确定性是无法在编译时就予以解决的,这时只能采用动态调度的办法来有效处理这些不确定性因素。

一般来说,实际并行应用程序存在下列几种主要的不确定性因素:并行程序任务中的循环次数事先不确定;条件分支语句执行哪个分支,在程序执行前不能完全了解;每个任务的工作负载事先不能确定;任务间的数据通信量只有在运行时才能确定;有些任务是动态产生的。

由于存在上述不确定性,所以很难在编译时对并行程序实施有效的调度。为此,可在并行程序执行过程中动态决定每个任务的执行处理器和起始执行时间。所以与静态调度相比,动态调度更具一般性,但动态调度不可避免地会带来额外开销。在各种动态调度的方式中,基于负载均衡的动态调度是最为常用的一种。

负载均衡策略是为了提高并行机的利用率,将递交的作业任务与并行机中的节点进行有效的匹配,使各节点被指派的任务量与其处理能力相当。一个好的动态负载均衡(dynamic load balancing)系统需要解决以下三方面的问题:如何收集系统当前的负载信息,根据负载信息决定是否进行迁移以及向何处迁移,在做出迁移决定后如何进行任务的迁移。

1)负载信息收集

动态负载均衡是根据当前系统内各节点的状态信息做出决策的,所以首要的一点就是如何收集相关状态信息,而其中主要是收集各节点的负载信息。一般来说,在一个动态负载均衡系统中总是存在一个负载信息管理(load information management,LIM)进程,它负责收集并管理整个系统中各节点的负载信息,并为负载迁移决策提供原始数据[17,19]。

对一个给定节点,其上驻留进程的执行时间是没有办法准确计算出来的,所以需要选取另外一些可计算的参数来衡量一个节点的负载信息,这称为负载指标(load index)。例如,节点上就绪进程的数量、该节点上进程要处理的数据量等。对于可用的参数,可以取其中一个,也可取多个参数的组合,但是研究表明选取单一参数对衡量节点的负载更有效。

负载状态信息的收集一般采用以下几种策略。

① 按需收集:每当系统需要进行下一次动态负载均衡决策时才开始由 LIM 进程收集各节点的负载信息。此策略的优点是减少了系统中冗余通信的数量,但是它也会导致动态负载均衡策略执行延迟。

② 间隔收集:每隔一定的时间周期,各个节点才向其他节点发送最新的负载状况。此策略在执行动态负载均衡策略时可以立刻提供其所需的信息,但是在收集状态信息时,需要在信息收集的时间间隔和信息的有效性之间做出选择。一方面,如果信息收集过于频繁,虽然所保存信息的时效性很强,但是信息收集所带来的系统开销过大;另一方面,如果信息收集时间间隔过大,那么保存的信息就可能不能准确地反映系统目前的状态。

③ 变化收集:随着时间的推移,系统中各节点的负载状态会发生变化。节点仅在其状态发生变化的时候才开始向 LIM 进程报告本节点状态信息。此策略则是在上述两个策略间做了折中。

2)负载迁移策略

(1)动态负载均衡调度策略

由 LIM 进程收集到的负载信息将提供给负载迁移决策(load migration decision,LMD)进程进行处理。按照 LMD 进程是只运行在一个节点上还是同时在多个处理器上执行,可以将动态负载均衡策略分为集中式、全分布式和半分布式三种。

在集中式动态负载均衡策略中,由一个主控节点收集全局负载信息,其他节点只是将它们的状态信息传送给主控节点,并由主控节点做出决策。采用集中式动态负载均衡策略的主要优点在于实现比较简单,有利于得到较好的调度结果,适用于通信延迟开销较低的共享存储并行计算模型。但在节点数较多的分布存储系统中,各节点与调度服务器的通信成为瓶颈,所以调度开销比较大。

与集中式相反的策略就是全分布式动态负载均衡策略。全分布式动态负载均衡策略由系统中所有节点共同执行,也就是说每个节点执行一个 LMD 进程。在该策略中一般是将所有节点分成多个域,然后在各个域内进行负载均衡调度。它的最大优点在于具有良好的可扩放性。

半分布式动态负载均衡策略是以上两者的折中,它首先将整个大系统划分为若干个小的区域,每个区域分别采用集中式动态负载均衡策略,由一个主控节点负责;然后各个区域的主控节点之间采取全分布式动态负载均衡策略,以便在整个系统范围内均衡负载。该种方法是目前在大规模并行计算机系统中使用较多的一种策略。

(2)分布式动态负载均衡调度规则

一个分布式动态负载均衡调度程序由一组相互协作、共同执行的局部任务调度器组成。一般地,设计一个分布式动态负载均衡调度算法时,需要考虑下列几个规则。

① 启动规则:决定由谁来启动任务调度过程。一般地,根据一次局部任务调度操作是由任务发送处理器来启动,还是由任务接收处理器来启动,启动规则可分为接收者驱动和发送者驱动这两种启

动规则。

②传送规则:决定何时启动任务调度。动态任务调度操作会给系统带来额外开销,如果任务调度操作过于频繁,那么它所获得的收益可能还抵不上系统额外开销。有的策略是当两个计算节点的任务负载差额达到一定阈值时才进行调度(这称为阈值调度),而有的策略则是当某一计算节点任务负载为空时才与相邻处理器进行局部负载均衡调度。

③选择规则:选择对哪些任务进行调度。在非抢占任务调度方案中,可以从就绪任务队列中选择任务;而在抢占式情形下,处理器上的所有任务都在选择范围之内。另外,一般尽量选择与本处理器上其他任务相关性较小的任务集进行局部调度。

④定位规则:选择一组处理器单元,轮流访问它们以从中选择一个来执行拟调度的任务。一般来说选择范围越大,那么带来的额外开销也越大,选择相邻处理器集进行局部负载信息交流是设计分布式动态负载均衡调度算法的一种常用方法。

⑤接收规则:该规则用于决定任务到底放在哪个处理单元上比较合适。在异构型并行分布计算环境下,这与计算节点本身的执行性能、其上的工作负载以及被调度任务所在的计算节点与选中计算节点间的通信性能(包括传送速度、通信中继和信息竞争等)有关。另外,对由定位规则选择的处理器集可采用首次适应算法或最佳适应算法来选择处理单元。

⑥信息规则:收集、保留部分系统信息,以此来确定采用何种任务调度策略。每个处理器为了进行局部任务调度,必须了解局部范围内的任务负载情况及底层系统特性,与定位规则相似,通常以相

邻处理器作为局部系统信息范围。在动态负载均衡任务调度中一般以处理器负载作为调度信息。

有些调度算法的设计可能并不需要考虑上述全部规则,并且在不同的调度系统中,这些规则有许多种不同的实现方式。并且,一个功能强大的分布式动态负载均衡调度系统必须具有一定的自适应性,即它们能根据系统状态的变化,或者历史调度情况来调整某些调度策略。

(3) 分布式动态负载均衡调度方法

目前常用的分布式动态负载均衡调度方法主要有基于随机选择任务移动节点的随机调度算法、根据负载变化差额的梯度模型调度算法以及自适应近邻契约算法等,但不管是哪一种调度算法,它必须解决下列三个问题:什么时候启动负载均衡调度? 每次均衡调度的源节点和目标节点是哪些? 选择哪些任务进行调度? 另外,按负载均衡调度的启动者来划分,主要可分为接收者驱动、发送者驱动与混合驱动三大类,在这方面 D. L. 伊格(D. L. Eager)等做了较多的工作,他们的模拟结果表明,当整个任务负载较重时,接收者驱动策略显得效率好一些。

(4) 分布式动态负载均衡调度约束条件

什么情况下才开始进行任务调度? 最为基本的一种调度约束条件是均衡约束条件,该条件主要用来局部地平衡各处理器的工作负载,每个处理器根据系统的拓扑连接结构及均衡约束条件,把部分负载过重的任务迁移到负载较轻的相邻处理器上。由于每个处理器与其相邻局部范围内的其他处理器协同执行调度操作,因此,这些操作会把负载调整传播到整个系统中。

一般的成本约束条件不仅要考虑处理器之间的负载均衡,而且还应针对不同并行分布系统,进一步根据某些成本指标进行调度优化。例如,在基于网络环境的并行分布系统中,通信延迟开销较大,虽然通过负载均衡调度能获得一些收益,但有可能这些收益还远抵不上由于任务迁移而带来的通信开销。因此,成本约束调度方法首先根据均衡约束条件来确定需要迁移的候选任务,但该候选任务到底迁移与否,还要进一步通过检查任务迁移所引起的某些成本开销来确定。除了通信成本指标外,还有内存开销及磁盘操作成本等指标,有时为了使某项成本最低,甚至不惜以负载不均衡为代价。例如,有时不管每个处理器的工作负载如何,而尽量要求每个处理器的 I/O 操作数量比较平均。

(5) 负载迁移策略

在下面讨论中,假定每个节点上的任务是动态产生的,每个节点负载是动态变化的,为了简单起见,采用均衡负载作为调度约束条件。

接收者驱动策略的主要思想是由空闲节点逐个向相邻节点请求任务,如果该请求获得任务,那么就终止请求,否则就继续询问下一个相邻节点。也有可能所有相邻节点都不能满足请求,那么请求节点就等待,过一段时间后再向相邻节点发出任务请求。很明显,这里等待时间段 λ 很关键,如果 λ 过短,那么就会加重忙节点的负担;如果 λ 过长,那么有可能相邻节点早就有过重负载的任务,这样就浪费了空闲节点的计算资源。其中,λ 本身与任务产生的频率及每个任务的平均执行时间有关。

发送者驱动策略的主要思想是节点间任务调度分配由创建任务的节点来执行,至于分配给哪个邻接节点,主要取决于邻接节点的负载状态,因此,该策略需要交换处理器的负载信息。一个节点有多种方法向邻接节点通知它的负载情况,如定期询问、每当任务数发生变化、接收到执行任务请求、响应请求或者当任务数超过一定阈值时等。

混合驱动策略的主要思想是,结合接收者驱动策略和发送者驱动策略,只在负载状态发生变化时,才交换负载状态信息,因而减少了网络竞争。另外,具有空闲信息的负载消息也被作为任务请求,如果不能满足该请求,那么就记录请求任务的节点号,以后产生新任务时,就把该任务发送到该空闲的邻接节点上,这样就避免了接收者驱动策略中的反复请求,从而减少了通信开销。同时,为了减少消息传递数量,可在向邻接节点传递任务消息和结果消息时,把自身的负载状态消息也附上。因此,每个节点都具有记录邻接节点负载状态信息及相互间任务传递情况的一组属性。

另外,上面三种策略在定位每次调度的源节点或目标节点时,可选择首次适应算法或最佳适应算法,前者只要找到满足平衡调度条件的某个节点即可,无须检查所有邻接节点;而后者每次总是检查、比较所有邻接节点,挑选一个最佳的节点来完成这次负载均衡调度。

3）负载迁移管理

通过负载信息收集以及负载迁移决策两个阶段,已对要迁移多少负载以及迁移到何处这些问题做出了回答。负载迁移管理(load migration management,LMM)进程则具体执行相关策略。一个具体的负载迁移过程要解决两方面的问题:一是具体迁移什么样的负载,二是如何完成物理上的负载迁移。

虽然已经知道了要迁移的负载量,但是选择哪种负载进行迁移也会在很大程度上影响动态负载均衡的最终效果。一般可供选择的负载有进程、线程、数据等。一般情况下无法选择一组负载，使其总量恰好等于要迁移的负载量，这在数学上是一个子集求和问题，这是一个 NP 完全问题，目前对该问题只存在一些近似算法。同时在做负载类型选择的时候，也需要考虑在具体的物理机器上迁移该类型的负载所需要的额外时间代价。

一个负载迁移系统必须保证其绝对正确性，在完成负载迁移之后该程序仍能得到正确的结果。上面提到的三种负载类型相应的具体迁移过程是不同的。如果选择的是数据迁移，那么所需要处理的不过是数据的重新分配，这种迁移复杂度是最低的。在支持多线程的系统中，用户进程被分配到各个节点上，在每个节点上又生成了多个线程。由于线程可以动态地创建和删除，所以在做线程迁移的时候只需要将该线程状态及其所需数据从一个节点传送到另一个节点即可。如果执行进程迁移，同样需要对其状态以及数据进行节点间的传输。但是与线程迁移相比较，进程迁移需要更多地关注状态信息，同时还可能需要进行可执行代码的传输，进程迁移是三种负载迁移里面复杂度最高的一种。

进程迁移是动态负载均衡策略里常用的一种负载迁移方式。一个完整的进程迁移过程可以分为迁移初始化、状态保存、状态转移和进程重启等 4 个步骤。

① 迁移初始化主要是启动 LMM 进程，确定要迁移哪一个进程，迁移到哪个节点。进程的迁移可以分为同步迁移和异步迁移两种。

② 在实施迁移工作之前需要保存与进程状态相关的信息。这些信息一般包括处理器状态信息、进程本身的状态信息、操作系统中

关于该进程的状态信息、进程中涉及的关于操作系统的状态信息。

③ 在状态转移过程中,一般来说该进程的全部虚地址空间都将被转移。根据状态信息保存方式的不同,状态信息的转移也有不同的方式:将信息保存在磁盘上,并通过网络发送到目标节点,目标节点读取状态信息并重建进程;或者,首先在目标节点建立一个框架进程,然后再将状态信息发送给该框架进程以完成进程重建。

④ 当进程的状态信息完整传送到目标节点,并且在目标节点已经根据这些状态建立了新的进程后,下一步工作就是将该进程加到原有的进程组中。这里有一个重要的问题就是如何保证进程间通信的准确性,首先是在进程迁移过程中如何将被迁移进程的信息准确地发送给新建立的进程;其次是如何使今后产生的消息直接发送到该新建立的进程。对第一个问题,可采用消息转发、消息限制、消息清空等方法,使进程迁移过程中产生的消息准确地按序抵达新建立的进程。对于第二个问题,必须将新建立的进程加入原有的程序组中,建立新的通信描述符,并将该描述符播送给程序组里的其他进程,这样今后产生的消息将都直接发送到新建立的进程。

2.2.3　亚线性算法

1. 时间亚线性算法

顾名思义,时间亚线性算法就是计算时间是亚线性的算法。我们对某些有亚线性运行时间的算法很熟悉,例如,二分查找算法。需要经过预处理(复杂度为 $\Omega(n)$)后才能在亚线性时间内运行的算法称为"伪亚线性算法"。可在 $O(n)$ 时间内运行,且不需要对输入做预处理的亚线性算法,称为时间亚线性算法,这样的算法不读取全部输入数据,而仅仅读取其中很小一部分输入数据[19-23]。这里我们通过两个简单的例子来介绍时间亚线性算法的基本概念。

1)排序链表搜索的亚线性算法

输入:排序双向有序链表 R(R 中元素存储在一个无序的队列中),元素 X。

输出:如果 X 在 R 中,则返回"是";如果 X 不在 R 中,则返回"否"。

问题的目标是确定 X 是否是给定输入的 n 个元素之一。n 个元素存储在一个双向链表中,这意味着每一个链表中的元素都可以访问它的后一个以及前一个元素,但是链表不能随机访问。表中元素存放在一个无序队列中,这意味着可以根据元素的索引随机访问元素。显然,通过确定性算法不可能在 $O(n)$ 时间内完成搜索,然而,如果允许随机访问,那么可以在 $O(\sqrt{n})$ 时间内完成搜索。

因为 R 上仅支持顺序查找,因而该算法的基本思想是找出一个抽样,在抽样中 X 所在的小范围内做顺序查找,继而在 R 中的此范围内顺序查找 X。在 R 中抽样 S,在抽样 S 中找出与 X 最接近的点 p 和 q,使得 X 在区间 $[p, q)$ 中,接下来仅在 R 中 p 和 q 之间搜索 X。由于 p 和 q 是以 $|R|/n$ 为概率在 S 中抽样的点且在 S 中是相邻的,因而 S 中的元素在区间 $[p, q)$ 的数学期望为 $n|S|$,因此算法的时间复杂度是 $O(|R|+n/|R|)$。为了满足时间复杂度要求,取 $|R|=\Theta(\sqrt{n})$,则算法的时间复杂度可以达到 $O(\sqrt{n})$。算法的伪代码如算法 2.7 所示。

算法 2.7　随机选择算法

输入:排序双向有序表 R,变量 X

输出:如果 X 在 R 中,则返回"是";如果 X 不在 R 中,则返回"否"

```
Begin
    For i = 1 to sqrt(n)    //随机选择 √n 个元素初始化集合 S
        S.append(random(R));
    endfor
    For i = 1 to sqrt(n)
        If S[i] <= x and p<S[i] then    p = S[i] endif
        If S[i] >= x and q>S[i] then    q = S[i] endif
    Endfor
    For i = p to q
        If R[i] == X then return true endif
    Endfor
    Return false;
End
```

定理 2.1 证明了该算法执行时间的期望是 $O(\sqrt{n})$,从而说明了该算法是亚线性算法。

定理 2.1　算法 2.7 的时间复杂度的数学期望是 $O(\sqrt{n})$。

证明:从算法的过程可以看出,算法的运行时间等于 $O(\sqrt{n})+$ (p,q 间元素个数)。由于 S 包含 $\Theta(\sqrt{n})$ 个元素,R 中 p,q 间元素个数的期望值为 $O(n\ /\ |R|) = O(\sqrt{n})$。这表明算法的期望运行时间为 $O(\sqrt{n})$。

2）两个多边形交集问题的多项式时间算法

输入：二维空间中两个简单多边形 A 和 B，每个都包含 n 个顶点。

输出：判断 A 和 B 是否相交。

这个问题可以在 $O(n)$ 时间内解决，例如，通过观察，这个问题可以被描述为一个二维动态规划实例，在同样的时间内，可以找到 A，B 交集中的一个点或者找到一条将 A，B 分隔的直线，该直线包含 A 和 B 中各一个点。

下面讨论一个亚线性随机化算法。这个算法假设多边形 A 和 B 的顶点以双向链表的形式存储，每一个顶点都将下一个顶点作为后继，按照顺时针顺序排列。算法伪代码如算法 2.8 所示。

算法 2.8　亚线性多边形交集算法

输入：多边形 A 和 B

输出：如果 A 和 B 相交，则返回"是"；否则返回"否"

1　Begin

2　　For $i = 1$ to $sqrt(n)$

3　　　$CA.append(random(A))$;

4　　　$CB.append(random(B))$;

5　　endfor

6　if CA, CB intersect then return true; endif

7　generate a line L to separate CA, CB

8　If A (or B) intersects with L then return true; endif

9　Return false

10　End

显然，算法中第一行的时间复杂度为 $\Theta(\sqrt{n})$，第二行可以利用

线性时间多项式相交判定算法实现。下面讨论第 7 行的实现方法和复杂度。

令 a 和 b 分别是 L 上 A 和 B 上的点，a_1 和 a_2 是 A 中和 a 相邻的两个点。现在用如下方法定义多边形 P_A。如果 a_1 和 a_2 都与 C_A 在 L 的同一侧，那么 P_A 为空。否则，由于 a 在 L 上，a_1 和 a_2 中只可能有一个在 C_A 的另一侧。不失一般性，设此点为 a_1。沿着 a 到 a_1 的方向遍历 A 中的点，直到再次通过 L。用同样的方法可以生成 P_B，则 P_A 和 P_B 的大小为 $O(\sqrt{n})$。

显然 A 和 B 相交当且仅当 A 和 P_B 相交或者 B 和 P_A 相交。现仅考虑 B 和 P_A 相交的判定，A 和 P_B 相交的判定方法类似。首先判定 C_B 与 P_A 是否相交，如果相交，则完成判定。否则，生成 C_B 与 P_A 的分隔线 L_B（通过上述线性算法完成）。接下来，用上述构造的算法递归判定 B 与 P_A 在 L_B 同一侧的子多边形 Q_B 是否与 P_A 相关。于是，B 与 P_A 相交当且仅当 Q_B 与 P_A 相交。因为 Q_A 和 P_B 的期望规模都是 $O(\sqrt{n})$，这个判定可以在 $O(\sqrt{n})$ 时间内完成。根据上述构造，两个包含 n 个顶点的多边形相交性判定问题转化为常数个多边形判定问题，每一个输入规模都是 $O(\sqrt{n})$，因而有如下结论：判断两个 n 度凸多边形的相交可以在 $O(\sqrt{n})$ 时间内解决。

2. 空间亚线性算法

空间亚线性算法指的是在算法运行过程中需要的存储空间小于输入数据量规模。这里需要区分空间亚线性与空间复杂度，空间亚线性一般指的是算法执行过程中所需的总空间是亚线性的，而空间复杂度一般指的是算法执行过程中，为了存储运算的中间结果而需要的额外存储空间。所以，空间亚线性并不是指空间复杂度是亚线性的。在一些情况下,空间亚线性算法也称数据流算法。静态数据的计算方法也适用于部分数据流计算问题,本节仅仅给出几个数据流计算的经典案例,更完整的数据流介绍见第三章。

1)数据流模型

数据流(data stream),顾名思义指的是流动的、源源不断的数据,这些数据只能顺序扫描一次或几次。因为数据是流动的,所以只能顺序扫描,且只能扫描常数次。对于这样的数据,时间复杂度超过 $O(n)$ 的算法是不可行的,而且能够使用的内存是有限的。注意,"有限"指的是数据可能无限增加,但是能够使用的内存是有限的,这就导致空间要求是亚线性的,而且最好所需空间和数据量是无关的。

为了基于这个模型实现算法,通常的方法是维护一个中间结果,一般称为数据略图,它给出的是对数据相关性质的一个有效估计。而这个中间结果的数据量往往是比较小的,通常与整个数据集合的数据量无关。

由于如下两个方面的原因,数据流模型适用于大数据:第一,时间有保障,顺序扫描数据仅一次;第二,内存要求低,通常是亚线性的。

数据流模型中的数据流指的是来自某个域中的元素序列,可以表示为 $<x_1, x_2, x_3, x_4, \cdots>$,因为假定数据是源源不断到来的,不会终止。数据流模型的第二个要素是有限的内存,也就是内存的规模远小于全部数据需占用内存的规模。这意味着把数据放到内存中计算是不可行的,所需要的内存通常为 $O(\log^k n)$ 或 $O(n^\alpha)$ $(\alpha < 1)$,甚至是一个常数。而且当新元素到来时,需要快速处理每个元素,因为每个元素到来的时机和速度是不一定的,可能速度非常快,留给每个元素的处理时间并不充足。

2）数据流实例

考虑一个数据流的实例：$\{65, 102, 24, 19, 27, 83, 175, 21, \cdots\}$。

对于这个数据流容易计算的函数有最大值、最小值、和、计数。保存"和"与"计数"，相除结果即为平均值。处理这些函数时通常采用单个寄存器 s，并直接更新寄存器 s。如求最大值，首先把寄存器初始化为 0，然后比较当前元素 x 和寄存器 s 的大小，将较大的量放到寄存器 s 中，计算结束。在任意时刻，寄存器 s 中保存的数据都是当前数据流中的最大值。

计算和的方法类似。首先都是把寄存器 s 初始化为 0，所不同的是对于每个接收的 x，将 x 累加到寄存器 s 中。这样，在任何时刻单个寄存器 s 中保存的数据就是当前到来的数据流的所有数据的和。

3）数据流合并

上面例子中的数据概要就是单个值寄存器 s。寄存器 s 是可合并的，即从一部分数据流得到 x_1，从另一部分数据流得到 x_2，通过 x_1 和 x_2 的累加或比较就可以得到整个数据流中当前所有元素的结果。例如，第 100 个数之前的放入 x_1，第 100 个数及其后的放入 x_2，则 x_1 和 x_2 可以合并，通过比较 x_1 和 x_2 的大小，较大者就是这 200 个数中的最大值。同样，和的略图也是可合并的。前 99 个数的累加和存于 x_1，第 100 个数及其后的数的累加和存于 x_2，将 x_1 和 x_2 相加就是当前所有元素的和。

接下来介绍一个简单的空间亚线性算法，即水库抽样。问题定义如下：

输入：一组数据，但大小未知。

输出：这组数据的 k 个均匀抽样。

对于这个问题有三点要求。

① 仅允许扫描数据一次。

② 空间复杂度为 $O(k)$。注意,空间复杂度和抽样大小有关,而与整个数据的数据量无关。这意味着不能把所有数据都放到内存中进行抽样。

③ 扫描数据的前 $n(n>k)$ 个数据时,内存中仅保存 k 个数据,这 k 个数据是在扫描时从 n 个数据中抽样获得的。针对这个需求提出了水库抽样算法。

算法流程:

① 申请一个长度为 k 的数组 A 保存抽样;

② 保存首先接收到的 k 个元素;

③ 当接收到第 i 个新元素时,以 k/i 的概率随机替换 A 中的元素。

算法 2.9 伪代码如下。

算法 2.9　数据流合并算法

输入:数组 $A[1:N]$,整数 k

输出:数组 $A[1:k+1]$

Begin

  for $i=k+1$ to N do

   $M=random(1,i)$

   if $M<k$ do

    $swap(A[i],A[M])$

   end if

  end for

End

随机替换可以生成 $[1,i]$ 间的随机数 j,若 $j\leqslant k$,就意味着 j 是存在

的,则以 t 替换 $A[j]$。算法2.9的空间复杂度是 $O(k)$,这是因为在整个算法中,只需要一个长度为 k 的数组保存抽样即可。额外的空间(如计算概率)都是常数的,与 n 和 k 没有关系,因此空间复杂度为 $O(k)$。

2.3 大数据的双亚线性并行计算

在大数据情形下,对于一个问题,如果采用适当数目的处理器就可以通过并行计算快速求解,即可实现双亚线性并行计算,则称此问题是大数据易处理的,否则称此问题是大数据难处理的。由于大数据的输入规模 n 特别大,这里所谓的"快速"是指亚线性时间,所谓的"适当数目的处理器"是指亚线性个处理器[2]。

2.3.1 双亚线性并行理论

1. PRAM 模型

在并行计算机上求解问题时,需要设计相应的并行算法。为了分析问题和算法的复杂度,首先需要对并行计算机进行建模。通常采用最基本的并行随机存取机(parallel random access machine, PRAM)模型,它是随机存取机(random access machine, RAM)模型在并行计算机上的一个自然扩展。PRAM 模型的具体描述如下。

(1)有限或无限个功能相同的处理器 P_1, P_2, P_3, $\cdots$,每个处理器都具有简单的算术运算和逻辑判断功能。

(2)一个包含了无限多存储单元的共享存储器 M。

（3）每个处理器可在单位时间内访问（写入或读取）共享存储器中的任一存储单元。

（4）所有处理器完全同步地执行每条指令，在每个指令周期内，每个处理器按顺序执行以下三个阶段的工作。① 读阶段：读取 M 中某个存储单元的内容。② 计算阶段：执行某个局部计算任务。③ 写阶段：向 M 中某个存储单元写入数据。在每个阶段，若处理器无须执行相应的操作，则可以空闲。

（5）处理器之间交换数据的唯一途径是读写 M 中的存储单元。

（6）一个并行算法的运行时间定义为其执行的指令周期数。

根据多个处理器对同一个共享存储单元同时读、同时写的限制，PRAM 模型又可分为：① 排他读排他写（exclusive-read and exclusive-write）的 PRAM 模型，简称 PRAM-EREW 模型，该模型不允许多个处理器同时读或同时写同一个共享存储单元；② 同时读排他写（concurrent-read and exclusive-write）的 PRAM 模型，简称 PRAM-CREW 模型，该模型允许多个处理器同时读同一个共享存储单元，但不允许它们同时写同一个共享存储单元；③ 同时读同时写（concurrent-read and concurrent-write）的 PRAM 模型，简称 PRAM-CRCW 模型，该模型允许多个处理器同时读和同时写同一个共享存储单元。

PRAM 模型是一种形式直观、功能强大的并行计算模型，特别适用于并行算法的表达、分析和比较，使用上非常简单，很多诸如处理器间通信、存储管理和进程同步等并行计算机的细节均隐含于模型内，易于设计和分析并行算法，且可以较小的时间代价在 APRAM（asynchronous PRAM，异步 PRAM）、BSP（整体同步并行）、LogP（latency/overhead/gap/processor）、MapReduce 等其他并行计算模型上模拟实现,此外还有可能在 PRAM 模型中加入一些诸如同步和通信等需要考虑的问题。在 PRAM 模型上分析问题的并行复杂性更具有指导意义[24-27],它通常代表了其并行复杂性的下界:如果一个问题不能在 PRAM 模型上有效求解,那么一般认为,此问题也不可能在其他更复杂的并行计算模型上得到有效求解。

2. 复杂性类 NC

目前,并行计算机和相关的并行计算技术已得到了广泛的研究和应用。在问题求解算法的串行时间复杂度已接近或达到其理论下界时,并行计算是唯一能够保证准确求解且有效缩短求解时间的方法。然而,并非所有问题都可以通过并行计算方法快速求解,有些问题即使使用了相对多的处理器也似乎很难并行求解[11,12]。因此,一种可行的方法是将问题按照并行性进行分类,而并行性通常有以下两种描述方式。

(1)对于一个问题,如果处理器个数 p 在一定范围内(例如 $1 \leqslant p \leqslant \alpha(n)$,这里 $\alpha(n)$ 是某个关于问题输入规模 n 的递增函数),该问题都可以较快地求解,则称该问题是易并行化的。这里所谓"较快地求解",通常是指并行算法的执行速度达到最快串行算法的 $\Theta(p)$ 倍,即达到线性加速比。只要 p 的取值范围足够大,则在很多情况下,这类问题都可以通过并行化来有效地求解。然而如果 $\alpha(n)$ 较小,则很难把该问题视为可并行化的,这是因为 p 的取值不能超过 $\alpha(n)$。一般情况下,可取 $\alpha(n) = n/\log^k n$,其中 k 为某一非负常数。

(2)一个问题,如果使用适当数目的处理器就可以非常快地求解,则也可以称该问题是易并行化的。这里所谓"非常快"的定量含义是指问题的求解时间是对数多项式的,即 $O(\log^k n)$,其中 k 为某一非负常数。所谓"适当数目"的处理器,可定义为处理器的数目是输入长度的多项式,即 $O(n^c)$,其中 c 为某一非负常数。因此,如果一个问题,使用多项式个处理器可在对数多项式时间内求解,则称该问题为易并行化的。

根据上述并行性的第二种描述,可定义易并行化的问题集合,即复杂性类(NC),它是指在一台 PRAM 机器上,使用多项式个处理器,可在对数多项式时间内求解的问题集合。相应地,NC 算法是指在一台 PRAM 机器上,对于任意的输入规模 n,都可使用多项式 $O(n^c)$ 个处理器且运行时间为对数多项式 $O(\log^k n)$ 的并行算法,其中 c 和 k 是两个与 n 无关的非负常数。运用形式语言理论体系,可以给出复杂性类 NC 的定义:NC = $\{ L \subseteq \Sigma^* \mid L$ 可被 PRAM 机器上的某个 NC 算法识别$\}$,其中 Σ 为字母表。因为 PRAM-EREW、PRAM-CREW、PRAM-CRCW 这几种 PRAM 子模型的计算速度至多相差 $O(\log p)$ 倍,故在定义复杂性类(NC)和 NC 算法时,都无须指明采用的是何种 PRAM 子模型。

3. NC 计算

对于 NC 中的问题 Q,为了加快求解速度、缩短求解时间,可以设计相应的 NC 算法,在并行计算机上求解,其过程如下:在 PRAM 机器上,首先对问题 Q 的数据集 D 进行划分,将其划分成多项式个独立的、几乎等尺寸的子数据集 D_1, D_2, $\cdots$, D_m,然后使用 m 个处理器 P_1, P_2, $\cdots$, P_m 并行处理各个子数据集,即处理器 P_i 处理子数据集 D_i, $1 \le i \le m$,通过必要的同步和通信,最后完成对问题 Q 的求解。如果这一并行计算过程可以在对数多项式时间内完成,则称此为问题 Q 的 NC 计算。

在某些情况下,高阶对数多项式的运行时间可能仍然满足不了要求。可以限制对数多项式的阶数,从而对 NC 类问题进行进一步划分。定义 NC^k 问题为在一台 PRAM 机器上,使用多项式个处理器,在 $O(\log^k n)$ 时间内可解的问题的集合。根据此定义,有 NC = $NC^0 \cup NC^1 \cup NC^2 \cup \cdots \cup NC^k \cup \cdots$。显然,$NC^k$ 问题还满足以下层次关系:$NC^0 \subseteq NC^1 \subseteq NC^2 \subseteq \cdots \subseteq NC^k \subseteq \cdots \subseteq NC$。

在问题 Q 的 NC 计算中,若对于每个子数据集 D_i, $1 \leqslant i \leqslant m$,都有处理 D_i 所需的时间不超过某个阶数为 k 的对数多项式,所有子问题的解最终合并成问题 Q 的解,且可以在不超过 $O(\log^k n)$ 的时间内合并这 m 个输出从而得到问题 Q 的解,问题 Q 的计算过程包含子问题的计算和子输出的合并,两者的时间复杂度均不超过 $O(\log^k n)$,因此问题 Q 可在 $O(\log^k n)$ 时间内并行求解,称此为问题 Q 的 NC^k 计算。一般而论,当处理小规模问题时,可采用高阶多项式个处理器,在低阶对数多项式时间内完成求解;当处理大规模问题时,可采用低阶多项式个处理器,在高阶对数多项式时间内完成求解;当处理超大规模问题时,可采用线性或亚线性个处理器,在更高阶的对数多项式时间内完成求解。

最后通过一个简单的位序问题来说明 NC 计算。假设有两个长度都为 n 的数组 A 和 B,其中数组 A 是有序的,而数组 B 是无序的,求数组 B 中每个元素在数组 A 中的位序。若采用串行计算,对于数组 B 中每个元素,可以采用二分查找在 $O(\log n)$ 时间内得到其在数组 A 中的位序,总运行时间为 $O(n\log n)$。当问题的规模 n 非常大时,$O(n\log n)$ 的运行时间很可能不再被接受,这时必须采用并行计算的方法。算法 2.10 使用了 n 个处理器,每个处理器并行地计算数

组 B 中的某个元素的位序,在 $O(\log n)$ 时间内就可得到数组 B 中所有元素的位序,因此属于 NC^1 计算。算法 2.11 使用了 n^2 个处理器,每个处理器并行地比较数组 B 中某个元素和数组 A 中某个元素的大小,在 $O(1)$ 时间内就可得到数组 B 中所有元素的位序,因此属于 NC^0 计算。

算法 2.10　位序问题的 NC^1 算法

输入:数组 A、B

输出:数组 B 中元素在 A 中的位序

for $i=0$ to $n-1$ par-do

　$pos[i]=Binary\text{-}Search(A,\,B[i])$　　/ $*$ $Binary\text{-}Search$ 为二分

　　　　　　　　　　　　　　　　　　查找函数 $*$ /

算法 2.11　位序问题的 NC^0 算法

输入:数组 A、B

输出:数组 B 中元素在 A 中的位序

for $i=0$ to $n-1$ par-do

　if $B[i] \leqslant A[0]$

　　$pos[i]=0$

　else if $A[n-1]<B[i]$

　　$pos[i]=n$

　else for $j=1$ to $n-1$ par-do

　　if $A[j-1]<B[i] \leqslant A[j]$

　　　$pos[i]=j$

4. 线性 NC 类计算

在传统情形下,问题的输入规模相对较小。如果一个问题在多项式时间内可解,则认为此问题可以快速求解,否则认为此问题不能快速求解。然而,在大数据情形下,即使是具有线性时间复杂度的问题,由于问题的输入规模非常大,其求解过程也可能变得非常慢。例如,考虑一个拍字节(PB,10^{15} B)级的数据集 D,存放在目前最快的、扫描速度达到 6 GBps 的固态硬盘中,那么对 D 的一个简单线性扫描至少要花费 166 666 秒,即约 46 时或 1.9 天。可以认为,在大数据情形下,即使在线性时间内完成问题求解也是不可接受的。

在大数据情形下,多项式的求解时间一般是不可接受的。因此,对于一个问题,我们希望它能在低于多项式的时间内求解,即可在亚线性时间内求解。亚线性是指 $O(n)$,即对于任意的非负常数 k,都有 $\log^k n = O(n)$,也就是说所有的对数多项式都是亚线性的。在实际应用中,除了少数问题如对分查找的时间复杂度为 $O(n)$ 外,绝大多数常见问题包括扫描、排序、搜索、归约、归并、矩阵运算等的时间复杂度都为 $\Omega(n)$。在大数据情形下,如何在可接受的时间内求解这类问题显得非常重要,在并行计算机上求解以缩短运行时间是个显而易见的途径。然而,由于问题固有的串行性和处理器数目的限制,并非所有问题都能通过并行计算方法实现快速求解。

如前所述,复杂性类 NC 中的问题通过 NC 计算,可在对数多项式时间内求解。然而这需要多项式个处理器,这在大数据情形下是不现实的。

复杂性类 QL 定义为在 RAM 机器上准线性时间可解的问题集合,很多常见的问题都属于 QL,如归约和扫描计算、选择和排序、快速傅里叶变换、串匹配、欧拉回路及其衍生问题、蒙日阵列计算等。在 PRAM 机器上,使用 $O(n\log^c n)$ 个处理器、运行时间为 $O(\log^k n)$ 的算法称为线性 NC(linear NC,LNC)算法,这里 n 是问题的输入规模,c 和 k 是与 n 无关的两个非负常数。如果某个算法是 LNC 算法,那么不管采用何种 PRAM 子模型,它仍然是 LNC 的。复杂性类 LNC 是指可用 LNC 算法求解的问题集合。运用形式语言理论体系,可以给出复杂性类 LNC 的定义:LNC = $\{L \subseteq \Sigma * \mid L$ 可被 PRAM 机器上的某个 LNC 算法识别$\}$,其中 Σ 为字母表。LNC 是 QL 的子集,即 LNC $\subseteq$ QL,这是因为使用 $O(n\log^c n)$ 个处理器、运行时间为 $O(\log^k n)$ 的算法总可以在 RAM 机器上在 $O(n\log^{k+c} n)$ 时间内模拟实现。

定理 2.2 若某一问题属于 LNC,则其在具有 n^x 个处理器的 PRAM 机器上可在 $O(n^{1-x+\varepsilon})$ 时间内求解,其中 x 为满足 $0 \leqslant x \leqslant 1$ 的任一常数,ε 为某一任意小的非负常数。

证明:若某一问题属于 LNC,则根据定义,在具有 $p(n) = O(n\log^c n)$ 个处理器的 PRAM 机器 M 上,该问题存在某个运行时间为 $O(\log^k n)$ 的求解算法 A。若 $p(n) \leqslant n^x$,则定理显然成立。若 $p(n) > n^x$,则在具有 n^x 个处理器的 PRAM 机器 M′ 上,算法 A 可按照以下方式模拟执行。将 M 中的 $p(n)$ 个处理器等分成 n^x 组,每组有 $p(n)/n^x$ 个处理器,让 M′ 的每个处理器去模拟 M 中的一组处理器:首先执行所有的读操作和局部计算,然后执行所有的写操作。每步模拟的时间为 $p(n)/n^x$,因此算法 A 在 M′ 上的运行时间为 $O(p(n)/n^x\log^k n) = O(n^{1-x+\varepsilon})$,得证。

2.3.2 双亚线性并行算法设计方法

对于某一问题,令 $T_s(n)$ 表示问题输入规模为 n 时,在 RAM 机器上求解此问题所需的时间,即求解此问题的最佳串行算法的运行时间;令 $T(n,p)$ 表示使用 p 个处理器时,求解此问题的某一并行算法的运行时间。因为使用了 p 个处理器、运行时间为 $T(n,p)$ 的并行算法总可以在 RAM 机器上在 $pT(n,p)$ 时间内模拟实现,故有 $T_s(n)(n) \leqslant pT(n,p)$。当 $T_s(n)$ 为 $\Omega(n^2)$ 时,无论怎样设计并行算法,都有 $pT(n,p)=\Omega(n^2)$ 成立。由此可得 $p=\Omega(n)$ 或 $T(n,p)=\Omega(n)$,即处理器数目和运行时间中至少有一个随着问题规模呈线性或超线性增长,这在大数据环境下显然是不可接受的。因此,在大数据情形下,只有那些串行时间复杂度为 $O(n^2)$ 的问题,才有可能是并行易求解的,即可双亚线性并行计算的。而绝大部分此类问题的串行时间复杂度为准线性时间(quasilinear time),即 $O(n\log^k n)$,其中 k 是一个非负常数。

从定理 2.2 可知,对于 LNC 中的问题,可以使用亚线性个处理器,在亚线性时间内并行求解。实际应用中处理器数和求解时间是对立的,使用的处理器数越少,问题的求解时间越长。在 x 不太小的情况下,$O(n^{1-x+\varepsilon})$ 也是一个可接受的时间。若某一问题属于 LNC,则只要并行计算机的处理器数目不太少,该问题就可快速求解。例如,在一台 PRAM 机器上,若 LNC 中的某一问题有使用 $O(n)$ 个处理器、运行时间为 $O(\log n)$ 的算法,例如在 n 达到 P(拍)数量级时,并行计算机的处理器数目可达到 10^5 个,此时 $x=1/3$,可得求解时间为 $n^{1-1/3}\log n \approx 5\times10^{11}$ 个指令周期,若每个处理器每秒可执行 10^9 个 PRAM 指令,那么此问题可在 500 s 内完成求解。

最后通过排序问题来说明大数据情形下的双亚线性并行计算过程。算法 2.12 的平均运行时间为 $O(\log n)$,然而需要 $O(n)$ 个处理器,这在大数据情形下是不可接受的。算法 2.13 使用了 p 个处理器来求解此问题,求解过程如下:(1) 将 n 个数等分为 p 段,每段含有 n/p 个数;(2) 每个处理器 $P_i(0 \leq i \leq p-1)$ 将第 i 段排序;(3) 每个处理器 $P_i(0 \leq i \leq p-1)$ 从第 i 段中选取 p 个样本元素;(4) 将 p^2 个样本元素排序,并从中选择 $p-1$ 个主元;(5) 每个处理器 $P_i(0 \leq i \leq p-1)$ 按主元将第 i 段划分成 p 个子序列;(6) 每个处理器 $P_i(0 \leq i \leq p-1)$ 并行地归并所有段的第 i 个子序列。图 2.1 显示了 $p=3$ 时 $n=18$ 个数的排序过程。算法 2.13 的平均运行时间为 $O(n/p\log n/p + p^2\log p^2)$,实际应用时可取 $p=n^{\frac{1}{3}}$,这样平均运行时间为 $O(n^{\frac{2}{3}}\log n)$,从而实现了排序问题在大数据情形下的双亚线性并行计算。

算法 2.12 排序问题的 NC 算法

输入:无序数组 A

输出:排序后的数组

for all P_i, where $0 \leq i \leq n-1$ do

  $root = i$

  $f[i] = root$

  $LC[i] = RC[i] = n$

repeat for all P_i, where $0 \leq i \leq n-1$ and $i \neq root$ do

  if $(A[i] < A[f[i]])$

    $LC[f[i]] = i$

    if $i = LC[f[i]]$ exit else $f[i] = LC[f[i]]$

  else

    $RC[f[i]] = i$

    if $i = RC[f[i]]$ exit else $f[i] = RC[f[i]]$

算法 2.13 使用 p 个处理器的排序算法

输入:无序数组 A

输出:排序后的数组

for $i=0$ to $p-1$ par-do

$$Sort(A[i\frac{n}{p}\cdots(i+1)\frac{n}{p}-1]) \quad // \ Sort \ 为排序函数$$

for $i=0$ to $p-1$ par-do

for $j=0$ to $p-1$ par-do

$$S[i*p+j]=A[i\frac{n}{p}+j\frac{n}{p^2}]$$

$Sort(S)$

for $i=0$ to $p-2$ par-do

$Me[i]=S[(i+1)p]$

for $i=0$ to $p-1$ par-do

$$pos[i][0]=i\frac{n}{p}, \ pos[i][p]=(i+1)\frac{n}{p}$$

/* $pos[i][j]$ 为第 i 段的第 j 个子序列的起始位置 */

for $j=1$ to $p-1$ do

$pos[i][j]=Binary\text{-}Search(A, Me[j-1])$

/* $Binary\text{-}Search$ 为二分查找函数 */

for $i=0$ to $p-1$ par-do

$L[i]=0$ // $L[i]$ 为所有段的第 i 个子序列长度之和

for $j=0$ to $p-1$ do

$L[i]=L[i]+pos[j][i+1]-pos[j][i]$

$posB[0]=0$　/＊ $posB[i]$为所有段的第 i 个子序列归并结果的

起始位置＊/

for $i=1$ to $p-1$ do

　$posB[i]=posB[i-1]+L[i-1]$

for $i=0$ to $p-1$ par-do

　$Merge(A[pos[0][i]\cdots pos[0][i+1]-1], A[pos[1][i]\cdots$
$pos[1][i+1]-1],\cdots, A[pos[p-1][i]\cdots pos[p-1][i+1]-1], B+$
$posB[i])$　// $Merge$ 为 p 个序列的归并函数

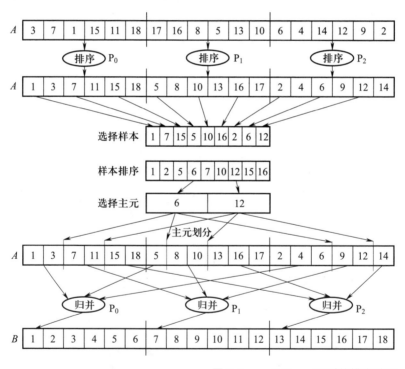

图 2.1　$p=3$ 且 $n=18$ 时的排序过程

2.3.3　双亚线性并行计算的应用

1. 求和问题

考虑大数据情形下 n 个数的求和问题。该问题串行时间复杂度为 $O(n)$,算法 2.1 就是求解它的 NC 算法,因此该问题属于 LNC。算法 2.1 的运行时间为 $O(\log n)$,然而需要 $O(n)$ 个处理器,这在大数据情形下是不可接受的。算法 2.14 使用 p 个处理器来求解此问题,如图 2.2 所示,求解过程如下:(1) 将 n 个数等分为 p 段,每段含有 n/p 个数;(2) 每个处理器 $P_i(0 \leqslant i \leqslant p-1)$ 并行地计算第 i 段中的所有数之和 $L[i]$;(3) 计算所有的 $L[i]$ 之和,$0 \leqslant i \leqslant p-1$。算法 2.14 的运行时间为 $O(p+n/p)$,实际应用时可取 $p = \sqrt{n}$,这样运行时间为 $O(\sqrt{n})$。事实上,求和是归约运算的一种,其他的归约运算如求积、求最大值和最小值等,都可以使用相似的算法。同样,查找计数问题也可使用相同的方法。例如,计算 x 在数组 $A[0 \cdots n-1]$ 中出现的次数。首先,使用 p 个处理器并行地比较 $A[i]$ 是否等于 x,并将结果存放在 $B[i]$ 中,$0 \leqslant i \leqslant n-1$:若 $A[i] = x$,则置 $B[i] = 1$,否则置 $B[i] = 0$。然后,使用 p 个处理器对数组 $B[0 \cdots n-1]$ 求和即可。

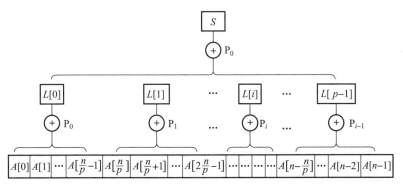

图 2.2　使用 p 个处理器求 n 个数之和

算法 2.14　使用 p 个处理器的求和算法

输入:数组 A

输出:数组 A 中元素的和

for $i=0$ to $p-1$ par-do

　$L[i]=0$

　for $j=i\dfrac{n}{p}$ to $(i+1)\dfrac{n}{p}-1$ do

　　$L[i]=L[i]+A[j]$

$S=0$

for $i=0$ to $p-1$ do

　$S=S+L[i]$

return S

---

2. 求前缀和问题

考虑大数据情形下 n 个数求前缀和问题。若 n 个数存放在数组 $A[0\cdots n-1]$ 中,则它们的前缀和 $B[i]=A[0]+A[1]+\cdots+A[i]$, $0\le i\le n-1$。该问题的串行时间复杂度为 $O(n)$,算法 2.15 就是求解它的 NC 算法,可以看出该问题属于 LNC。算法 2.15 的运行时间为 $O(\log n)$,然而需要 $O(n)$ 个处理器,这在大数据情形下是不可接受的。算法 2.16 使用 p 个处理器来求解此问题,求解过程如下:

（1）将 n 个数等分为 p 段,每段含有 n/p 个数;

（2）每个处理器 $\mathrm{P}_i(0\le i\le p-1)$ 并行地计算第 i 段中的所有数之和 $L[i]$;

（3）计算第 i 段前面的数之和 $S[i]$:$S[0]=0$,$S[i]=L[0]+L[1]+\cdots+L[i-1]$, $1\le i\le p-1$;

（4）每个处理器 $P_i(0 \leqslant i \leqslant p-1)$ 并行地计算第 i 段中各个数的前缀和：$B[j]=S[i]+A\left[i\dfrac{n}{p}\right]+A\left[i\dfrac{n}{p}+1\right]+\cdots+A[j]$，$i\dfrac{n}{p} \leqslant j \leqslant (i+1)\dfrac{n}{p}-1$。

算法 2.16 的运行时间为 $O(p+n/p)$，实际应用时可取 $p=\sqrt{n}$，这样运行时间为 $O(\sqrt{n})$。事实上，求前缀和是扫描运算的一种，其他的扫描运算都可以使用相似的算法。

算法 2.15　求前缀和问题的 NC 算法

输入：数组 A

输出：数组 A 中元素的前缀和

　　for $i=0$ to $n-1$ par-do

　　　　$B[i]=A[i]$

　　for $k=0$ to $\log n-1$ do

　　　　for $i=2^k$ to $n-1$ par-do

　　　　　　$B[i]=B[i]+B[i-2^k]$

算法 2.16　使用 p 个处理器的求前缀和算法

输入：数组 A

输出：数组 A 中元素的前缀和

　　for $i=0$ to $p-1$ par-do

　　　　$L[i]=0$

　　　　for $j=i\dfrac{n}{p}$ to $(i+1)\dfrac{n}{p}-1$ do

　　　　　　$L[i]=L[i]+A[j]$

　　$S[0]=0$

　　for $i=1$ to $p-1$ do

$$S[i] = S[i-1] + L[i-1]$$

for $i = 0$ to $p-1$ par-do

$$B\left[i\frac{n}{p}\right] = S[i] + A\left[i\frac{n}{p}\right]$$

for $j = i\frac{n}{p}+1$ to $(i+1)\frac{n}{p}-1$ do

$$B[j] = B[j-1] + A[j]$$

---

3. 多项式计算问题

考虑大数据情形下一元 n 次多项式 $P_n(x) = a_0 + a_1 x + a_2 x^2 + \cdots + a_n x^n$ 的计算。若 $n+1$ 个系数存放在数组 $A[0 \cdots n]$ 中,则要计算 $A[0] + A[1]x + A[2]x^2 + \cdots + A[n]x^n$ 的值。该问题的串行时间复杂度为 $O(n)$。并行求解时,可先运用算法 2.17 计算 x, x^2, $\cdots$, x^n 的值,再并行计算 $A[1]x$, $A[2]x^2$, $\cdots$, $A[n]x^n$ 的值,最后运用并行求和算法计算 $A[0] + A[1]x + A[2]x^2 + \cdots + A[n]x^n$ 的值。此并行求解过程总的运行时间为 $O(\log n)$,需要 $O(n)$ 个处理器,因此该问题属于 LNC。算法 2.18 使用 p 个处理器来求解此问题,求解原理与前述类似。在使用 p 个处理器计算 x, x^2, $\cdots$, x^n 的值时,先调用算法 2.17 计算 x, x^2, $\cdots$, x^p 的值,然后每次对 $x^{(h-1)*p+1}$, $x^{(h-1)*p+2}$, $\cdots$, x^{h*p} 分别乘以 x^p,以得到 x^{h*p+1}, x^{h*p+2}, $\cdots$, $x^{(h+1)*p}$ 的值,直至计算得到所有的 x, x^2, $\cdots$, x^n 的值。算法 2.18 的运行时间为 $O(p+n/p)$,实际应用时可取 $p = \sqrt{n}$,这样运行时间为 $O(\sqrt{n})$。

算法 2.17　多项式计算问题的 NC 算法

输入:多项式系数数组 B,参数 x

输出:多项式值

$B[0] = 1$

$B[1] = x$

for $h = 1$ to $\log n$ do

　　for $i = 1$ to 2^{h-1} par−do

　　　　$B[i+2^{h-1}] = B[i] * B[2^{h-1}]$

算法 2.18　使用 p 个处理器的多项式计算算法

输入：多项式系数数组 B，参数 x

输出：多项式值

$B[0] = 1$

$B[1] = x$

for $h = 1$ to $\log p$ do

　　for $i = 1$ to 2^{h-1} par−do

　　　　$B[i+2^{h-1}] = B[i] * B[2^{h-1}]$

for $h = 1$ to $n/p-1$ do

　　for $i = 1$ to p par−do

　　　　$B[i+h*p] = B[i+h*p-p] * B[p]$

for $i = 0$ to p par−do

　　$B[i] = B[i] * A[i]$

for $i = 0$ to $p-1$ par−do

　　$L[i] = 0$

　　for $j = i\dfrac{n+1}{p}$ to $(i+1)\dfrac{n+1}{p}-1$ do

　　　　$L[i] = L[i]+B[j]$

$S = 0$

for $i = 0$ to $p-1$ do

    $S = S + L[i]$

return S

参考文献

[1] 陈国良. 并行算法的设计与分析[M]. 3 版. 北京：高等教育出版社，2009.

[2] COOK S A. Deterministic CFL's are accepted simultaneously in polynomial time and log squared space[C]// The 11th ACM Symposium on Theory of Computing. ACM, 1979: 338-345.

[3] CULLER D E, KARP R M, PATTERSON D, et al. LogP: towards a realistic model of parallel computation[C]// PPOPP'93 Proceedings of the 4th ACM SIGPLAN symposium on Principles and practice of parallel programming, ACM, 1993: 1-12.

[4] LADNER R E. The circuit value problem is log space complete for P [J]. SIGACT News, 1975, 7(1):18-20.

[5] SAVAGE J E. Computational work and time on finite machines[J]. Journal of the ACM, 1972, 19(4):660-674.

[6] GALIL Z. Some open problems in the theory of computation as questions about two-way deterministic pushdown automaton languages [J]. Mathematical Systems Theory, 1977, 10(3): 211-228.

[7] GOLDSCHLAGER L M. The monotone and planar circuit value problems are log space complete for P [J]. SIGACT News, 1977, 9(2): 25-29.

[8] CHANDRA A K, STOCKMEYER L J. Alternation [C]// The 17th Annual Symposium on Foundations of Computer Science, 1976: 98-108.

［9］ GOLDSCHLAGER LM. Synchronous parallel computation ［D］. Toronto：University of Toronto，1977.

［10］ BORODIN A. On relating time and space to size and depth［J］. SIAM Journal on Computing，1977，6（4）：733-744.

［11］ ALLENDER E W. P-uniform circuit complexity ［J］. Journal of the ACM，1989，36（4）：912-928.

［12］ BARRINGTON D，IMMERMAN N，STRAUBING H. On uniformity within NC1［J］. Journal of Computer and System Sciences，1990，41（3）:274-306.

［13］ GOLDSCHLAGER L M. Universal interconnection pattern for parallel computers ［J］. Journal of the ACM，1982，29（4）：1073-1086.

［14］ PIPPENGER N. On simultaneous resource bounds ［C］//The 20th Annual Symposium on Foundations of Computer Science，IEEE，1979：307-311.

［15］ RUZZO W L. On uniform circuit complexity ［J］. Journal of Computer and System Sciences，1981，22（3）：365-383.

［16］ GOLDSCHLAGER L M，SHAW R A，STAPLES J. The maximum flow problem is log space complete for P［J］. Theoretical Computer Science，1982，21（1）：105-111.

［17］ CORMEN T H，LEISERSON C E，RIVEST R L，et al. Introduction to algorithms ［M］. 3rd ed. Cambridge：MIT Press，2009.

［18］ 陈国良. 并行计算:结构·算法·编程［M］.3 版. 北京：高等教育出版社，2011.

［19］ 陈国良，毛睿，陆克中，等. 大数据计算理论基础:并行和交互式计算［M］. 北京：高等教育出版社，2017.

［20］ DAVIS M，SIGAL R，WEYUKER E J. Computability，complexity，and languages：fundamentals of theoretical computer science ［M］. 2nd ed. ［S.l.］：Morgan Kaufmann，1994.

[21] DASGUPTA S, PAPADIMITRIOU C, VAZIRANI U. Algorithms [M]. [S. l.]: McGraw-Hill Education, 2006.

[22] 陈志平, 徐宗本. 计算机数学: 计算复杂性理论与 NPC、NP 难问题的求解 [M]. 北京: 科学出版社, 2001.

[23] LEWIS H R, PAPADIMITRIOU C H. 计算理论基础[M]. 张立昂, 刘田, 译. 北京: 清华大学出版社, 2006.

[24] GREENLAW R, HOOVER H J, RUZZO W L. Limits to parallel computation: P-completeness theory[M]. [S.l.]: Oxford University Press, 1995.

[25] SHI H, SCHAEFFER J. Parallel sorting by regular sampling[J]. Journal of Parallel and Distributed Computing, 1992, 14(4): 316-372.

[26] VALIANT L G. Parallelism in comparison problems [J]. SIAM Journal on Computing, 1995, 4(3): 348-355.

[27] SHILOACH Y, VISHKIN U. Finding the maximum, merging and sorting in a parallel computation model[C]// Conference on Analysing Problem Classes & Programming for Parallel Computing, Springer-Verlag, 1981.

[28] FAN W, GEERTS F, NEVEN F. Making queries tractable on big data with preprocessing [C]//Proceedings of the 39th International Conference on Very Large Data Bases (VLDB), 2013: 685-696.

[29] 涂碧波, 洪学海, 詹剑锋, 等. 多核处理器机群 Memory 层次化并行计算模型研究[J]. 计算机学报, 2008, 31 (11): 1948-1955.

第三章 动态大数据计算与概率 近似正确方法

第二章分析了经典的大数据计算问题,对于一组给定的静态数据可通过并行计算提高计算速度。然而在某些应用场景中,数据是顺序到达的,在后续数据还没有确定的情况下就要求完成当前的计算,甚至要求对未来数据的计算结果进行预测。另外,若数据量过大,则不可能将所有数据都用于计算,只能抽取其中一部分数据参与计算,这种情形下的计算也可以看作是动态数据计算。如果不算数据本身的误差或干扰,动态数据计算精度主要受两方面影响,一是数据不完整导致的计算误差,二是抽样等方法导致的计算误差,前者有时候也可以看作是后者的特例。这两种计算误差可通过算法理论进行严格分析,即部分数据计算引起的偏差能否代表整体计算结果以及能在多大程度上代表整体计算结果。在这类数据计算问题中,为了使用部分数据(样本)进行高精度计算,本章使用概率近似正确(probably approximately correct,PAC)的概念,即计算结果在满足一定置信度的前提下,具有事先给定的误差。

本章第一节首先通过几个典型案例给出动态数据计算问题的背景;第二节介绍计算精度的定义以及概率近似正确(PAC)计算方法,并分析 PAC 计算的复杂性;第三节讨论一些利用 PAC 方法进行数值计算的案例;最后,讨论 PAC 方法在非数值计算中的应用。本章重点讨论利用部分数据进行 PAC 计算的方法,对动态数据的特征、数据结构、具体算法实现等不做过多讨论,这里仅分析数据计算的基本原理。

3.1 动态大数据的基本特征和复杂性

计算机和互联网在 21 世纪获得了空前绝后的发展,围绕如何采集、传输、管理、分析、计算、应用这些海量数据,诞生了大数据、云计算、物联网等各类全新的研究和应用领域,而这又进一步对计算机的硬件性能和软件算法提出了新的挑战。2011 年 IDC 对大数据给出了一个轮廓性的描绘,刻画了大数据的 4V 特征:规模性(volume)、高速性(velocity)、多样性(variety)、价值性(value)。后来又被扩展到 5V 甚至 8V(准确性 veracity,动态性 vitality,可视性 visualization,合法性 validity)。2012 年联合国白皮书《大数据促发展:挑战与机遇》标志着全球大数据研究进入前所未有的高潮期。2015 年我国发布《促进大数据发展行动纲要》,并于 2016 年将国家大数据战略列入国家"十三五"规划纲要,推动了相关产业的发展。

传统的数据计算与分析一般侧重于静态数据模式(数据完全就绪后再进行计算),静态数据计算相关计算理论在第二章已完整介绍。在实际应用中,数据是流动的,并且是不断变化的,无法按照静态数据的方法进行分析。当前针对动态数据的学习算法已有较多研究,但这些研究大多局限于具体的应用领域,"就事论事"地解决问题,缺乏必要的方法论指导,以及相应的算法评价依据。因此有必要首先分析动态数据的特点,建立针对动态数据的计算方法。

关于"动态数据"的概念,目前尚无严格定义,数据可以是流动到达的,已经到达的数据也可能会发生变化。动态数据可被抽象为一组持续到达的数据序列,由于每个数据附带时间戳信息,动态数据也可以被抽象为一类数据的时间序列,或称流数据。

先分析两个应用案例。

案例1:当前各个城市安装大量摄像头,以某品牌130W摄像头为例,单个摄像头每天采集约24 GB数据,那么一个城市相关监控数据就会非常庞大,而分析这些数据则对数据传输、管理、分析算法等提出了巨大挑战。例如,如果仅是做常规的车辆违章检测,可直接由终端摄像头提取违章车牌信息,但仅传输违章车牌信息和对应的视频片段就可能引起网络过载;而如果需要依据相关数据实施治安管理和分析等更为复杂的任务,摄像头终端计算量已经不能满足要求,需要将数据进行有效汇总,并且不同摄像头的多路数据流需要由后端实时计算,这就可能产生数据积压,难以满足应用需求。

案例2:在互联网服务中,网络促销活动可能使订单峰值不断提升。互联网电商一般采用个性化推荐系统,根据用户商品浏览历史、已购买商品等分析用户行为特征并为用户推荐感兴趣的商品。同时会根据新购买的商品实时更新用户画像并调整用户的推荐商品列表。短时间内大量订单流的涌入对推荐系统、管理系统等会产生巨大冲击。类似的系统除网络商城外,火车票订票系统也会产生同样的问题。在网上商城中商品之间互不影响,只要有库存即可销售,而在火车票订票系统中一张长途火车票可被拆分成多段短途火车票,长、短途票源会相互影响。总之,这类数据流具有突发性强、订单无序等特征,并且要求计算系统响应时间短。

此外还有大量其他类型的动态数据应用案例,包括金融数据、工业生产线实时数据、物联网传感器数据等,这类动态数据不同于常规静态数据,需要根据数据特点有针对性地设计算法以提高当前系统的计算能力。

一般情况下动态数据具有如下特点。

(1)实时性。许多动态大数据不仅是实时产生的,也要求实时(或接近实时)给出计算结果。系统要有快速响应能力,要求系统的数据处理能力能够赶上数据的产生速度,必须在新的数据到达前完成前一个数据的处理,超过有效时间后会持续产生数据积压,影响系统响应能力。

(2)突发性。由于数据源的不确定性,在不同时刻数据的流入速度会发生较大变化,例如 2020 年某网上"双十一购物狂欢节"订单峰值达每秒 58.3 万个,而在其他时间段订单流量显著低于峰值,在非节假日凌晨甚至趋于 0。这就要求系统有强大的数据流处理能力以应对极端峰值。同时在系统设计时也可以通过功能设计降低峰值,例如将不同商品的折扣时间错开能够有效错峰;在火车票订票平台,不同车次的放票时间错开,并且同一车次的票源分为不同的时间段销售能够有效降低此类数据流的突发性。

(3)易失性。由于数据量巨大及其价值随时间推移降低,要求系统具有快速响应能力,同时由于存储空间有限,大部分数据流并不会持久保存下来,系统对这些数据计算的次数是有限的(特殊情况下仅能扫描一次),计算完毕后立刻被放弃(或留存但在该计算中不再访问)。

（4）无序性。数据会持续不断产生并流入系统。在实际应用场景中，例如终端传感器信号采集，由于信号采集周期的差异、网络延迟、传播路径差异等，不同数据源的数据汇总后顺序是不确定的。同时也不可能等待数据全部就绪后根据时序进行计算，这就要求系统能够针对乱序的数据持久、稳定地运行，并随时修正相关错误，即要求系统具有一定的容错能力。

（5）多类性。一般指数据中类别的数量。在常规机器学习分类任务中，例如手写数字识别任务，先提前确定类别数量，然后设计算法对给定的手写体图片判断该图片所属的类别。一般在静态数据中可提前确定类别数量，而在数据流中很难提前确定类别总数。比如在基于视觉的自动驾驶任务中，算法需要根据摄像头拍摄的数据流确定前方是否有障碍物，障碍物的类别数量是不确定的。已知的行人、宠物等需要避让，而另外一些物品的形状和类别无法提前确定，例如大风扬起的树叶、飞起的纸张、行人扔来的石块等无法提前确定类别和风险。

（6）易变性。不同的数据流时间跨度差异巨大，可能导致数据的统计特征发生巨大变化，一般也称为动态数据的"分布漂移"。例如在网上商城中，统计不同年份、不同类别的服装销售详情会发现，不同年份流行的服装款式、设计等有较大的差别。进一步增大时间跨度，会发现购买服装的用户群体也有较大变化，不同群体、不同年代的消费者的习惯也会对统计特征产生较大影响。从统计的角度讲，"分布漂移"会引起数据概率密度的变化，有可能对数据决策产生重要影响。

（7）泛化性。在常规的计算任务中，一般会使用一部分标记数据(监督学习)。而针对数据流,由于数据时效性高,通常无法对数据进行实时标记,要求算法不仅能够准确处理已知的历史数据,对于新到达的未标注数据也能够进行较好的处理,这称为计算方法的泛化能力。

此外,动态数据中还有可能存在不可预知的噪声,例如地震、海啸等自然灾害影响,突发设备损坏、数据源行为突变等。不同应用场景下对动态数据的不同特征会有取舍,并有针对性地进行算法设计。

常规的动态数据处理包括数据聚类、数据分类、频繁项挖掘、异常检测、滑动窗口计算、概要数据结构挖掘、数据降维、数据预测、分布式计算等,由于篇幅有限,本章只涉及动态数据的计算问题,一般包含近似计算或者抽样计算,因此动态数据的计算结果一般具有概率近似正确的性质。由于计算过程和精度难以用传统算法的要求来衡量,需要有新的概念和评价标准,这就突破了传统算法的概念和理论。本章着重从概率近似正确计算(PAC 计算)的角度深入分析动态数据计算问题。

3.2　约简计算和概率近似正确计算

3.2.1　约简计算

为了提高动态数据计算速度一般使用约简算法,也称为约简计算(reduction computation)。这里的"约简"是相对静态数据计算而言的,在静态数据计算过程中,数据全部就绪,并且不限制数据扫描所花费的时间。约简算法一般是在经典算法的基础上进行改进使之能够适用于动态数据,并且适当放宽精度指标以降低算法计算复杂性。下面分别讨论数据约简和算法约简。

1. 数据约简

数据在计算之前一般需要进行预处理,将原始数据进行约简,一般而言,约简表示得到的数据集比原始数据小得多,但仍能近似保持原始数据的信息。因此在约简后的数据集上进行计算将更有效,计算结果也基本保持不变。数据的约简基于属性选择和数据采样来实现,主要包括特征归约、样本归约、离散归约。

1)特征归约

高维数据可能包含许多不相关的干扰信息,这显著降低了数据的计算性能,甚至一些在传统意义上表现良好的算法也不能处理大量冗余的高维数据,通常将此问题归因于"维数灾难"。提高数据计算质量的一个核心问题是寻求适当的特征表示,一般情况下应选择与计算问题背景密切相关的特征,以获得最佳的计算结果。具体实现时,从原有的自然特征中删除对计算问题不重要或与之不相关的特征,或者通过特征重组来减少特征的个数,常用方法有小波变换、主成分分析等,其核心思想是把原始数据从高维空间投影到低维空间,降低数据复杂性。其原则是在保留甚至提高数据原有计算性质的同时降低数据的维度,在特征归约中将与计算不相关、弱相关或冗余的属性删除。

2)样本归约

从数据集中选出一个有代表性的样本子集,类似于抽样计算的概念,这个过程称为样本归约。子集大小的确定要考虑计算成本、存储要求、计算精度以及其他一些与算法和数据特性有关的因素。输入计算模型的初始数据集通常规模庞大,在数据流情况下甚至不可完整遍历,对数据的分析只能基于样本子集。该子集可以反映整个数据集的信息,这个子集通常称为样本集,在其上进行计算的结果一般称为估计量,用于估计总体的计算结果,估计的准确度与抽样策略、样本质量等密切相关。抽样过程总会造成抽样偏差,抽样偏差对所有的方法和策略来讲都是固有的、不可避免的,当样本子集的规模变大时,抽样偏差一般会降低。样本归约具有计算速度快、成本低的优点,基本能够满足对全局计算结果的要求。

随机抽样是从总体数据中构建样本子集的最常用方法,一般考虑以下几种方法。

(1)增量抽样:样本子集逐步增大。

(2)平均抽样:多次抽样,对不同训练样本计算后进行汇总。

(3)分层抽样:将整个数据集分割为不相交的子集或层,然后在不同层分别独立抽样。

(4)逆抽样:如果数据集中的一个特征的某些值出现概率极小,也就是说即使样本子集很大,该特征出现频次也很低,那么就可选用逆抽样技术,对相关数据赋予不同的权重,以实现计算上的均衡。

(5)二次抽样:按照随机原则从总体数据中分两次抽取得到两个不同的样本集,并根据这两个样本集推断总体数据的抽样方式。一般来说,当第一个样本集代表性不全时,需要从总体数据中再抽取一些样本。两次抽样的方法和样本数量可以不同。例如,第一次采用系统抽样 100 个样本,第二次采用随机抽样 200 个样本,以实现消除样本偏差,提高样本子集的代表性。

3）离散归约

这种方法将连续型特征值离散化,使之分布在离散的区间上,每个区间映射为一个离散符号,从而简化数据描述。

离散归约的核心问题是为区间找出最好的断点,确定断点时需要考虑其他特征,在很多计算问题中,每个特征要进行独立测试,以便给出合适的区间划分。离散归约问题可表述为选择 k 个区间的优化问题:给出区间的数量 k,分配区间中的值。

离散归约可以是有参数的,也可以是无参数的。有参数的方法使用一个模型来表示数据,只需存放参数,而不需要存放实际数据;无参数的方法直接对数据进行离散化。离散归约有如下方法。

（1）离散回归:线性回归和多元回归。

（2）对数线性模型:近似离散多维概率分布。

（3）直方图:采用分箱近似数据分布。

（4）聚类:将数据划分为群或聚类,使得一个聚类中的数据是"类似"的,而与其他聚类中的数据差异较大,在离散归约时经常用数据的聚类标签代替实际数据。

上述四种离散归约方法并不是完全无关的,直方图和聚类一般是无参数的,本质上是用图表表示原始数据,在实际计算时,存储少量数据即可描绘原始数据的分布。而离散回归和对数线性模型是有参数的,一般使用模型来评估数据,在实际计算时,只存放参数而不存放实际数据。在具体使用数据约简时一般需要考虑计算成本、计算精度、数据归约导致的模型复杂性等因素。

　　吴恩达提出了二八定律:80%数据+20%模型=更好的人工智能。在进行大数据计算时,大量工作实际聚焦在数据预处理上。通过数据约简可大幅降低计算复杂性,提高模型性能。在实际工程中一般需要先对数据进行特征降维,即数据压缩,然后在压缩后的数据上执行特定任务的计算,甚至有学者认为数据压缩本身就是计算的一部分,计算的本质就是压缩[13]。在数据压缩中经典的方法包括主成分分析(PCA)、奇异值分解(singular value decomposition,SVD)、核方法等。主成分分析算法是最常用的线性降维方法,它通过线性投影将复杂的高维数据映射到低维空间上,要求投影后的低维空间正交,以实现使用较少的数据维度尽量保留数据的原始特征,使降维后信息量损失最小,详细可参考第1.4.2节。SVD在PCA的基础上进一步扩展,在酉空间中对矩阵数据进行分解,一般具有更优的性能。核方法通常在非线性空间中引入一个超平面对数据进行分类和降维。

　　近些年深度学习方法也被引入数据压缩领域,深度学习提高了数据压缩的效率,数据压缩也为深度学习提供了更精简的模型,二者相辅相成。与传统压缩方法相比,在基于深度学习的压缩方法中,模型参数是根据实际数据训练出来的,而传统方法是基于人工模型构建的,因此深度学习方法对数据具有更好的自适应性。当前各类主流神经网络模型均被应用到数据压缩中,包含随机神经网络(random neural network)、卷积神经网络(convolutional neural network,CNN)、循环神经网络(recurrent neural network,RNN)、生成对抗网络(generative adversarial network,GAN)、变分自编码器(variational autoencoder,VAE)等。详细可参考本章参考文献[14-16]。

2. 算法约简（近似算法）

除了数据特征层面的约简外，在算法层面，由于在一些大数据计算问题中，传统的最优算法或者因为计算复杂度高，或者因为难以实时化而无法实际应用，这时可将复杂算法约简为近似算法，使其计算结果与精确算法的结果尽量接近，但计算的复杂程度降低。

近似比是算法所求得的近似解与最优解之比，具体地讲，对于一个计算问题和一个输入实例 I，$opt(I)$ 表示实例 I 的最优解对应的值，$A(I)$ 表示算法 A 求出的近似解对应的值。近似算法 A 的近似比（性能比）定义为

$$r(A) = \sup_I \frac{A(I)}{opt(I)} \tag{3.1}$$

I 表示所有可能的实例，一般而言，对于任意一个算法 A，$|1-r(A)|$ 越小越好，即近似比越趋于 1 越好。

例如对于 0-1 背包问题，给定 n 个物品，物品价值分别为 $c_1, c_2, \cdots, c_n$，体积分别为 $s_1, s_2, \cdots, s_n$，背包容积为 S，假设所有物品体积和大于 S（如果小于 S 把所有物品放入背包即可）。设 $\boldsymbol{x} = (x_1, x_2, \cdots, x_n)$ 为问题的解向量，$x_i = 1$ 表示物品 i 放入背包，否则 $x_i = 0$。该问题实际上是求最大值

$$c(\boldsymbol{x}) = c_{i1} + c_{i2} + \cdots + c_{in}$$

满足 $s_{i1} + s_{i2} + \cdots + s_{in} \leqslant S$。

下面给出贪婪算法的基本思路。

（a）根据 c_i/s_i（单位价值）大小对所有物品按照递减顺序排序，不失一般性设 $\dfrac{c_1}{s_1} \geqslant \dfrac{c_2}{s_2} \geqslant \cdots \geqslant \dfrac{c_n}{s_n}$。

（b）求出最大指标 k，满足 $\displaystyle\sum_{i=1}^{k} s_i \leqslant S < \sum_{i=1}^{k+1} s_i$。

（c）输出 $c_G = \max \{c_{k+1}, \sum\limits_{i=1}^{k} c_i\}$。

接下来说明为什么最优解 opt 应满足

$$\sum_{i=1}^{k} c_i \leqslant opt < \sum_{i=1}^{k+1} c_i$$

证明如下。假如物品可以切割,那么将前 k 个物品装入背包后, 第 $k+1$ 个物品只需要装入一部分即可,如果装入其他物品可以通过 反证法证明会降低装入物品的性价比,因此所装入物品的价值总和 小于 $\sum\limits_{i=1}^{k+1} c_i$。如果物品可以分割,即 x_i 可以是 $[0,1]$ 之间的小数,那 么有

$$x_j = \begin{cases} 1, & j = 1,2,\cdots,k \\ \dfrac{S - \sum\limits_{i=1}^{k} s_i}{s_{k+1}}, & j = k+1 \\ 0, & j = k+2,\cdots,n \end{cases}$$

可得

$$opt \leqslant \sum_{i=1}^{k} c_i + \frac{c_{k+1}}{s_{k+1}}(S - \sum_{i=1}^{k} s_i) < \sum_{i=1}^{k+1} c_i$$

进一步计算算法性能为

$$c_G = \max \left\{c_{k+1}, \sum_{i=1}^{k} c_i\right\} \geqslant \frac{1}{2}\left(c_{k+1} + \sum_{i=1}^{k} c_i\right) = \frac{1}{2}\sum_{i=1}^{k+1} c_i > \frac{1}{2}opt$$

因此该算法的近似比为 $r(A) = \dfrac{opt}{c_G} < 2$。

如果想进一步提高算法的性能,需要设计更加复杂的算法,当 前针对 0-1 背包问题有可以实现任意近似比的近似算法,代价是增 加算法的时间和空间复杂度。而对于 NP 完全问题通常没有常数近 似比的算法,并且不同的问题设计近似算法的思路差异较大。因

此,针对实际问题的计算经常使用"启发式算法"。启发式算法的思路和近似算法类似,但启发式算法没有明确给出算法性能的近似比。

3. 动态数据的约简计算:概要数据结构

在动态数据计算过程中,当前数据到达后经常需要在下一批数据到达前计算完毕,任务时效性要求高。因此动态数据的算法往往无法使用全部数据,甚至对历史数据的扫描也有时间限制。同时为了保证计算结果的准确性,需要在内存中维护一个概要数据结构。概要数据结构的规模远小于接收数据,一般是分析历史数据后得出的计算模型或者关键样本数据。当用户请求到达后一般根据概要数据结构和当前输入计算相关结果,由于概要数据结构已经包含了相关历史数据信息,因此如果算法设计合理也能达到很高的计算精度。同时概要数据结构也会随着新到达的数据动态更新,并将更新结果保存到数据库中,如图 3.1 所示。

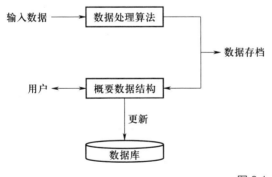

图 3.1　数据流计算处理模型

动态数据处理过程中的一个重要内容是概要数据结构设计。概要数据结构设计应用场景广泛,包括近似查询估计、近似连接估计、计算聚合信息等,一般采用的方法包括抽样、直方图、小波、草图等。数据抽样希望用少量样本体现数据的整体特征,详细内容参考第一章中相关数学基础知识及本章和第四章中样本复杂性内容。

直方图按照一定规则将数据划分为小数据集,并通过对每个小数据集的特征分析来刻画大数据集的特征轮廓。例如,常用的等宽直方图是把数据离散成相等的桶,然后分别在桶上统计特征。每个桶有计数的上界和下界,当新的数据到达时寻找该数据所属的桶并增加其高度,如果桶的高度超过上界就进行桶拆分,反之如果相邻的桶低于下界就进行合并操作。等宽桶便于地统计数据流的分位点。此外还有压缩直方图、指数直方图、小波直方图等。

草图利用概要数据结构对数据的统计特征进行估计。当要判断频繁项、基数、新数据在集合中是否存在等问题时,可利用草图对动态数据进行近似计算,从而降低存储开销、提高响应速度。常用的草图有计数草图(count-min sketch)、布隆过滤器(Bloom filter)、哈希草图(hash sketch)等。

计数草图的目的是统计动态数据中某元素的出现频次,由于动态数据不同元素的数量较大,如果进行精确统计则需要占用较大内存空间。计数草图的核心思想是创建长度为 m 的计数器数组 $map[m]$,当一个新的数据到达时,利用哈希函数将数据映射到 $[0 \sim m-1]$ 之间,并将对应位置的计数值加 1。在哈希函数映射过程中,由于冲突同一位置的计数器可能被多个不同的数据元素映射,导致估计偏差可能较大。一种改进的方式是创建多个计数器数组,在查询计数器的时候,对多个数组的对应位置取值最小的一个元素。

布隆过滤器需要判断一个新到达的元素是否曾经被访问过。在精确计算方法中,如果数据集的规模为 n,需要创建长度为 n 的数组记录。由于动态数据的个数不可预测,这种方案可能出现不可预测的结果。布隆过滤器采用远小于数据集规模的内存空间进行判定。具体来说,布隆过滤器首先创建大小为 m 的位图(bitmap),每一位初始化为 0 表示原数未被访问过,如果被访问过则置 1。同时初始化 k 个相互独立的哈希函数,每个哈希函数都能将数据集映射到 $[0\cdots m]$ 上。对于一个新到达的元素,利用哈希函数进行计算得到 k 个 $[1\cdots m]$ 之间的数,并将这 k 个槽位中的对应位置 1。当待检测的元素对应的 k 个哈希映射位置全部为 1 时表明这个数据曾经被访问过。假设哈希函数映射近似均匀分布,不同的哈希函数无相关性。对于任何一个数据经过哈希函数映射后,随机选择一个槽位没有被置 1 的概率为 $1-\dfrac{1}{m}$,经过 k 个哈希函数映射后同一个位置没有被置 1 的概率为 $\left(1-\dfrac{1}{m}\right)^{k}$。如果插入 n 个元素后同一个位置没有被置 1 的概率为 $\left(1-\dfrac{1}{m}\right)^{kn}$,被置 1 的概率为 $1-\left(1-\dfrac{1}{m}\right)^{kn}$。在查询某一个数据时错误判断(没有被访问过但 k 个对应的位全部被置 1)的概率为

$$p_{\text{error}}=\left(1-\left(1-\frac{1}{m}\right)^{kn}\right)^{k}\approx(1-e^{-\frac{nk}{m}})^{k}$$

因此在设计布隆过滤器时需要根据动态数据的特点设置合理的位图大小 m。

哈希草图用于判断动态数据中不同元素的个数 m。其基本思想是假设在一个整数集中取值为 2^{K} 的数对应的二进制数尾部有 K 个 0,将一个规模为 n 的数据集映射到 $[1\cdots\log n]$ 数组中,并且映射到位置 i 的概率为 $1/2^{i}$。假设数据集中不同元素的个数为 m,并且哈

希函数完全随机,那么恰好有 $m/2^i$ 个不同的元素映射到 i,则只需要记录全为 0 的尾部出现的位置,并且记录不为 0 的最大值 R。由于计算和推导复杂,这里直接给出 K 的期望值为 $E(K) \approx \log_2(\varphi m)$,其中 $\varphi \approx 0.773\,51$ 为常数,K 的方差为 $\sigma(K) \approx 1.12$。在此基础上,动态数据中不同元素的个数估计为 $m = 2^K$。

上面说的概要数据结构设计是动态数据计算的一个方面,通过算法、数据、特征的约简,可使计算在一个较小的范围内进行,在一定程度上避免了因算法复杂、数据多以及特征冗余引发的计算成本无法承受的问题。数据流的这一计算思路可以通过抽样计算实现,用局部数据的计算来估计整体的结果,这就是本章下面要介绍的"概率近似正确"方法。

3.2.2 概率近似正确计算

1. 概率近似正确计算的定义

对于任意给定的输入,经典的算法能够无差错地给出问题的解。而在现实生活中,解决问题的思路更多地要从经验角度去探讨,例如小孩认为红色的苹果是可以吃的,如果给了一个红色辣椒,基于红色苹果的推断辣椒也可以吃,小孩尝试吃辣椒并且判断这个东西不能吃,继而判定类似于苹果形状的红色东西可以吃,类似于辣椒形状的红色东西不能吃,以后遇到红色的新鲜事物会根据这个准则进行判断,这个判断标准在多数情况下正确,但也有失效的可能。从本质上说,根据经验进行的判断不是完全准确的,并且在不同的场景下置信度差异较大。而数据流的计算模式更加符合人类对事物的认识过程,人类持续从外界接收信息,对局部数据经过短时间的估计即可给出一个近似解,并且这个近似解一般具有较高的置信度。因此对于经典的计算问题有必要从置信度和误差的角度来分析其计算能力。

概率近似正确(PAC)算法的定义是:给定问题 τ,如果存在算法 A,对于任意的 $0<\varepsilon,\lambda<1$,满足

$$P[E_A(A(x),F(x))\leqslant\varepsilon]>\lambda \tag{3.2}$$

则称 A 为 τ 的 PAC 算法,其中 $A(x),F(x)$ 分别表示 A 的计算结果和问题的实际结果,x 是数据,可以是元素、向量或者集合,$E_A(A(x),F(x))$ 表示计算误差,需要根据实际问题具体定义。对于离散值函数 $F(x)\in\{a_1,a_2,\cdots,a_m\}$,误差定义为 $E_A=P[A(x)\neq F(x)\mid x\in D]$,即计算结果 $A(x)$ 与实际结果 $F(x)$ 不一致的概率。对于连续值函数 $F(x)\in R$,则误差定义为 $E_A=|A(x)-F(x)|$,即计算结果 $A(x)$ 与实际结果 $F(x)$ 偏差的绝对值。参数 (ε,δ) 称为 A 的求解精度(简称精度)。

以上定义包含两方面的信息:ε 表示 PAC 算法误差,描述了算法 A 逼近实际解的近似程度;λ 表示置信度,描述了算法 A 的误差小于 ε 概率。这里要求对于任意的 $0<\varepsilon,\lambda<1$,都具有求解精度为 (ε,λ) 的算法。当然,并不是对任意数据和任意问题都能有 PAC 算法。

以数据流最大值问题为例,设 S 是一个数据流集合,$S=\{x_i\mid i=1,2,\cdots\}$,$x_i$ 是在时刻 i 流入的数据,$x_i\in[0,1]$。由于 S 过于庞大,不可能对所有数据进行存储和分析,因此需要采取抽样的方法来估计 S 中的最大值,并对估计的误差和置信度进行分析。

对于单个排序器,用 N 个随机样本中的最大数据 d 代替当前数据集 S 中的最大数据,使误差不超过 ε,且置信度不小于 λ,则 ε、λ、N 三者之间满足:

$$N+1 \geq \log(1-\lambda)/\log(1-\varepsilon)$$

下面给出简要证明过程。

证明:从 S 中随机抽取 N 个数据,其中最大者为 d。设 S 中小于 d 的元素占比 u 满足

$$1-\varepsilon < u \leq 1$$

即 d 是最大数据的概率为 u。在抽样结果(事件 A)已经发生的前提下,有

$$Pr(0 \leq u \leq 1-\varepsilon \mid A) = (1-\varepsilon)^{N+1}$$

具体推导如下。

$$
\begin{aligned}
Pr(0 \leq u \leq 1-\varepsilon \mid A) &= Pr(A \mid 0 \leq u \leq 1-\varepsilon)\, Pr(0 \leq u \leq 1-\varepsilon)/Pr(A) \\
&= \left(\frac{1}{1-\varepsilon} \int_0^{1-\varepsilon} u^N \mathrm{d}u \right)(1-\varepsilon) \Big/ \int_0^1 u^N \mathrm{d}u \\
&= (1-\varepsilon)^{N+1}
\end{aligned}
$$

这里利用了贝叶斯公式、全概率公式,并且假定 u 是均匀分布。

令 $(1-\varepsilon)^{N+1} \leq 1-\lambda$,即

$$N+1 \geq \log(1-\lambda)/\log(1-\varepsilon)$$

则

$$Pr(u > 1-\varepsilon \mid A) = 1 - Pr(0 \leq u \leq 1-\varepsilon \mid A) \geq \lambda$$

根据公式可以看出,当样本数量不变时,误差 ε 越小,置信度 λ 就会越小。当误差不变时,样本个数越大,置信度越大。在置信度不变的情况下,样本个数越多,误差越小。

(1)由于对数的出现,对 N 的要求并不高。例如置信度取

0.95,误差取 0.05,则需要抽样的个数不超过 60。如果置信度取 0.99,误差取 0.01,则需要抽样的个数不超过 460。这在一定程度上属于小数据计算。

（2）这个过程可以持续进行,一个排序结果输出后,进入下一个排序阶段,如果新的 d 大于原来的 d,则替换,否则不替换,这样就随着数据的流动求得了整个数据流的最大值。

接下来再考虑产品质量检测问题。在检测某一产品质量时,假设产品加工尺寸 x 的分布服从密度函数 $P(x)$,将尺寸大于 a 的商品视为不合格产品,对于一个随机抽取的产品,如何计算其不合格的概率 $P(Z \geq a)$。

首先分析此类产品的尺寸期望

$$E[Z] = \int_0^\infty xP(x)\,\mathrm{d}x = \int_{x=0}^\infty P(Z \geq x)\,\mathrm{d}x$$

那么有

$$E[Z] \geq \int_{x=0}^a P(Z \geq x)\,\mathrm{d}x \geq \int_{x=0}^a P(Z \geq a)\,\mathrm{d}x = aP(Z \geq a)$$

令 $\mu = E[Z]$,根据马尔可夫不等式

$$P(Z \geq a) \leq \frac{\mu}{a} \qquad (3.3)$$

其中 a 为误差边界,$P(Z \geq a)$ 是一个随机抽取产品不合格的概率（可认为是衡量产品可靠性的依据）。考虑一个特殊的情况 $a = k\mu$,此时

$$P(Z \geq a) \leq \frac{1}{k}$$

$P(Z \geq a)$ 的上界可以通过上式计算,此外也可计算 $P(Z \geq a)$ 的下界。为方便起见,令随机变量 Z 的取值范围为 $[0,1]$。构造一个新

的变量 $Y=1-Z$，由于 $Z\in[0,1]$，$Y\in[0,1]$，有 $E[Y]=1-E[Z]$。

代入前式可得

$$P(Y\geq a)=P(1-Z\geq a)\leq\frac{1-\mu}{a}$$

化简后有

$$P(Z\geq 1-a)\leq\frac{a+\mu-1}{a} \tag{3.4}$$

因此有 $\frac{\mu-a}{1-a}\leq P(Z\geq a)\leq\frac{\mu}{a}$。

如果在产品质量检测时希望所有产品质量在平均值附近变动，计算一个随机抽取产品不合格的概率（切比雪夫不等式）

$$P[\,|Z-E[Z]|\geq\varepsilon]\leq\frac{\delta^2}{\varepsilon^2} \tag{3.5}$$

其中 δ^2 为产品方差。

前面讨论了一组随机变量求和后偏差与置信度的关系。在统计中还有一大类问题是计算一组随机变量的均值，接下来讨论这类情况下的误差和置信度。令 $Z_1,Z_2,\cdots,Z_m$ 为一组独立同分布随机变量，$a<Z_i<b$，$\bar{Z}=\frac{1}{m}\sum_{i=1}^{m}Z_i$，$E[\bar{Z}]=\mu$。下面分析均值的偏差和置信度 $P(|\bar{Z}-\mu|\geq\varepsilon)$。

首先构造变量 $X_i=Z_i-E[Z_i]$ 和 $\bar{X}=\frac{1}{m}\sum_i X_i$，利用马尔可夫不等式可得

$$P(\bar{X}\geq\varepsilon)=P(e^{\lambda\bar{X}}\geq e^{\lambda\varepsilon})\leq e^{\lambda\varepsilon}E[e^{\lambda\bar{X}}]=e^{\lambda\varepsilon}\prod_i E[e^{\lambda X_i/m}]$$

这里 λ 表示为任意大于 0 的实数。由于 $y(x)=e^{\lambda x}$ 是凸函数，可知 $e^{\lambda x}\leq\alpha y(a)+(1-\alpha)y(b)$，构造 $\alpha=\frac{b-x}{b-a}$，代入 $E[e^{\lambda X_i}]$ 有

$$E[e^{\lambda X_i}] \leqslant \frac{b-E[X_i]}{b-a}e^{\lambda a} + \frac{E[X_i]-a}{b-a}e^{\lambda b} = \frac{b}{b-a}e^{\lambda a} - \frac{a}{b-a}e^{\lambda b}$$

根据不等式

$$\frac{b}{b-a}e^{\lambda a} - \frac{a}{b-a}e^{\lambda b} \leqslant e^{\frac{\lambda^2(b-a)^2}{8}}$$

因此有

$$P(\bar{X} \geqslant \varepsilon) \leqslant e^{\lambda \varepsilon} \prod_i E\left[e^{\frac{\lambda X_i}{m}}\right]$$

$$\leqslant e^{\lambda \varepsilon} \prod_i e^{\frac{\lambda^2(b-a)^2}{8m^2}}$$

$$= e^{-\lambda \varepsilon + \frac{\lambda^2(b-a)^2}{8}}$$

将 $\lambda = 4m\varepsilon / (b-a)^2$ 代入上面不等式可得

$$P(\bar{X} \geqslant \varepsilon) \leqslant e^{-\frac{2m\varepsilon^2}{(b-a)^2}}$$

如果构造变量 $X_i' = -X_i$,同理可得

$$P(\bar{X} \leqslant \varepsilon) \leqslant e^{-\frac{2m\varepsilon^2}{(b-a)^2}}$$

因此可得不等式(霍夫丁不等式)

$$P\left(\left|\frac{1}{m}\sum_{i=1}^{m} Z_i - \mu\right| \geqslant \varepsilon\right) \leqslant 2e^{-\frac{2m\varepsilon^2}{(b-a)^2}} \qquad (3.6)$$

根据霍夫丁不等式,对于一组独立同分布的随机数,当误差设置为 ε、置信度设置为 λ 时所需的样本数最小为

$$m \geqslant -\frac{(b-a)^2 \ln\dfrac{1-\lambda}{2}}{2\varepsilon^2} \qquad (3.7)$$

在上面所举的计算数据流最大的例子中,当置信度为 0.95、误差取 0.05 时,所需最小样本数量为 149。当置信度为 0.99、误差取 0.01 时,所需最小样本数量为 3 516。因此从统计的角度讲,在实施

数据流计算时,如果仅仅对数据特征进行统计,在满足数据独立同分布的前提下,仅仅对少量数据统计后即可满足给定的误差和置信度。

2. 二分类问题的概率近似正确计算

机器学习是典型的 PAC 方法,机器学习通常根据少量训练数据得到一个计算模型,希望模型在未知的数据上也具有较好的泛化能力。前面通过动态数据最大值和产品质量检测对概率近似正确计算有了基本的了解。PAC 基本流程如下。

(1)输入:

① 定义域:所有可能出现的输入样例集合 x。集合 x 中的每个元素可称为一个实例,集合 x 一般也被称为样本空间。在一般的机器学习问题中,每一个实例可用一个向量表示。

② 值域:所有样本对应的标签集合 y。在 0 - 1 分类问题中 $y \in \{0, 1\}$。

③ 训练数据:根据一定的规则,从 $x \times y$ 中抽取的有限个样本序列 $S = ((x_1, y_1), (x_2, y_2), \cdots, (x_m, y_m))$,称为训练集。

④ 测试数据:根据一定的规则,从总体数据中独立同分布抽取的数据,用于检验训练的结果,一般来说,测试数据与训练数据是分别抽取的。

⑤ 验证数据:根据一定的规则,从总体数据中独立同分布抽取的数据,用于检验训练的结果。它和测试数据的差异在于,验证数据在模型学习时可用于验证模型优劣,而测试数据仅用于确定模型后检验其性能。

(2)输出:这里要求输出是一个判断规则 $h: x \rightarrow y$,希望对未知数据能准确预测其标签,通常 h 也称为预测器,或称为假设

（hypothesis）、分类器。例如,常见的 0-1 分类问题中利用训练集获得一个线性分类器,该线性分类器即为判定规则,可用作未知数据的分类依据。

（3）数据生成模型:假设真实数据是依据一些隐含的规则生成的。即数据通过一个未知的概率分布 D 获得,并且假设所有样本通过一个标记函数确定标签 $f:x \to y$,数据由概率分布 D 获取后通过函数 f 进行标记,对于所有的样本 x_i 都有 $y_i = f(x_i)$。注意,学习器输出一个判断规则,能够准确预测样本标签,在数据生成模型中标签生成函数 f 对于学习器是未知的,要求学习器输出的 h 越趋于 f 越好。机器学习在计算 h 时,一般从给定的候选空间中选择一个合适的 h,常用的候选空间中包含多项式空间、支持向量机表达的空间、神经网络表示的函数空间等。

（4）评价标准:在分类问题中定义错误率（真实误差）为它对于给定的数据生成模型不能准确预测其标签的概率。形式化描述如下:假设训练集服从 D 的概率分布,$x \sim D$,对于一个随机样本,学习器获得的分类函数 h 对应的分类结果和真正的标记函数 f 输出结果不相同的概率

$$L_{D,f}(h) = P_{x \sim D}[h(x) \neq f(x)] = D(\{x:h(x) \neq f(x)\}) \quad (3.8)$$

注意,错误率和数据生成模型 D 密切相关,只有在已知数据生成模型的情况下才可以准确计算错误率。由于数据生成模型中概率分布函数 D 和标记函数 f 是未知的,对于给定的一组训练数据不可能直接计算错误率,一般学习器（包括典型的线性分类器、支持向量机、深度神经网络等）只能根据训练集数据进行拟合,由于训练集数据带有标签信息,这里定义训练误差为

$$L_S(h) = \frac{|\{h(x_i) \neq f(x_i), i \in [m]\}|}{m} \qquad (3.9)$$

其中 $[m] = \{1, 2, \cdots, m\}$ 表示训练样本编号。此外,在机器学习中还需要定义测试集,测试集的测试误差和训练误差的定义相同,机器仅根据训练集计算函数 h,然后在测试集上测试误差,通过测试集能够较好地避免过拟合问题,提高模型泛化能力。

注意,训练误差和真实误差不完全相等,对于给定的概率分布 D,训练数据是概率分布 D 的一组抽样,训练数据是否能够完全(或者近似)表示 D 需要详细分析。在一些文献中,训练数据也称为经验数据,训练误差也称为经验风险,学习器一般只能够最小化经验风险 $L_S(h)$,也称为经验风险最小化(empirical risk minimization,ERM)。

考虑一个极端情况,学习器在经验风险最小化计算过程中把训练集中出现的所有样本正确标记后,此时分类函数 h 对于训练集中的每一个样本均能正确分类,训练误差 $L_S(h) = 0$。然而由于学习器学习到的函数未必是正确的函数,因此对于一个新的数据,学习器也不能保证准确对其进行分类,这就是所谓的过拟合问题。过拟合是指模型在训练集上表现得很好,但对未知数据的预测表现一般,泛化能力较差。实际上在当前的一大类非数值计算问题中过拟合问题尤为突出。

在过拟合过程中,学习器实际上根据训练集学习到了一些高度复杂的分类函数 h,并且理论上满足训练误差 $L_S(h) = 0$,但机器的候选空间规模巨大,不利于学习器的设计。为此,可人工缩小学习器的搜索空间,定义假设 h 属于一个给定的集合,$h \in H$,其中 H 为候选函数集合,并且 H 中元素有限。通过限制 h 的搜索空间能够有效地避免过拟合问题。但限制 h 的搜索空间有可能导致学习器难以获得最优解。为此做如下定义：

定义 3.1　可实现性假设　假定存在 $h^* \in H$，使得 $L_{D,f}(h^*) = 0$。也就是说，对于从任意样本分布 D 中生成的训练集合 S，若 $L_S(h^*) = 0$ 成立，则说搜索空间中已包含最优解。

接下来给出一个推论：

推论 3.1　对于任意数 $\lambda, \varepsilon \in (0, 1)$，给定假设集合 H，数据生成模型中的概率分布 D 和标签函数 f，那么对于任意给定的规模为 m 的样本集，$m \geqslant \dfrac{\log(|H|/1-\lambda)}{\varepsilon}$，有 λ 的置信度可以通过样本学习到的一个合理的假设 h_S，满足 $L_{D,f}(h_S) \leqslant \varepsilon$。

可实现性假设直观、易懂，学习的核心是从假设空间中找到一个最优的分类函数，下面给出推论的简要证明。

证明：学习器通过训练集合 S 计算出一个假设，标记为 h_S。h_S 和理论最优解 h^* 可能不同。实际上对于一个给定的 S 可能有多个假设 h 可使经验风险最小。因此，有

$$h_S \in \underset{h \in H}{\arg\min}\, L_S(h)$$

训练集合由根据概率分布 D 独立同分布抽取的 m 个样本组成。一般情况下希望 h_S 在未知数据上也具有较高的预测准确度。形式化描述为，学习器计算出假设 h_S，误差不超过 ε 的置信度大于 λ，即

$$P(L_{D,f}(h_S) \leqslant \varepsilon) > \lambda$$

在已获取 h_S 的条件下，根据概率分布重新抽取 m 个样本，现在定义并计算 h_S 在这样一组新的样本集中的经验误差大于 ε 的概率为

$$D^m(\{S|_x : L_{D,f}(h_S) > \varepsilon\})$$

其中 $D^m(\ )$ 表示 m 个样本满足给定条件的概率分布。令 H_B 表示概率分布 D 条件下误差大于 ε 的假设,即

$$H_B = \{h \in H : L_{D,f}(h) > \varepsilon\}$$

实际上我们仅关心学习器在训练集中学习到的不合理假设 h_S,这些不合理的假设 h_S 经验误差最小但泛化能力差。这里定义集合 M 表示此类不合理的假设对应的样本集,有

$$M = \{S|_x : \exists h \in H_B, L_S(h) = 0\}$$

不合理的假设 h_S 在集合 M 中的数据上也可以获得很低的经验误差。

如果将重新抽样的 m 个数据作为样本集,在这个集合上经验风险误差大于 ε,即

$$\{S|_x : L_{D,f}(h_S) > \varepsilon\} \subseteq M$$

也就是说 M 等价于

$$M = \bigcup_{h \in H_B} \{S|_x : L_S(h) = 0\}$$

这里利用集合的一个性质,对于一个给定的概率分布 D,有 $D(A \cup B) \leq D(A) + D(B)$,进一步可推断

$$D^m(\{S|_x : L_{D,f}(h_S) > \varepsilon\}) \leq D^m(M) = D^m(\bigcup_{h \in H_B} \{S|_x : L_S(h) = 0\})$$

$$\leq \sum_{h \in H_B} D^m(\{S|_x : L_S(h) = 0\})$$

注意 $L_S(h) = 0$,对于集合 S 中的任意一个元素要求预测标签和真实标签相同,即

$$D^m(\{S|_x : L_S(h) = 0\}) = D^m(\{S|_x : \forall i, h(x_i) = f(x_i)\})$$

$$= \prod_{i=1}^{m} D(\{S|_x : \forall i, h(x_i) = f(x_i)\})$$

对于单个样本

$$D(\{x_i : h(x_i) = f(x_i)\}) = 1 - L_{D,f}(h) \leqslant 1 - \varepsilon \leqslant e^{-\varepsilon}$$

可知

$$D^m(\{S|_x : L_S(h) = 0\}) \leqslant e^{-m\varepsilon}$$

进一步有

$$D^m(\{S|_x : L_{D,f}(h_S) > \varepsilon\}) \leqslant |H_B| e^{-m\varepsilon} \leqslant |H| e^{-m\varepsilon}$$

因此可得出上述推论。

基于推论 3.1 可定义概率近似正确学习。

定义 3.2 概率近似正确学习(probably approximately correct learning) 给定两个数 $0 < \varepsilon, \lambda < 1$,对于定义域 x 上的任意概率分布 D 以及标签函数 $f : x \to \{0,1\}$,同时给定一个假设集合 H,并且假定最优假设属于 H(可实现性假设)。如果存在一个函数 $m_H : (0,1)^2 \to \mathbf{N}$ 以及一个学习器,对于任意的规模大于 $m_H(\varepsilon, \lambda)$ 的训练集 S(即 $|S| \geqslant m_H(\varepsilon, \lambda)$),该学习器能够学习到一个假设 h,该假设 h 能够以至少 λ 的置信度保证误差 $L_{D,f}(h) \leqslant \varepsilon$。这里 $m_H(\varepsilon, \lambda)$ 表示训练集样本的个数仅和 ε, λ 相关。

根据推论 3.1 可知,对于给定的数据集合和标签函数 $f : X \to \{0,1\}$,以及学习机器 M,如果假设集合 H 是可实现的,则分类问题是可以概率近似正确学习的。

举例说明,在著名的手写体识别问题中,对于给定的一个图片(图片内容为 $0, 1, 2, \cdots, 9$ 的手写体字符),要求计算机辨别真实的字符。手写体识别实际上是一个多分类任务,输入数据的定义域是图片矩阵数据,例如 MNIST 手写体数据是 28×28 矩阵数据,值域为有限整数集合 $\{0, 1, 2, \cdots, 9\}$,训练数据为从定义域中抽取的数据(真实的数据是否满足独立同分布难以验证,一般假定可以满足),

评价标准为在测试集上测试的准确度。问题的关键是如何设计分类器使其能够对样本数据做出正确分类。当前,支持向量机、多层感知机、卷积神经网络等多种方法均可应用于分类器设计,在设计分类器时一般通过梯度下降(或者改进方法)的方法进行优化,并且认为模型结果能够收敛到最优(局部最优或者全局最优)的分类函数。在这个过程中,优化的本质上是对假设空间 H 进行搜索。注意,支持向量机、多层感知机、卷积神经网络等模型可以具有非常庞大的假设空间,在过于庞大的假设空间中搜索有可能导致收敛速度过于缓慢,而样本数量过小有可能带来过拟合问题,为此定义 3.2 根据假设空间给出了概率近似正确学习所需要的样本数量。

在绝大多数实际问题中,最优分类函数(最优解)是否包含在给定的假设空间中是未知的,甚至在极端条件下最优分类函数的特征也未知,如图 3.2 所示根据训练集可以学习到的所有假设集合为 H,如果最优分类函数不属于预先定义的假设集合 H,此时学习器只能在给定的假设空间中找到一个使得经验误差最小的分类,基于此可定义广义的概率近似正确学习。

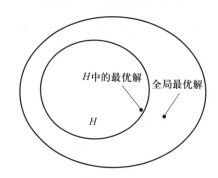

图 3.2　全局最优解(最优分类函数)
　　　　未被包含在假设空间中

定义 3.3 不可知概率近似正确学习（agnostic probably approximately correct learning） 给定两个数 $0<\varepsilon,\lambda<1$，对于 $x\times y$ 上的任意概率分布 D 以及一个假设集合 H。如果一个学习器，该学习器能够从 $m_H(\varepsilon,\lambda)$ 个训练样本中学习到一个假设 h，该假设 h 以大于 λ 的置信度保证误差不大于 ε，即

$$L_D(h)\leq\min_{h'}L_D(h')+\varepsilon \tag{3.10}$$

这里 $m_H(\varepsilon,\lambda)$ 表示训练集样本个数仅和 ε,λ 相关。

对比定义 3.2，定义 3.3 没有最优性假设，即不要求假设集合 H 包含最优解，也就是说集合 H 是否包含最优解是不可知的。如果包含最优解，定义 3.3 退化为定义 3.2，如果不包含最优解，此时学习器不能获得误差最小的解，但可以保证返回的分类函数 h 性能在 H 中不劣于其他函数。

接下来讨论概率近似正确计算和传统概率算法的差异。传统概率算法的结果总是正确的（即误差为零），但仅有一定的概率保证结果正确（称为置信度）。传统算法中也有近似算法，即计算结果满足事先规定的误差。PAC 计算进一步融合了两种算法，不仅计算结果是近似的，连这种近似性都是以一定概率存在的，因此称为概率近似正确算法。PAC 算法在精度和置信度两个方面做了妥协，带来的好处是计算成本（时间、空间、通信）大大降低。PAC 计算是 1984 年由瓦利安特（Valiant）在研究机器学习理论时提出的，采用这个观点，他令人信服地解释了机器学习的目标和评估标准，同时也建立了相应的机器学习复杂性框架。从此以后，机器学习理论在 PAC 框架下取得许多进展，成为描述机器学习和人工智能研究的重要方法和理论。例如 k-DNF 和 k-CNF 是可学习的，而一般情况还不知道。

PAC 学习与密码学也有很多联系,瓦利安特等早期在这方面做了一些工作。关于神经网络的可学习性更是有丰富的成果,尽管 PAC 框架取得了很大成功,但是在一些基本计算问题上,那些困扰图灵计算的典型问题依然也困扰着 PAC 计算。PAC 计算是否可以作为令人满意的机器学习的基础理论,目前尚不清楚。

3. 广义的概率近似正确计算

前面介绍的概率近似正确计算属于 0-1 分类问题,现在将概率近似正确计算扩展到其他类型的计算问题。

如果将数据分为多个类别,则称为多分类问题,0-1 分类问题是多分类问题的一种特殊情况。以 MNIST 手写数字识别问题为例,该问题需要将手写体数字图片转换成计算机能够理解的数值,目标分类共 10 个类别(数值 $0,1,2,\cdots,9$)。针对多分类问题,经验误差和 0-1 分类问题的经验误差相同,因此针对 0-1 分类问题的结论在多分类情况下也成立。

在数据拟合计算问题中,一般要求计算自变量 x 和因变量 y 具有相互关系。在计算过程中给定训练集 $S = ((x_1,y_1),(x_2,y_2),\cdots,(x_m,y_m))$,其中 x_i 用向量表示,y_i 一般为数值,也可以为向量。例如,在科学研究中观测到一组带有噪声的试验数据,要求对数据进行多项式拟合。假定观测数据带有高斯白噪声,在给定拟合的多项式阶数后一般要求拟合的多项式与观测数据最小均方误差期望最小,因此定义损失函数为最小均方误差

$$L_D(h) = E_{(x,y)\sim D}(h(x)-y)^2 \qquad (3.11)$$

针对拟合问题的分析,应该用最小方差误差替换分类问题中的误差函数,相关结论仍然成立。

实际上除最小方差误差外,非数值计算也可采用其他类型的误差函数,这里定义广义的误差函数为 $l: H \times Z \to \mathbf{R}_+$,其中 H 为前文的假设集合,$Z = x \times y$,误差函数一般也称为损失函数。基于损失函数,在数据生成模型的概率分布为 D 时,0-1 分类问题的错误率(真实误差)推广为

$$L_D(h) = E_{z \sim D} l(h, z) \tag{3.12}$$

这里真实误差实际上表示数据概率分布为 D 时误差的期望。

对于给定的一个训练集 S,集合 S 元素个数为 m,训练误差为

$$L_S(h) = \frac{1}{m} \sum_{i=1}^{m} l(h, z_i) \tag{3.13}$$

接下来根据损失函数重新定义概率近似正确学习,可将前面二分类问题扩展到任意学习任务中。

定义 3.4 广义概率近似正确计算 给定两个数 $0 < \varepsilon, \lambda < 1$,对于 $Z = x \times y$ 上的任意概率分布 D 以及一个假设集合 H,令损失函数为 $l: H \times Z \to \mathbf{R}_+$,如果存在一个学习器,该学习器能够通过 $m_H(\varepsilon, \lambda)$ 个训练样本学习到一个假设 h,h 能够以大于 λ 的置信度保证误差不大于 ε,即

$$L_D(h) \leq \min_{h'} L_D(h') + \varepsilon \tag{3.14}$$

这里 $L_D(h) = E_{z \sim D} l(h, z)$。

前面的 0-1 分类问题实际上是广义概率近似正确学习的一种特殊情况,如果令

$$l(h, (x, y)) = \begin{cases} 0, & h(x) = y \\ 1, & h(x) \neq y \end{cases}$$

则广义概率近似正确学习退化为 0-1 分类问题。

而在数据拟合问题中损失函数定义为

$$l(h,(x,y)) = (h(x)-y)^2$$

因此通过设置合适的损失函数,概率近似正确学习适用于各类不同的计算任务。注意,在许多动态数据计算问题中,由于不可能把所有的数据都拿来进行计算,只能抽取一部分样本进行计算,因此可以通过概率近似正确学习分析计算的准确性和置信度。

4. 概率近似正确计算中验证集的价值

在 PAC 计算中一般引入验证集来测试模型是否过拟合。基本思路是在训练集上采用合适的计算模型从假设空间中选取经验误差最小的假设,每选定一个假设就用验证集分析该假设是否过拟合。

根据概率近似正确理论的分析,直接有如下结论。

定理 3.1 给定假设空间 $H = \{h_1, h_2, \cdots, h_r\}$,数据域 x 以及其上的概率分布 D,考虑 0-1 分类问题,训练集 S 和测试集 V 按照概率分布 D 从 $x \times y$ 独立随机抽样,每个样本对应的标签值 y 由标签函数 f 生成,其中 $y = \{\pm 1\}$,标签函数 f 未知。假定训练集 S 包含 m 个元素,测试集 V 包含 m_v 个元素。现在需要从假设空间中选择一个假设,希望其在概率分布 D 上的误差最小。那么真实误差和验证集 V 上经验误差满足

$$\forall h \in H, |L_D(h) - L_V(h)| \leqslant \sqrt{\frac{\log(2/1-\lambda)}{2m_v}} \qquad (3.15)$$

根据样本复杂性理论分析,当假设空间 H 的 VC 维为 d 时(VC 介绍见 3.2.3 节),真实误差满足

$$L_D(h) \leqslant L_S(h) + \sqrt{C \frac{d+\log(1/1-\lambda)}{m}} \qquad (3.16)$$

其中 C 是一个正常数。当假设空间的 VC 维很大时,即使经验误差

$L_s(h)$ 很小,真实误差也可能很大。而根据验证集有

$$L_D(h) \leqslant L_V(h) + \sqrt{\frac{\log(2/1-\lambda)}{2m_v}} \tag{3.17}$$

如果选择的假设 h 在验证集上误差小,当验证集的样本数量 m_v 足够大时可以保证真实误差 $L_D(h)$ 很小。

进一步,当选择的假设为 h_s,将真实误差分解为

$$L_D(h_s) = (L_D(h_s) - L_V(h_s)) + (L_V(h_s) - L_S(h_s)) + L_S(h_s) \tag{3.18}$$

可知训练集上经验误差最小的 h_s 的真实误差由三部分决定,右边第一项是真实误差和验证集上的误差,如果能保证验证集足够大,这部分误差可以非常小。第二部分是验证集上的误差和训练集上的误差差异,这部分差异可以在训练过程中选择合理的假设而使其最小化。第三部分是训练集上的经验误差。

通过以上分析,在训练集之外引入验证集,训练过程中除了考虑减少经验误差外,同时考虑使选择的假设在训练集和验证集上表现一致,这种方式能够有效减小真实误差。

本节讨论了动态数据的概要数据结构相关算法以及概率近似正确学习的一些经典方法,分别从抽样和近似计算的角度分析了动态数据计算的相关理论基础。在实际应用中,针对不同的动态数据一般会将上述算法做适当变形,比如经典的在线学习、增量学习、演化计算等。在线学习根据当前计算的结果及数据情况实时调整模型。而对于时间序列的数据则是通过概率近似正确计算求回归函数,从而实现模型动态调整,包括经典的时间序列回归模型、岭回归问题等。增量计算在静态数据增量计算的基础上做了变形。传统计算方法在计算完成后,如果数据发生更新,则需要抛弃之前计算结果重新计算,增量学习利用历史学习结果,在动态数据获取新

的样本后,根据旧结果从新的样本中提取信息并更新相关结果。常规的数值计算和非数值计算方法大多都有支持增量计算的变形版本。

概率近似正确计算与动态数据的靠前抽样方法密切相关,在《大数据计算理论基础——并行和交互式计算》一书中提到了数据边际价值递减规律,即当数据样本量超过某个数量后(依赖于求解的问题),继续增加数据样本对于改善计算精度的作用越来越弱,而概率近似正确计算进一步从量化的角度证明了这一点,从数量关系上明确指出对于给定的问题和计算精度要求,需要抽取多少样本就可以实现计算目标。另外,从概率近似正确计算理论中还可以推出,如果先后到达的数据服从相同的规律(或概率分布),那么从前面到达的数据中随机抽样进行计算即可实现要求的计算精度,这个现象称为靠前抽样,这也是大数据计算技术的一个有趣特点。

3.2.3　概率近似正确计算的数据规模与 VC 维数

概率近似正确计算所需的样本随任务的不同有较大差异,前一小节给出了不同条件下概率近似正确计算的定义,在使用概率近似正确计算时首先要判断问题性质,判断依据是样本数量、计算误差、置信度是否满足基本要求。例如,假设空间包含 1 000 个不同的分类函数,需要从中选择置信度为 0.9、误差为 0.01 的分类函数,那么根据推论 3.1 可知最小的样本数量约为 1 661,如果给定的样本低于此数量则难以得到满足要求的结果。这也为设计各类机器学习分类函数、神经网络分类函数等提供了理论指导。

接下来分析一般情况下概率近似正确计算所需的数据规模问题。

根据推论 3.1 可知,对于有限假设集合 H,若

$$m_H(\varepsilon,\lambda) \geqslant \frac{\log(|H|/1-\lambda)}{\varepsilon}$$

则该问题是可以概率近似正确学习的(定义 3.2)。接下来主要分析不可知概率近似正确学习样本复杂性(定义 3.3),不可知概率近似正确学习要求对于两个数 $0<\varepsilon,\lambda<1$,学习器能够在 $m_H(\varepsilon,\lambda)$ 个训练样本中学习到一个假设 h,且假设 h 以大于 λ 的置信度保证误差小于或等于 ε。

定义 3.5 代表性样本 给定数据集 Z,有限元素的假设空间 H,损失函数 l,概率分布 D。样本 S 从集合 Z 中随机抽样,满足独立同分布假设,如果对于任意 $h \in H$,有

$$\forall h \in H, |L_S(h)-L_D(h)| \leqslant \varepsilon \qquad (3.19)$$

则称 S 为误差为 ε 的代表性样本,简记为 ε-代表性样本(ε-representative sample)。

代表性样本描述了样本能够在多大程度上表示概率分布 D。考虑两种极端情况,第一种是只抽取一个样本,此时集合 S 仅包含一个元素,如果假设空间中至少有一个分类函数不能正确对此样本进行分类,那么这个分类函数对集合 S 中所有元素分类是错误的(因为 S 只有这一个错误元素),分类误差为 1;如果所有分类函数都能对这个样本进行正确分类,那么分类误差为 0。第二种极端情况是,样本数量趋于无穷,根据大数定律,样本和真实概率分布的误差 D 将趋于 0。可以推测存在一个最小的样本数量,当样本数量足够大时能以一定的置信度满足代表性样本条件。

从动态数据的角度说,代表性样本具有如下意义。① 在做动态数据计算时仅仅通过抽样获取部分数据即可得到代表性样本。② 如果样本在一定的时间内统计特征波动很小(数据生成模型变动很小,同时样本近似满足独立同分布假设),仅仅根据动态数据前期获得的样本即可进行高效计算,即通过在时间上靠前抽样来满足计算准确度和置信度的要求,这对数据流复杂问题的实时计算是重要的。

根据 PAC 计算的原理和样本复杂度与计算精度的关系,对于动态数据而言,当后续数据流入而数据总体分布不变时,前面已经抽取的、满足独立同分布的样本自然也满足添加新数据后的独立同分布条件,因此当数据流入前期抽取的样本数量达到计算精度的要求时,后续数据也同样满足要求,这样一来,在数据流入前期就可对按照独立同分布要求获得的抽样进行计算,而不必等待后面的数据,这是动态数据计算中的一个重要性质,称为靠前抽样原则。

如果 S 是误差为 $\varepsilon/2$ 的代表性样本,则对于任意 $\forall h \in H$,$|L_S(h)-L_D(h)| \leqslant \varepsilon/2$,那么

$$L_D(h_S) \leqslant L_S(h_S) + \frac{\varepsilon}{2} \leqslant L_S(h) + \frac{\varepsilon}{2} \leqslant L_D(h) + \varepsilon$$

其中 h_S 为给定训练集 S 学习器返回的最优经验分类函数 h_S。因此有如下推论。

推论 3.2 代表性样本 给定数据集 Z,假设空间 H,损失函数 l,概率分布 D。样本 S 是从集合 Z 中按照随机抽样的 $\varepsilon/2$-代表性样本,那么

$$L_D(h_S) \leqslant \min_{h \in H} L_D(h) + \varepsilon \tag{3.20}$$

根据代表性样本的含义可定义一致收敛性问题,如下所述。

定义 3.6　一致收敛性(uniform convergence)　给定数据集 Z,假设空间 H,对于两个数 $0<\varepsilon,\lambda<1$,如果样本集 S 依分布 D 从 Z 中独立采样,数据规模至少为 m_H^{UC},并且有 λ 的置信度保证 S 是 ε-代表性样本,那么假设空间 H 满足一致收敛性条件(uniform convergence property)。

对比概率近似正确计算的定义,有如下推论。

推论 3.3　如果一个假设空间 H 满足一致收敛性(样本数量函数为 m_H^{UC}),那么不可知概率近似正确计算是可行的,所需的最小样本数量 $m_H(\varepsilon,\lambda)\leqslant m_H^{UC}(\varepsilon/2,\lambda)$。结合推论 3.2,给定数据集 Z,假设空间 H,损失函数 l,概率分布 D。样本 S 是从集合 Z 中按照随机抽样的 $\varepsilon/2$-代表性样本,那么在样本 S 上计算的最优经验 $h_S\in H$ 即可逼近最优值。

在概率近似正确计算的定义和分析中假设空间 H 只有有限个元素,接下来分析有限假设空间 H 可保证任意一个计算问题满足一致收敛性条件,即可以进行概率近似正确计算。

对于给定误差 ε 和置信度 λ,$0<\varepsilon,\lambda<1$,从域 Z 中按照概率分布 D 随机抽取 m 个元素组成训练集 $S=\{z_1,z_2,\cdots,z_m\}$,现在要求一个最小的 m 值满足 $\forall h\in H,\ |L_S(h)-L_D(h)|\leqslant\varepsilon$,形式化要求

$$D^m(\{S:\ \forall h\in H,\ |L_S(h)-L_D(h)|\leqslant\varepsilon\})>\lambda$$

其中 D^m 表示随机样本集 S 出现的概率,上述不等式等价于

$$D^m(\{S:\ \forall h\in H,\ |L_S(h)-L_D(h)|>\varepsilon\})<1-\lambda$$

注意,

$$\{S:\ \exists h\in H,\ |L_S(h)-L_D(h)|>\varepsilon\}=\cup_{h\in H}\{S:\ |L_S(h)-L_D(h)|>\varepsilon\}$$

因此

$$D^m(\{S: \exists h \in H, |L_S(h) - L_D(h)| > \varepsilon\}) <$$

$$\sum_{h \in H} D^m(\{S: |L_S(h) - L_D(h)| > \varepsilon\})$$

接下来证明当训练集 S 中元素足够多时有 $\sum_{h \in H} D^m(\{S|_x: |L_S(h) - L_D(h)| > \varepsilon\}) < 1-\lambda$。根据前面的定义,令

$$l(h, (x,y)) = \begin{cases} 0, & h(x) = y \\ 1, & h(x) \neq y \end{cases}$$

有

$$L_D(h) = E_{z \sim D} l(h, z)$$

同时

$$L_S(h) = \frac{1}{m} \sum_{i=1}^{m} l(h, z_i)$$

对于每一个随机的样本,$l(h, z_i)$ 的期望为 $L_D(h)$。令 $\mu = L_D(h)$,利用前面的霍夫丁不等式,有

$$\sum_{h \in H} D^m(\{S: |L_S(h) - L_D(h)| > \varepsilon\}) = P\left[\left|\frac{1}{m}\sum_{i=1}^{m} l(h, z_i) - \mu\right| > \varepsilon\right] < 2e^{-2m\varepsilon^2}$$

$$(3.21)$$

由于 H 集合只有有限个元素,因此有

$$D^m(\{S: \exists h \in H, |L_S(h) - L_D(h)| > \varepsilon\}) < 2|H|e^{-2m\varepsilon^2}$$

如果令上述不等式右半部分小于 $1-\lambda$,设

$$2|H|e^{-2m\varepsilon^2} < 1-\lambda$$

即

$$m > \frac{\log(2|H|/1-\lambda)}{2\varepsilon^2}$$

那么即可保证存在一个样本数量 m_H^{UC},当集合 S 中样本数量大于 m_H^{UC} 时,集合 S 为 ε-代表性样本,可令

$$m_H^{UC} = \frac{\log(2 \mid H \mid /1-\lambda)}{2\varepsilon^2}$$

进一步根据推论 3.3,当样本数量 $m_H(\varepsilon,\delta) \leqslant m_H^{UC}(\varepsilon/2,\delta)$ 时样本 S 上计算的最优假设 $h_S \in H$ 以误差 ε 逼近最优值,令

$$m_H(\varepsilon,\delta) = \frac{2\log(2 \mid H \mid /1-\lambda)}{\varepsilon^2}$$

当集合 S 中元素大于 $m_H(\varepsilon,\lambda)$ 时,学习器以误差 ε、置信度 λ 得到问题的最优解。

对于有限集合 H,存在 $m_H(\varepsilon,\lambda)$ 可以进行概率近似正确学习,一个核心的问题是 $m_H(\varepsilon,\lambda)$ 是否可以尽量小,理想状态是仅需要少量样本即可进行高置信度、低误差学习,然而 $m_H(\varepsilon,\lambda)$ 不能小于数据集大小的一半,否则将会导致学习不准确,有如下定义。

定义 3.7 给定数据集 x,考虑二分类问题 $y = \{0,1\}$,样本集合 S 依概率分布从数据集 $Z = x \times y$ 中独立采样,令 A 是任意一个学习器,如果集合 S 中的样本数量 $m < \mid x \mid /2$,那么存在一个概率分布 D 以及一个标记函数 $f: x \to \{0,1\}$,对于这个 f,A 有大于 $1/7$ 的概率学习到一个函数 h,h 在 S 上的表现较好,但泛化误差大于 $1/8$。

这个定理是说,如果 $S \subseteq x$,那么有许多种方法将 S 上的标记函数拓展为 x 的标记函数,因此即使在 S 上满足 $L_S(h) = 0$,也不能保证这个 h 就是所需要的 h,即 $L_D(h) \leqslant \varepsilon$,记 H 是所有 h 拓展的函数集合,则 $L_D(h)$ 最可能的值应该是 $E_{h \in H} L_D(h)$,于是可用公式 $P(L_D(h) > a)$ $\leqslant E_{h \in H} L_D(h)/a$(即马尔可夫公式)给出 $L_D(h) > a$ 的可能性。接下来简要给出证明过程。

考虑数据集 x 的一个子集 C,C 中元素个数为 $2m$(这里考虑 x

的子集 C 主要是由于 x 中元素个数可能非常多,甚至趋于无穷,对子集 C 进行分析可以保证集合元素有限),采用概率分布 D 对集合 C 中元素采样得到训练集 S。二分类问题将 x 元素映射为 $y = \{0,1\}$,标记函数将每个 x 中元素映射为 0 或者 1,那么存在 $T = 2^{2m}$ 个不同的标记函数,表示为 $f_1, f_2, \cdots, f_T$。每一个标记函数 f_i 对应一个样本概率分布函数,即

$$D_i(\{x,y\}) = \begin{cases} 1, & y = f_i(x) \\ 0, & \text{其他} \end{cases}$$

如果按照概率分布 D_i 进行采样,f_i 能够精确预测样本标记,因此有 $L_{D_i}(f_i) = 0$。

对于任意一个学习器 A,根据训练集 S 计算得到的假设 $h = A(S)$,存在一个标记函数 $f : x \to \{0,1\}$ 和对应的映射函数,满足 $L_D(f) = 0$,并且

$$E_{S \sim D^m}[L_D(A(S))] \geqslant \frac{1}{4}$$

令均值 $\mu = E_{S \sim D^m}[L_D(A(S))]$,代入马尔可夫不等式可得

$$P(|x| \leqslant a) > 1 - E(|X|)/a$$

$$P\left(L_D(A(S)) > \frac{1}{8}\right) = P\left(1 - L_D(A(S)) < 1 - \frac{1}{8}\right) > 1 - \frac{1-\mu}{a} = \frac{\mu - (1-a)}{a}$$

$$\geqslant \frac{\frac{1}{4} - (1-a)}{a} = \frac{1}{7}$$

其中 $a = 1 - \frac{1}{8} = \frac{7}{8}, \mu \geqslant \frac{1}{4}$,即可得到上述结论。这里有一个关键问题,即是否存在标记函数 f 同时满足 $L_D(f) = 0$ 和 $E_{S \sim D^m}[L_D(A(S))] \geqslant 1/4$,这里只需要证明如下不等式

$$\max_{i \in [T]} E_{S \sim D_i^m}[L_{D_i}(A(S))] \geq \frac{1}{4}$$

从集合 C 中采样 m 个元素, 有 $k = (2m)^m$ 个不同的序列 (同一元素可重复采样), 这些序列可以标记为 $S_1, S_2, \cdots, S_k$。当标记函数为 f_i 时, 根据样本概率分布函数可能的样本序列为 $S_j^i = ((x_1, f_i(x_1)), (x_2, f_i(x_2)), \cdots, (x_m, f_i(x_m))), j = 1, 2, \cdots, k$, 当概率分布为 D_i 时, 学习器 A 从样本序列 $S_1^i, S_2^i, \cdots, S_k^i$ 中学习一个假设, 对任意 D_i, C 中不同元素被采样的概率相同, 因此有

$$E_{S \sim D_i^m}[L_{D_i}(A(S))] = \frac{1}{k} \sum_{j=1}^{k} L_{D_i}(A(S_j^i))$$

同时有下述不等式

$$\max_{i \in [T]} \frac{1}{k} \sum_{j=1}^{k} L_{D_i}(A(S_j^i)) \geq \frac{1}{T} \sum_{i=1}^{T} \frac{1}{k} \sum_{j=1}^{k} L_{D_i}(A(S_j^i))$$

$$= \frac{1}{k} \sum_{j=1}^{k} \frac{1}{T} \sum_{i=1}^{T} L_{D_i}(A(S_j^i))$$

$$\geq \min_{j \in [k]} \frac{1}{T} \sum_{i=1}^{T} L_{D_i}(A(S_j^i))$$

接下来分解不等式右部分。对于每个假设 f_i, 一定存在一个对应的假设 $f_{i'}$, 这两个假设仅在某一个元素上映射不同, 即如果 $f_i(x) = 0(1)$, 则 $f_{i'}(x) = 1(0)$; 因此有 $l(f_{i'}, x) + l(f_i, x) = 1$, 由此可以进一步推出 $\frac{1}{T} \sum_{i=1}^{T} l(f_i, x) = \frac{1}{T} \sum_{i=1}^{T/2} l(f_{i'}, x) + l(f_i, x) = \frac{1}{2}$。同时注意到另外一件事, 学习器 A 返回的假设 $A(S)$ 在样本数据 S 上经验误差最小, 认为 $A(S)$ 能够对训练集尽可能正确分类, 因此有

$$\frac{1}{T} \sum_{i=1}^{T} L_{D_i}(A(S_j^i)) = \frac{1}{T} \sum_{i=1}^{T} L_C(A(S_j^i))$$

$$= \frac{1}{T} \sum_{i=1}^{T} \frac{1}{2m} \sum_{x \in C \setminus S_j} l(A(S_j^i), x)$$

$$= \frac{1}{2m} \sum_{x \in C \setminus S_j} \frac{1}{T} \sum_{i=1}^{T} l(A(S_j^i), x)$$

$$= \frac{1}{2m} \sum_{x \in C \setminus S_j} \frac{1}{2} = \frac{1}{4} \frac{|C \setminus S_j|}{m} \geqslant \frac{1}{4}$$

故有

$$\max_{i \in [T]} \frac{1}{k} \sum_{j=1}^{k} L_{D_i}(A(S_j^i)) \geqslant \frac{1}{4}$$

可知对于任意学习器返回的假设 $A(S)$，如果训练集样本 $m <$ $|X|/2$，则难以确保得到满足要求的结果。因为这时样本数据不能代表全部样本，样本的训练误差和真实误差偏差较大。

在描述概率近似正确计算时一般假设空间 H 中只有有限个元素，有限性保证了问题是概率近似可计算的。但 H 的有限性只是概率近似正确计算的充分条件，而非必要条件。以一维数组的二分类问题为例，定义 $H = \{h_a : a \in R\}$，其中 $h_a = \begin{cases} 1, x < a \\ 0, x \geqslant a \end{cases}$，由于 $a \in R, H$ 有无穷个元素。假定待求解的目标函数为 h_{a*}，设 D_x 为数据集 x 上的概率分布。设置两个实数 a_0, a_1，满足 $P_{x \sim D_x}[x \in (a_0, a^*)] = \varepsilon$ 和 $P_{x \sim D_x}[x \in (a^*, a_1)] = \varepsilon$。如果 $x \in (-\infty, a^*)$ 或者 $x \in (a^*, +\infty)$，可设置 a_0, a_1 为 $-\infty$ 和 $+\infty$。

对于给定的一个训练集 S，令 $b_0 = \max\{x : h_{a*}(x) = 1\}, b_1 = \min\{x : h_{a*}(x) = 0\}$，按一般经验上可设置估计的 $a_S^* = (b_0 + b_1)/2$，此时 $h_s = h_{a_S^*}$，如果 $L_D(h_s) < \varepsilon$，那么 $a_S^* > a_0$ 或者 $a_S^* < a_1$，因此有

$$P_{S \sim D^m}[L_D(h_s) > \varepsilon] \leqslant P_{S \sim D^m}[a_S^* < a_0 \cup a_S^* > a_1]$$

$$\leqslant P_{S \sim D^m}\left[a_S^* < a_0 \right] + P_{S \sim D^m}\left[a_S^* > a_1 \right]$$

根据前面的分析,对于一个随机的样本,该样本值小于 a_0 的概率为 $1-\varepsilon$。因此有

$$P_{S \sim D^m}\left[a_S^* < a_0 \right] = (1-\varepsilon)^m < \mathrm{e}^{-m\varepsilon}$$

同理可得

$$P_{S \sim D^m}\left[a_S^* > a_1 \right] < \mathrm{e}^{-m\varepsilon}$$

因此有

$$P_{S \sim D^m}\left[L_D(h_s) > \varepsilon \right] \leqslant 2\mathrm{e}^{-m\varepsilon}$$

如果令

$$m > \frac{\log(2/1-\lambda)}{\varepsilon}$$

那么 $P_{S \sim D^m}\left[L_D(h_s) > \varepsilon \right] < 1-\lambda$,因此满足概率近似正确计算定义。进而可得出 H 的有限性只是概率近似正确计算的充分条件,而非必要条件。

接下来利用上述理论对当前人工智能中的一些经典算法做简单分析。在人工智能各类应用场景中,输入数据的维数可能很高,例如一幅彩色图片的输入可能是 $1\,280 \times 1\,024$ 的三通道(RGB)矩阵,矩阵中每个元素变化范围 $0 \sim 255$,这意味着数据集大小 $|x| = 256^{3 \times 1\,280 \times 1\,024}$。如果要保证学习到最优的分类器,所需的样本数量不能小于 $|x|/2$,这在真实情况下是无法提供如此庞大的输入数据的。注意,最小样本理论分析和具体的分类器无关,也就是说决策树、支持向量机、多层感知机、卷积神经网络等均难以从理论上获得最优的分类函数,总存在一些分类函数在训练集上零误差,但难以泛化到全体数据。而当前人工智能领域仍在设计各类算法以解决分类问题,这些方法仅能在满足训练数据独立同分布条件下获得最优

解。由于真实数据按照某些未知的规则生成,如果数据特征不发生大的波动,那么新的数据和训练数据分布相似,因此在独立同分布抽取样本的假设下,算法如果在训练数据上能获得较好的拟合结果,一般也能很好地满足应用需求。

在大数据计算中,特别是在大数据的非数值计算中,机器学习是经常会遇到的模型,通过学习实现分类、判断和赋值。为了估计各种学习模型的能力并求解问题的复杂度,在讨论样本复杂度时,VC 维数是一个重要的指标,有时我们使用 VC 维数(Vapnik-Chervonenkis dimension)来刻画某个学习任务的复杂度。

还是以二分类学习为例,在二分类的机器学习理论中,设 X 是带有分类标注的样本集,如果 X 满足独立同分布抽样,那么通过在 X 上的训练,可以得到满足一定准确度和置信度的分类函数。问题是,给定一个学习器 M,是否能够得到与 X 很好拟合的分类函数,这个问题自然取决于学习器 M 中是否蕴含这样的函数(即候选函数)。令 H 是所有 M 中蕴藏的函数集合,例如在神经网络模型中,有

$$H = \{ N(\theta_1, \theta_2, \cdots, \theta_t) \mid \theta_i \in R \}$$

其中 $(\theta_1, \theta_2, \cdots, \theta_t)$ 是模型参数。在 SVM 模型中,有

$$H = \{ k_i(X) \mid k_i(X) \in K \}$$

其中 K 是模型的核函数集合。

下面给出 VC 维数的形式定义。

定义 3.8 设 H 是一个函数集合,S 是样本集,$|S| = m$,如果对于 S 的任意划分,H 中都有函数 $h \in H$ 拟合该划分,则称 H 能够把 S 打散,H 的 VC 维数就是能被它打散的最大集合的大小。若对任意大小为 m 的集合 S 能被 H 打散,则 H 的 VC 维是无穷大。

如果 M 是一个好的学习机器,那么对于某个样本集 S 的任意分类 C,希望 H 都至少有一个函数 $h \in H$ 能够拟合 C,即对于任意的 $x \in S, h(x)$ 能够准确指示 x 的类别(正类或负类),即 S 可被 H 打散。显然,样本集 S 越大,可能的分类就越多(分类数为 $2^{|S|}$),相应地要求 H 包含的函数也应该越多,显然,H 包含的函数个数至少应有 $2^{|S|}$。从理论上说,如果 H 的 VC 维数是 s,那么对于规模小于或等于 s 的样本集 X, H 中都有函数可以完美拟合 S。当然存在性是一回事,能不能找到是另一回事,后者依赖于学习算法,但是无论如何,VC 维数从理论上刻画了机器学习的能力。即使对于 $|S| > s$ 的样本集合,虽然不能保证完美拟合 S 的函数必定存在,但是对于寻找近似拟合 S 的函数,VC 维数提供了丰富的信息。因此 VC 维数是评价学习模型的重要指标。但是 VC 维数没有考虑数据的分布情况和学习模型的特点,因此尽管它是一种适应性很强的描述,但也带来了估计偏于保守的问题,这在一些应用中并不能令人满意,更为细腻的描述例如拉德马赫(Rademacher)复杂度是可选的方案[11]。

接下来利用 VC 维不加证明直接给出 PAC 学习的充分条件。

定理 3.2 给定定义域 X, H 为假设空间,考虑二分类问题 $y = \{0, 1\}$,H 中的假设函数将定义域中的元素映射为 0 或 1,那么以下描述等价。

(1)H 满足一致收敛性条件。

(2)利用经验误差最小化的学习器能够实现不可知概率近似正确计算。

(3)利用经验误差最小化的学习器能够实现概率近似正确计算。

（4）H 的 VC 维是有限的。

通过上述定义可知如果 H 的 VC 维是有限的，那么 H 是可以概率正确学习的。因此"H 的 VC 维是有限的"是 PAC 学习的充分条件。

进一步，结合 VC 维的相关理论给出基于 VC 维的样本复杂性，给定数据集 X, H 为假设空间，考虑二分类问题 $y=\{0,1\}$，如果 H 的 VC 维为 $d(d<\infty)$，那么

（1）保证 H 满足一致收敛性的样本复杂性 m_H^{UC} 为

$$C_1 \frac{d+\log(1/1-\lambda)}{\varepsilon^2} \leqslant m_H^{UC}(\varepsilon,\lambda) \leqslant C_2 \frac{d+\log(1/1-\lambda)}{\varepsilon^2} \quad (3.22)$$

（2）H 能够被概率近似正确学习的样本复杂性 m_H 为

$$C_1 \frac{d+\log(1/1-\lambda)}{\varepsilon^2} \leqslant m_H(\varepsilon,\lambda) \leqslant C_2 \frac{d+\log(1/1-\lambda)}{\varepsilon^2} \quad (3.23)$$

其中 C_1, C_2 是两个正常数。

注意，这里讲述的样本复杂性和 VC 维均为二分类问题中的情形。在其他问题中，例如拟合问题，样本复杂性会略有差别。在其他一些场景中这里的样本复杂性理论可能失效，但一些实证数据表明，即使在这种情况下，也有可能进行概率近似正确计算。

3.3　数值计算中的 PAC 方法

前一节对概率近似正确计算以及相关的样本复杂性做了基本介绍，希望通过概率近似正确计算解决大数据或复杂问题，接下来给出几个数值计算典型例子。注意，PAC 方法利用部分数据进行计算，在处理数据流时仅利用先到达的部分数据即可获得满足要求的

近似解。由于本书侧重于基础方法和理论分析,对数据流的特征、数据结构、具体算法实现等不做过多讨论,这里仅分析数据计算的基本原理。

3.3.1 偏微分方程求解

偏微分方程求解是数值计算的典型问题,微分方程一般描述确定的科学问题,例如物质扩散方程、流体方程等。但方程的边界条件随着场景的不同可能发生较大变化,例如在热扩散模拟过程中,边界温度发生变化会影响解的计算。由于实际应用问题中许多边界条件是动态变化的,且方程的解难以有解析表达式,因此可以考虑用 PAC 计算获取方程的近似解。

考虑拉普拉斯方程

$$\frac{\partial^2 u}{\partial x^2} + \frac{\partial^2 u}{\partial y^2} = 0 \tag{3.24}$$

在平面区域 G 上要求计算 $u(a)$,其中 $a = (x, y)$ 表示平面 G 内的一点。G 的边界 Γ 满足

$$u(a) = f(a), a \in \Gamma$$

f 是已知函数。

针对上述常系数微分方程理论上可直接进行计算,但在一些场景下边界条件 $f(a)$ 可能比较复杂。这里介绍利用概率近似正确方法对 $u(a)$ 进行计算。

在数值计算方法中,一般首先将微分方程转换为差分方程,然后求解对应的差分方程。差分方程本质上是对原始微分方程的离散化抽样,当抽样间隔无限小时差分方程的解就会逼近微分方程。

因此在这里将平面区域 G 网格化,网格长和宽均为 h,接下来关注网格的交点(节点)。首先将区域内的交点划分为两部分:边界 Γ 上的交点集合 Γ_h(距离边界小于一定的阈值),以及区域 G 内的其他交点集合 G_h。

根据数值计算方法,这里直接给出上述拉普拉斯方程对应的差分方程

$$
\begin{cases}
u(a) = \dfrac{1}{4}\left(u(a_1)+u(a_2)+u(a_3)+u(a_4)\right), & a \in G_h \\
u(a) = f(a), & a \in \Gamma_h
\end{cases}
$$

其中 a_1, a_2, a_3, a_4 是网格中与 a 邻近的 4 个交点,如图 3.3 所示。

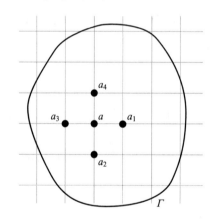

图 3.3　偏微分方程求解空间

现在计算的核心是求解该差分方程。考虑从位置 $a \in G_h$ 出发的一个随机运动的粒子,每一步该粒子从当前位置以相同的概率跳转到与其邻近的 4 个交点上,到达每一个邻近交点的概率均为 1/4,粒子持续进行相同的随机运动直至到达边界 Γ_h 为止。当粒子到达边界时停止运动,记录 ξ 为粒子首次到达边界遇到的点,由于粒子是做随机布朗运动,因此 ξ 是一个随机变量。并且 ξ 的状态仅与前一

个状态相关,因此该随机运动实际上是一个一阶马尔可夫过程,可以用马尔可夫过程的相关理论分析该问题。

令 $v(a)$ 表示 $f(\xi)$ 的数学期望,以 $p(a,b)$ 表示从 a 出发的粒子到达边界点 $b \in \Gamma_h$ 的概率。

接下来将粒子从 a 出发的状态分两步,第一步到达邻居节点,第二步从邻居节点到达边界点,可得

$$p(a,b) = \frac{1}{4} \sum_{j=1}^{4} p(a_j,b)$$

$f(\xi)$ 的数学期望表达为

$$v(a) = \sum_{b \in \Gamma_h} p(a,b)f(b) = \frac{1}{4} \sum_{j=1}^{4} \sum_{b \in \Gamma_h} p(a_j,b)f(b) = \frac{1}{4} \sum_{j=1}^{4} v(a_j)$$

$$(3.25)$$

因此 $v(a)$ 满足差分方程第一式。当粒子运动到达边界时停止运动,从位置 $a \in \Gamma_h$ 转移到位置 b 的概率为

$$p(a,b) = \begin{cases} 1, & a = b \\ 0, & a \neq b \end{cases}$$

因此当 a 在边界上 $(a \in \Gamma_h)$ 时,有

$$v(a) = \sum_{b \in \Gamma_h} p(a,b)f(b) = f(a)$$

此时满足差分方程的第二式。

通过上述分析可知随机运动的粒子到达位置 ξ 对应的边界值 $f(\xi)$ 的期望即为待求的微分方程在平面上某一位置 a 的解。

接下来利用概率近似正确的理论分析该求解过程。求解过程的思路是用计算机模拟粒子的随机运动,每一步生成一个粒子(也可同时生成多个粒子),利用随机数保证粒子上、下、左、右以相同的概率移动,当粒子到达边界时停止运动并记录其位置 ξ,同时返回

$f(\xi)$。通过模拟多个粒子的运动即可估计待求的 $u(a)$。

从位置 a 出发的每一个粒子到达边界后 $f(\xi)$ 的期望为 $v(a)$，假设产生 m 个随机粒子，并且边界 f 的上下界分别为 a 和 b，那么根据霍夫丁不等式，有

$$P\left(\left|\frac{1}{m}\sum_{i=1}^{m}f(\xi_i)-v(a)\right|\leqslant\varepsilon\right)\geqslant 1-2e^{-\frac{2m\varepsilon^2}{(b-a)^2}}$$

对于一组独立同分布的随机数，当误差设置为 ε、置信度设置为 λ 时所需的样本数为

$$m>\frac{(b-a)^2\ln\dfrac{2}{1-\lambda}}{2\varepsilon^2}$$

这里 m 确定了在进行计算机仿真时所需要的最小样本数量。

也就是说，通过计算机模拟粒子随机运动，即可对边界动态变化的拉普拉斯方程进行快速模拟，实现了概率近似正确计算。

3.3.2 样本插值和曲线拟合

在数据流中一大类数据是时间序列数据，例如脑电数据、金融数据等，在数据采集过程中可能因部分传感器数据异常或者网络原因导致数据缺失，因此经常需要对时间序列数据进行插值和拟合。接下来介绍两个典型的样本插值和曲线拟合方法。

1. 样本插值

考虑一个数据生成模型（模型未知）按照一定的规则生成一个数据流。这里假设按照 $y=f(x)$ 在时间 $[a,b]$ 上生成一小段时间序列，即已知 $a\leqslant x_0\leqslant x_1\leqslant\cdots\leqslant x_n\leqslant b$ 上的值 $y_0,y_1,\cdots,y_n$，若存在一个

简单函数 $P(x)$,有

$$P(x_i)=y_i(i=0,1,\cdots,n)$$

那么称 $P(x)$ 为 $f(x)$ 的插值函数,$x_0,x_1,\cdots,x_n$ 为插值节点,$[a,b]$ 为插值区间。若插值函数 $P(x)$ 是次数不超过 n 的代数多项式

$$P(x)=a_0+a_1x+a_2x^2+\cdots+a_nx^n$$

其中 a_i 为实数,称 $P(x)$ 为插值多项式。一般插值时采用多项式插值。

定理 3.3 给定 $n+1$ 个不同节点 $x_0,x_1,\cdots,x_n$ 和对应的函数值 $y_0,y_1,\cdots,y_n$,则在次数不高于 n 的代数多项式集合中存在唯一的插值多项式 $P(x)=\sum_{i=0}^{n}a_ix^i$,满足 $P(x_i)=y_i(i=0,1,\cdots,n)$。

下面介绍两种常用的插值多项式计算方法。

1)拉格朗日(Lagrange)插值多项式

给定 $n+1$ 个不同的节点 x_i 和 y_i,$i=0,1,\cdots,n$,构造次数不超过 n 的多项式 $L_n(x)$,使得 $L_n(x_i)=y_i$,那么有

$$L_n(x)=\sum_{i=0}^{n}y_il_{i(x)}$$

其中

$$l_i(x)=\prod_{j=0,j\neq i}^{n}\frac{x-x_j}{x_i-x_j}$$

同时令

$$l_i(x_j)=\delta_{ij}=\begin{cases}1,&i=j\\0,&i\neq j\end{cases}$$

$L_n(x)$ 一般称为拉格朗日插值多项式,$l_i(x)$ 称为插值基函数。

考虑一个极端情况是只有两个点 x_0,x_1,即 $n=1$,此时拉格朗日插值多项式为

$$L_1(x) = \frac{x-x_1}{x_0-x_1}y_0 + \frac{x-x_0}{x_1-x_0}y_1$$

$L_1(x)$为穿过两点的直线。

2）牛顿（Newton）插值多项式

首先定义差商，称函数$f[x_0,x_k] = \dfrac{f(x_k)-f(x_0)}{x_k-x_0}$为函数$f(x)$的一阶

差商。$f[x_0,x_1,x_k] = \dfrac{f[x_0,x_k]-f[x_0,x_1]}{x_k-x_1}$为$f(x)$关于点$x_0,x_1,x_k$的二

阶差商；进一步，称$f[x_0,x_1,\cdots,x_k] = \dfrac{f[x_0,\cdots,x_{k-2},x_k]-f[x_0,\cdots,x_{k-1}]}{x_k-x_{k-1}}$

为$f(x)$关于点$x_0,x_1,\cdots,x_k$的k阶差商。

在差商的基础上，牛顿插值多项式定义为

$$N_n(x) = f(x_0) + f[x_0,x_1](x-x_0) + f[x_0,x_1,x_2](x-x_0)(x-x_1) + \cdots + $$
$$f[x_0,x_1,\cdots,x_n](x-x_0)\cdots(x-x_{n-1})$$

现在通过拉格朗日插值法和牛顿插值法已经可以唯一确定一个插值多项式。该多项式在给定的样本数据点上没有偏差，但在未知的数据点上偏差可能较大。接下来讨论插值偏差（也称为插值余项）。

定理3.4 设$f^{(n)}(x)$在$[a,b]$上连续，$f^{(n+1)}(x)$在(a,b)内存在，节点$a \leqslant x_0 \leqslant x_1 \leqslant \cdots \leqslant x_n \leqslant b$，插值多项式$L_n(x_i)$满足$L_n(x_i) = y_i$，$i = 0,1,\cdots,n$，那么对于任何$x \in [a,b]$，插值余项

$$R_n(x) = f(x) - L_n(x) = \frac{f^{(n+1)}(\xi)}{(n+1)!}w_{n+1}(x)$$

其中$\xi \in [a,b]$并且依赖x，同时$w_{n+1}(x) = \prod\limits_{i=0}^{n}(x-x_i)$。

如果$f^{(n+1)}(x)$在区间$[a,b]$内存在上界，$\max\limits_{a \leqslant x \leqslant b} f^{(n+1)}(x) = M$，那

么多项式截断误差为

$$|R_n(x)| \leqslant \frac{M}{(n+1)!} w_{n+1}(x)$$

因此在做多项式插值时,插值误差随着插值点的不同可能差异较大。

在利用数据流计算插值函数时,如果输入样本过多,可以采用拉格朗日插值法,在计算过程中保存 $l_i(x)$,当新的样本数据到达时通过增量计算更新 $l_i(x)$,提高了 $l_i(x)$ 的计算速度。

例如,给定包含 4 个点的数据流,$A(0,1)$,$B(1,2)$,$C(2,3)$,$D(3,4)$,4 个数据按照时间顺序依次到达。现在要求对近邻的 3 个点拟合并在 $x=2.5$ 处插值。首先根据前 3 个点计算插值多项式,给出 $x=2.5$ 处的插值;当新的数据(第 4 个点)到达后,计算后 3 个点的插值多项式,同时更新 $x=2.5$ 处的插值。

前 3 个点利用拉格朗日法计算插值多项式为

$$L_2(x) = \frac{(x-x_1)(x-x_2)}{(x_0-x_1)(x_0-x_2)} y_0 + \frac{(x-x_0)(x-x_2)}{(x_1-x_0)(x_1-x_2)} y_1 +$$

$$\frac{(x-x_0)(x-x_1)}{(x_2-x_0)(x_2-x_1)} y_2 = x+1$$

因此预测 $x=2.5$ 处的值为 $L_2=3.5$。

同理,当第 4 个数据到达时,利用 2～4 个点重新计算插值多项式,$L_2'^{(x)} = x+1$,因此 $x=2.5$ 处的插值保持不变。

2. 曲线拟合

在插值问题中给定 $n+1$ 个点计算出来的插值多项式最高为 n 次,当输入样本数量比较多时,插值多项式阶数太高。一个合理的方式是降低多项式的阶数,代价是在插值点处也会存在偏差,这种方式一般称为曲线拟合,一般希望拟合的曲线对于给定样本的误差尽量小。

给定样本集 $(x_1,y_1),(x_2,y_2),\cdots,(x_n,y_n)$，按照一定的规则生成 $y=f(x)$（函数 f 未知）。这里使用多项式函数对数据进行拟合，拟合多项式形式化为

$$y(\boldsymbol{x},\boldsymbol{W})=w_0+w_1x+w_2x^2+\cdots+w_Mx^M=\sum_{j=0}^{M}w_jx^j \qquad (3.26)$$

其中 M 是多项式的阶数，$w_0,w_1,\cdots,w_M$ 是多项式的系数，记为 $\boldsymbol{W}=(w_0,w_1,\cdots,w_M)^{\mathrm{T}}$。注意，$y(\boldsymbol{x},\boldsymbol{W})$ 是 $\boldsymbol{W}$ 的线性函数（对于 x 是非线性函数）。一般在定义误差时使用均方误差

$$E(\boldsymbol{W})=\frac{1}{2}\sum_{n=1}^{N}\left(y(x_n,\boldsymbol{W})-t_n\right)^2 \qquad (3.27)$$

对于给定的训练集，现在问题转化为如何确定最优的 $\boldsymbol{W}$ 以使 $E(\boldsymbol{W})$ 最小。为此可对 $\boldsymbol{W}$ 计算一阶导数，最优的 $\boldsymbol{W}$ 满足

$$\frac{\partial E(\boldsymbol{W})}{\partial \boldsymbol{W}}=0$$

将上式展开写成矩阵形式有

$$\begin{pmatrix} n & \sum\limits_{i=1}^{M}x_i & \cdots & \sum\limits_{i=1}^{M}x_i^M \\ \sum\limits_{i=1}^{M}x_i & \sum\limits_{i=1}^{M}x_i^2 & \cdots & \sum\limits_{i=1}^{M}x_i^{M+1} \\ \vdots & \vdots & & \vdots \\ \sum\limits_{i=1}^{M}x_i^M & \sum\limits_{i=1}^{M}x_i^{M+1} & \cdots & \sum\limits_{i=1}^{M}x_i^{2M} \end{pmatrix} \begin{pmatrix} w_0 \\ w_1 \\ \vdots \\ w_M \end{pmatrix} = \begin{pmatrix} \sum\limits_{i=1}^{M}y_i \\ \sum\limits_{i=1}^{M}x_iy_i \\ \vdots \\ \sum\limits_{i=1}^{M}x_i^My_i \end{pmatrix}$$

将这个范德蒙德矩阵化简后可得到

$$\begin{pmatrix} 1 & x_1 & \cdots & x_1^M \\ 1 & x_2 & \cdots & x_2^M \\ \vdots & \vdots & & \vdots \\ 1 & x_N & \cdots & x_N^M \end{pmatrix} \begin{pmatrix} w_0 \\ w_1 \\ \vdots \\ w_M \end{pmatrix} = \begin{pmatrix} y_1 \\ y_2 \\ \vdots \\ y_N \end{pmatrix}$$

解上述方程即可得到多项式拟合所需的参数向量 $\boldsymbol{W} = (w_0, w_1, \cdots, w_M)^{\mathrm{T}}$。

现在存在一个问题:如何确定多项式的阶数 M,若 M 设置太小则拟合误差较大,若 M 设置过大则可能出现过拟合。为了解决此问题,可在误差函数中引入正则项,例如引入二次正则项后误差为

$$E(\boldsymbol{W}) = \frac{1}{2} \sum_{n=1}^{N} \left(y(x_n, \boldsymbol{W}) - t_n \right)^2 + \frac{\lambda}{2} \|\boldsymbol{W}\|^2 \qquad (3.28)$$

其中 $\|\boldsymbol{W}\|^2 = w_0^2 + w_1^2 + \cdots + w_M^2$,这个误差函数也称作岭回归(ridge regression)。

注意在动态数据情况下解前述方程计算 $\boldsymbol{W}$ 时,每当新的数据到达时需要重新计算。同时随着数据样本的积累,在内存中无法存储所有数据。为此可设计一个简单方式:在内存中仅保留有限的样本数据(例如 $n = 1\,000$),当新的数据到达时仅仅替换最旧的数据(驻留内存时间最长的数据),然后用内存中的数据根据前述方程计算 $\boldsymbol{W}$,记 t 时刻计算的 $\boldsymbol{W}$ 为 $\boldsymbol{W}^{(t)}$。

$\boldsymbol{W}$ 按照如下规则更新

$$\boldsymbol{W}_{\mathrm{opt}} = \alpha \boldsymbol{W}_{\mathrm{opt}} + (1 - \alpha) \boldsymbol{W}^{(t)}$$

α 为常数,$\alpha \in (0, 1)$,例如设置 $\alpha = 0.98$。对动态数据进行计算时,每当新的数据到达后计算 $\boldsymbol{W}^{(t)}$,然后更新最优 $\boldsymbol{W}_{\mathrm{opt}}$,从而实现动态数据情况下 $\boldsymbol{W}$ 的计算问题。

根据概率近似正确(PAC)相关理论,如果多项式的最高阶数为 M,那么拟合多项式 VC 维为 $d = M+1$,当样本数量

$$m > \frac{d + \log(1/1 - \lambda)}{\varepsilon}$$

时即可保证以误差不超过 ε、置信度为 λ 计算满足要求的拟合多项式。

3.3.3 多项式逼近

多项式拟合可以解决对时间序列点的拟合问题,并且可以通过概率近似正确理论对误差和可信度进行分析。给定一个实函数 $f(x)$,拟合出来的多项式能在多大程度上逼近该函数,逼近误差和置信度分别是多少?下面介绍具体的多项式逼近问题,通过多项式计算实现实函数的近似计算。我们就一维情形进行讨论,多维函数可以推广。

定理 3.5 魏尔斯特拉斯定理 设 $f(x)$ 为闭区间 $a \leqslant x \leqslant b$ 上的连续函数,必存在多项式序列 $\{Q_n(x)\}$,$n = 1, 2, \cdots$,均匀收敛于 $f(x)$。

证明:通过变换 $x_i = (b_i - a_i)z_i + a_i$,可以假定每个变元 x_i 取值于区间 $[0, 1]$。令

$$Q_n(x) = \sum_{m=0}^{n} \binom{n}{m} x^m (1-x)^{n-m} f\left(\frac{m}{n}\right)$$

显然 $Q_n(0) = f(0)$,$Q_n(1) = f(1)$。设想一个均值为 x 的二项分布,显然有

$$\sum_{m=0}^{n} \binom{n}{m} x^m (1-x)^{n-m} = 1$$

于是有

$$|f(x) - Q_n(x)| = \left| \sum_{m=0}^{n} \binom{n}{m} x^m (1-x)^{n-m} \left[f(x) - f\left(\frac{m}{n}\right) \right] \right|$$

$$= \left| Ef(x) - Ef\left(\frac{\eta_n}{n}\right) \right|$$

$$\leqslant \left| E\left(f(x)-f\left(\frac{\eta_n}{n}\right)\right)\left|\left|\frac{\eta_n}{n}-x\right|<\delta\right)P\left(\left|\frac{\eta_n}{n}-x\right|<\delta\right)\right| +$$

$$\left| E\left(f(x)-f\left(\frac{\eta_n}{n}\right)\right)\left|\left|\frac{\eta_n}{n}-x\right|\geqslant\delta\right)P\left(\left|\frac{\eta_n}{n}-x\right|\geqslant\delta\right)\right|$$

其中 η_n 是 n 次这样的试验中出现事件 A 的总次数,根据频率公理,

$\lim\limits_{n\to\infty}\dfrac{\eta_n}{n}\to x$。由于 $f(x)$ 是连续函数,因此对于任意的 ε,存在 δ,使得

$\left|\dfrac{\eta_n}{n}-x\right|<\delta$ 时,$\left|f(x)-f\left(\dfrac{\eta_n}{n}\right)\right|<\dfrac{\varepsilon}{2}$,注意 $f(x)$ 是定义在闭区间上的函

数,令 $0<M=\left|\sup_{0\leqslant x\leqslant 1}f(x)\right|$,就有

$$\left|f(x)-Q_n(x)\right|\leqslant\frac{\varepsilon}{2}+2MP\left(\left|\frac{\eta_n}{n}-x\right|\geqslant\delta\right)$$

但是随着 n 的增加,$P\left(\left|\dfrac{\eta_n}{n}-x\right|\geqslant\delta\right)\to 0$,于是 $\lim\limits_{n\to\infty}Q_n(x)=f(x)$。为

证明这个收敛是均匀的,即与 x 无关,利用切比雪夫不等式,有

$$P\left(\left|\frac{\eta_n}{n}-x\right|\geqslant\delta\right)\leqslant\frac{Var(\eta_n)}{n^2\delta^2}=\frac{nx(1-x)}{n^2\delta^2}<\frac{1}{n\delta^2}$$

令 $P\left(\left|\dfrac{\eta_n}{n}-x\right|\geqslant\delta\right)\leqslant\dfrac{\varepsilon}{4M}$,得到 $n\geqslant\dfrac{4M}{\varepsilon\delta^2}$。此时 $P\left(\left|\dfrac{\eta_n}{n}-x\right|\geqslant\delta\right)2M<\dfrac{\varepsilon}{2}$,

与 x 无关,从而有

$$\left|f(x)-Q_n(x)\right|<\varepsilon$$

现在已经证明了,任何定义在闭区间上的函数 $f(x)$ 可以用多项

式函数 $Q_n(x)$ 逼近,并且通过适当地选取 n,可使逼近精度任意小。

尽管如此,计算量还是十分大的,因为 $Q_n(x)$ 多于 $n!$ 项。下面用

PAC 方法来降低计算量。

定理 3.6　令 $Q_n(x)$ 是定理 3.5 中的逼近多项式,$f\left(\dfrac{m}{n}\right)$ 是 f 在

离散点上的值，n 与 m 皆为整数，且 $0 \leqslant m \leqslant n$，对于任意给定的 $0 < \varepsilon$，$\delta < 1$，令 $t > \dfrac{1}{2\varepsilon^2} \ln \dfrac{2}{1-\lambda}$，随机抽取 t 个 $f\left(\dfrac{k_i}{n}\right)$，$i = 1, 2, \cdots, t$，就有

$$P\left(\left| \frac{1}{t} \sum_{1 \leqslant i \leqslant t} f\left(\frac{k_i}{n}\right) - Ef\left(\frac{m}{n}\right) \right| < \varepsilon \right) > 1 - \delta = \lambda$$

证明：从概率论的角度重新看 $Q_n(x) = \displaystyle\sum_{m=0}^{n} \binom{n}{m} x^m (1-x)^{n-m}$.

$f\left(\dfrac{m}{n}\right)$，这是一个以 x 为均值的二项分布，每做 n 次试验，得到事件 A 出现的次数 m，计算 $f\left(\dfrac{m}{n}\right)$，于是

$$Q_n(x) = \sum_{m=0}^{n} \binom{n}{m} x^m (1-x)^{n-m} f\left(\frac{m}{n}\right) = Ef\left(\frac{m}{n}\right)$$

在确定了 n 以后，可以事先计算 $f\left(\dfrac{0}{n}\right), f\left(\dfrac{1}{n}\right), \cdots, f\left(\dfrac{n}{n}\right)$，为计算 $Ef\left(\dfrac{m}{n}\right)$，从二项分布 $B(n, x)$ 中随机、独立地抽取 k_i，$i = 1, 2, \cdots, t$，计算 $f\left(\dfrac{k_i}{n}\right)$ 的平均值 $T = \dfrac{1}{t} \displaystyle\sum_{1 \leqslant i \leqslant t} f\left(\dfrac{k_i}{n}\right)$，以此取代 $Ef\left(\dfrac{m}{n}\right)$，根据霍夫丁不等式，有

$$P\left(\left| T - Ef\left(\frac{m}{n}\right) \right| < \varepsilon \right) > 1 - 2e^{-2\varepsilon^2 t}$$

这样在给定误差 ε 和置信度 λ 的情况下，令 $1 - 2e^{-2\varepsilon^2 t} > \lambda$，只需

$$t > \frac{1}{2\varepsilon^2} \ln \frac{2}{1-\lambda}$$

即可满足上式。两者结合起来，令逼近误差 $\left| f(x) - Ef\left(\dfrac{m}{n}\right) \right|$ 和 PAC

误差分别小于 $\dfrac{\varepsilon}{2}$，则总的误差就小于 ε，而置信度为 λ。

根据定理 3.6，甚至不需要知道 $f(x)$ 的完整表达式，只需知道 $f(x)$ 在格点 $\dfrac{m}{n}$ 上的值，就可以以 PAC 的方式计算 $f(x)$ 在任一点的近似值。在多维情形下，$\left(\dfrac{m_1}{n},\dfrac{m_2}{n},\cdots,\dfrac{m_k}{n}\right)$ 构成了所谓的网格，这在数值计算中也是十分重要的概念。

上面的结论不难推广到多元情形，得到推论 3.4。

推论 3.4 设 $f(x_1,x_2,\cdots,x_k)$ 是 k 变元连续函数，存在多项式序列 $\{Q_n(x_1,x_2,\cdots,x_k),n=1,2,\cdots\}$，均匀收敛于 $f(x)$，其中 $a\leqslant x\leqslant b$，

$$Q_n(x_1,x_2,\cdots,x_k)=\sum_{m_1,m_2,\cdots,m_k\leqslant n}\left\{\prod_{i=1}^{k}C_{m_i}^{n}x_i^{m_i}(1-x_i)^{n-m_i}f\left(\frac{m_1}{n},\frac{m_2}{n},\cdots,\frac{m_k}{n}\right)\right\}。$$

我们把网格点记作 $\left(\dfrac{m_1}{n},\dfrac{m_2}{n},\cdots,\dfrac{m_k}{n}\right)$，上式说明，多元多项式 $Q_n(x_1,x_2,\cdots,x_k)$ 的近似计算相当于 $f(x)$ 在所有网格上的值 $f\left(\dfrac{m_1}{n},\dfrac{m_2}{n},\cdots,\dfrac{m_k}{n}\right)$ 关于多项分布的期望 $E[f]$，因此根据 PAC 方法，依据多项分布随机在网格点中抽取 t 个点 $\left(\dfrac{m_1^{(s)}}{n},\dfrac{m_2^{(s)}}{n},\cdots,\dfrac{m_k^{(s)}}{n}\right)$，$s=1,2,\cdots,t$，作为样本，计算

$$T=\frac{1}{t}\left(\sum_{s=1}^{t}f\left(\frac{m_1^{(s)}}{n},\frac{m_2^{(s)}}{n},\cdots,\frac{m_k^{(s)}}{n}\right)\right)$$

则根据霍夫丁不等式，有

$$P(\,|T-E[f]|\leqslant\varepsilon)>1-2\mathrm{e}^{-2\varepsilon^2 t}$$

同样可以得到样本个数与精度 (ε,λ) 的关系。

3.3.4　线性方程组

　　线性方程组求解是数值计算的典型问题,方程组中每一个元素实际上代表了一个系统部件参数或者可感知的外部环境参数,在实际应用中这些参数可能随着时间动态变化,并通过传感器反馈到计算机,要求计算机根据新的参数重新进行方程组求解,即对动态方程组进行求解。下面给出用概率近似正确计算方法求解线性方程组的方法。

　　设线性方程组为

$$\begin{pmatrix} x_1 \\ x_2 \\ \vdots \\ x_n \end{pmatrix} = \begin{pmatrix} h_{11} & \cdots & h_{1n} \\ \vdots & & \vdots \\ h_{n1} & \cdots & h_{nn} \end{pmatrix} \begin{pmatrix} x_1 \\ x_2 \\ \vdots \\ x_n \end{pmatrix} + \begin{pmatrix} a_1 \\ a_2 \\ \vdots \\ a_n \end{pmatrix} \qquad (3.29)$$

或者一般写成向量形式

$$\boldsymbol{X} = \boldsymbol{H}\boldsymbol{X} + \boldsymbol{A} \qquad (3.30)$$

要求计算未知向量 $\boldsymbol{X}$。

　　令

$$|H| = \max_i \left(\sum_j |h_{ij}| \right)$$

$|H|$ 大小未知,下面首先讨论 $|H| < 1$ 的情况,然后讨论 $|H| \geqslant 1$ 的情况。

　　如果 $|H| < 1$,将线性方程组矩阵形式改写为

$$(I - H)\boldsymbol{X} = \boldsymbol{A}$$

展开计算有

$$X = (I-H)^{-1}A = (I+H+H^2+H^3+\cdots)A$$

这时 X 的第 i 个分量 x_i 为

$$x_i = a_i + (HA)_i + (H^2A)_i + \cdots$$

$$= a_i + \sum_{i_1} h_{ii_1}a_{i_1} + \sum_{i_1}\sum_{i_2} h_{ii_1 h_{i_1 i_2}}a_{i_2} + \cdots$$

$$= a_i + \sum_{k=1}^{\infty}\sum_{i_1}\sum_{i_2}\cdots\sum_{i_k} h_{ii_1}h_{i_1 i_2}\cdots h_{i_{k-1}i_k}a_{i_k}$$

根据上述方程定义一个马尔可夫链,使它的某一数字特征正好等于 x_i,任取一个矩阵 $\boldsymbol{P} = (p_{ij})$,$i,j = 1,2,\cdots,n$,满足

$$p_{ij} \geqslant 0, \qquad \sum_j p_{ij} < 1$$

并且如果 $h_{ij} \neq 0$,满足

$$p_{ij} > 0$$

令

$$p_i = 1 - \sum_j p_{ij}$$

考虑一个马尔可夫链,从 i 出发下一步转移到 j 的概率为 p_{ij},同时停止的概率为 p_i。现在设从 i 出发经过 k 步后停止运动,运动轨迹标记为

$$J: i \to i_1 \to i_2 \to \cdots \to i_k \quad (k \geqslant 0, i_0 = i)$$

那么一次随机游走正好是该马尔可夫链的概率为

$$p_{ii_1}p_{i_1 i_2}\cdots p_{i_{k-1}i_k}p_{i_k}$$

根据轨道 J 定义一个函数

$$V(J) = \begin{cases} \dfrac{h_{ii_1}}{p_{ii_1}}\dfrac{h_{i_1 i_2}}{p_{i_1 i_2}}\cdots\dfrac{h_{i_{k-1}i_k}}{p_{i_{k-1}i_k}}\dfrac{a_{i_k}}{p_{i_k}}, & k > 0 \\[2ex] \dfrac{a_i}{p_i}, & k = 0 \end{cases}$$

用 E_i 表示自 i 出发的条件数学期望,可得

$$E_i[V(J)] = \frac{a_i}{p_i}p_i + \sum_{i_1} \frac{h_{ii_1}}{p_{ii_1}}\frac{a_{i_1}}{p_{i_1}}p_{ii_1}p_{i_1} + \sum_{i_1}\sum_{i_2} \frac{h_{ii_1}}{p_{ii_1}}\frac{h_{i_1i_2}}{p_{i_1i_2}}\frac{a_{i_2}}{p_{i_2}}p_{ii_1}p_{i_1i_2}p_{i_2} + \cdots$$

$$= a_i + \sum_{k=1}^{\infty}\sum_{i_1}\sum_{i_2}\cdots\sum_{i_k} h_{ii_1}h_{i_1i_2}\cdots h_{i_{k-1}i_k}a_{i_k}$$

因此有

$$x_i = E_i[V(J)]$$

按照求解微分方程的方法可得到下面计算方法:

(1)模拟以矩阵 P 为转移概率矩阵的马尔可夫链;

(2)独立做出 n 个运动轨迹 $J_i, i = 1, 2, \cdots, n$,并计算对应的 $V(J_1), V(J_2), \cdots, V(J_n)$;

(3)以 $\frac{1}{n}\sum_{i=1}^{n}V(J_i)$ 作为 x_i 的估计量。

根据(3),可以利用霍夫丁公式做 PAC 估计,这个方法的好处是每个 x_i 可以单独求出,并不需要同时计算其他 x_j。

现在考虑第二种情况 $|H| \geqslant 1$,设有一般方程组

$$\sum_j c_{ij}x_j = d_i, \quad i = 1, 2, \cdots, n$$

考虑二次型

$$Q(x_1, \cdots, x_n) = \sum_j \alpha_i\Big(\sum_j c_{ij}x_j - d_i\Big)^2$$

这里 $\alpha > 0$,是常数,求解上述二次型的最小值对应的点 $(x_1^0, \cdots, x_n^0)$ 实际上就是求解上面线性方程组的解。对于任意常数 $A > 0$,有

$$Q(x_1, \cdots, x_n) \leqslant A$$

是一 n 维椭球,这个椭球的中心实际在 $(x_1^0, \cdots, x_n^0)$ 处。每个通过该中心的超平面 $x_j = x_j^0$ 都把椭球分成体积相等的两部分,求 $x_1^0, \cdots, x_n^0$ 使得椭球在 $x_j \leqslant x_j^0$ 的那部分恰有一半的体积。

做 n 维立方体 $[a,b]^n$，使它包含该椭球，设 $\xi_1,\xi_2,\cdots,\xi_n$ 是 n 个在 $[a,b]$ 中独立且均匀分布的随机变量。做 n 维随机向量 $\eta=(\xi_1,\xi_2,\cdots,\xi_n)$，如果 η 位于椭球内，那么 η 在椭球内也是均匀分布的，取 l 个独立样本 $\eta_1,\cdots,\eta_l$，假设其中 m 个 η_i 位于椭球内，其余的扔掉。不失一般性，假设前面 m 个 $\eta_1,\cdots,\eta_m$ 位于椭球内，由于 η_i 在椭球内均匀分布，而超平面 $x_j=x_j^0$ 将椭球分为两部分，当 m 充分大时，这 m 个 η_i 中正好有一半分别位于超平面的两侧。在这些向量的第 j 个分量 $\xi_{1j},\xi_{2j},\cdots,\xi_{mj}$ 中应该有一半不大于 x_j^0，把这些分类从小到大排序，$\xi'_{1j}\leqslant\xi'_{2j}\leqslant\cdots\leqslant\xi'_{mj}$，位于中间的一个值 $\xi'_{\frac{m}{2}+1,j}$ 最接近 x_j^0，取

$$x_j^0=\xi'_{\frac{m}{2}+1,j},\quad j=1,2,\cdots,n$$

作为 x_j^0 的估计。此外也可以用 ξ'_{ij} 的均值作为 x_j^0 的估计。

通过概率近似正确计算方法可对方程组的单个未知变量进行快速计算，并且计算准确度和置信度随着抽样次数的增加快速提高，这对于实时计算具有重要价值。

例如考虑二维椭球（椭圆），假设 $Q(x_1,\cdots,x_2)\leqslant A=1$ 围成的椭圆长半轴、短半轴长度分别为 4 和 3，那么可知 $[a,b]=[-4,4]$，有 $b-a=8$，设置在误差为 0.1、置信度为 0.95 的情况下，当用样本均值作为线性方程的估计时，利用霍夫丁不等式可知，落入椭圆的最小样本数量为 $m\geqslant-\dfrac{(b-a)^2\ln\dfrac{1-\lambda}{2}}{2\varepsilon^2}=-\dfrac{8^2\ln\dfrac{1-0.95}{2}}{2\times0.1^2}\approx11\,804$ 时可以保证计算结果满足准确度和置信度的要求。

3.3.5 积分方程

积分方程求解是数值计算的另一个典型问题，在时间序列分析

中数据可能存在前后依赖关系，需要求解积分方程。

给定一个积分方程问题

$$y(x) = F(x) + \alpha \int_a^b K(x, \xi) y(\xi) \, d\xi \qquad (3.31)$$

其中 $F(x)$，$K(x, \xi)$ 为已知函数，现在要求计算积分方程对应的 $y(x)$。

这里用两种 PAC 方法计算积分方程：多项式逼近和马尔可夫采样。

1. 多项式逼近法求解积分方程

前面已经介绍了闭区间上的连续函数可用多项式逼近，接下来分析如何用多项式逼近法求解积分方程。对 $y(x)$ 进行多项式逼近时只需要知道 $y(x)$ 在格点 $\dfrac{m}{n}$ 上的值，就可以用 PAC 方式计算 $y(x)$ 在任一点的近似值，其中 n 与 m 皆为整数，且 $0 \leqslant m \leqslant n$。对于任意给定的 $0 < \varepsilon, \lambda < 1$，令 $t > \dfrac{1}{2\varepsilon^2} \ln \dfrac{2}{1-\lambda}$，随机抽取 t 个 $y\left(\dfrac{k_i}{n}\right)$，$i = 1, 2, \cdots, t$，就有

$$P\left(\left| \frac{1}{t} \sum_{1 \leqslant i \leqslant t} y\left(\frac{k_i}{n}\right) - Ey\left(\frac{m}{n}\right) \right| < \varepsilon \right) > \lambda$$

这里的关键是计算 $y(x)$ 在格点 $\dfrac{m}{n}$ 上的值。

首先按照多项式逼近形式展开 $y(x)$，有

$$y(x) \approx \sum_{k=0}^{n} a_k \varphi_k(x)$$

可令 $\varphi_k(x) = \dbinom{n}{k} x^k (1-x)^{n-k}$，此时 $a_k = y\left(\dfrac{k}{n}\right)$，当 $n \to \infty$ 时上式严格相等，其中有 $n+1$ 个系数 a_k，展开的多项式形式的 $y(x)$ 应该尽量

满足上述积分方程,即

$$\sum_{k=0}^{n} a_k \varphi_k(x) \approx F(x) + \alpha \sum_{k=0}^{n} a_k \int_a^b K(x,\xi) \varphi_k(\xi) \mathrm{d}\xi$$

令

$$\Phi_k(x) = \int_a^b K(x,\xi) \varphi_k(\xi) \mathrm{d}\xi$$

上式变为

$$\sum_{k=0}^{n} (\varphi_k(x) - \alpha \Phi_k(x)) a_k \approx F(x)$$

上式中 $\varphi_k(x)$, $\Phi_k(x)$ 通常为已知函数,只有 $a_k = y\left(\dfrac{k}{n}\right)$ 未知。要求解 $n+1$ 个常数 a_k 只需要在区间 $[a,b]$ 上选择 $a \leqslant x_0 \leqslant x_1 \leqslant \cdots \leqslant x_n \leqslant b$($x_i$ 称为配置点或者采样点),在采样点处要求上式严格相等,即有

$$\sum_{k=0}^{n} (\varphi_k(x_i) - \alpha \Phi_k(x_i)) a_k \approx F(x_i), \quad i = 0,1,2,\cdots,n$$

上式有 $n+1$ 个变量、$n+1$ 个方程,不考虑极端情况则上述方程组可唯一确定 a_k,根据多项式逼近原理,可通过调节 n 和采样点数量 t 以任意精度、置信度逼近待求方程 $y(x)$,即

$$y(x) = F(x) + \alpha \int_a^b K(x,\xi) y(\xi) \mathrm{d}\xi$$

2. 马尔可夫采样法求解积分方程

将积分方程写成离散形式

$$y_i = \sum_j K_{ij} y_j + F_i, \quad i = 1,2,\cdots,n$$

对比线性方程组问题可以发现两者的形式非常相似。因此可借鉴求解线性方程组的马尔可夫链采样方法,具体如下。设置二元函数 $p(s,t)$,$a \leqslant s,t \leqslant b$,满足 $p(s,t) \geqslant 0$,$\int_a^b p(s,t) \mathrm{d}t \leqslant 1$。同时满足如果 $K(s,t) \neq 0$,有 $p(s,t) > 0$,令 $p(s) = 1 - \int_a^b p(s,t) \mathrm{d}t$。构造一个马尔可

夫过程，自 $s=x$ 出发，下一步转移到 $(t,t+\Delta t)$ 中的概率为 $p(s,t)\Delta t+o(\Delta t)$，同时停止运动的概率密度为 $p(s)$。设它自 $s=x$ 出发，经过 k 步后停止运动，所经轨道为 $J:s\rightarrow s_1\rightarrow s_2\rightarrow\cdots\rightarrow s_k$，定义泛函

$$V(J)=\begin{cases} \dfrac{K(s,s_1)K(s_1,s_2)\cdots K(s_{k-1},s_k)K(s_k)}{p(s,s_1)p(s_1,s_2)\cdots p(s_{k-1},s_k)p(s_k)}, & k>0 \\[2mm] \dfrac{a(s)}{p(s)}, & k=0 \end{cases}$$

如果 $|K|=\sup\limits_s\int|K(s,t)|\,\mathrm{d}t<1$，有

$$y(x)=E_{s=x}\big[V(J)\big]$$

计算 $y(x)$ 的过程可以通过蒙特卡洛采样实现，采样所需要的样本数量、精度、置信度关系可通过基本的 PAC 理论进行计算。

3.4　非数值计算中的 PAC 方法

前一节给出了用概率近似正确计算做数值计算的典型案例。当前研究中一大类问题是非数值计算问题，近些年随着大数据和人工智能的发展，非数值计算的关注度更高，本节从概率近似正确计算的角度介绍几个典型的非数值计算案例。

3.4.1　数据分类问题

数据分类是非数值计算的经典问题，这里从概率近似正确计算的角度来分析典型的方法。

1. 线性分类

概率近似正确学习根据样本从假设空间中学习到一个函数，使

经验误差最小,同时希望学习到的函数(分类器或者拟合方程)具有较好的泛化能力,为此需要根据假设空间的大小或者 VC 维确定样本复杂性。这里考虑几个典型的常见计算方法:线性分类器、支持向量机、决策树、前馈神经网络,在概率近似正确学习的框架下分析这些方法的样本复杂性和学习能力。

首先考虑线性拟合和线性分类问题,定义仿射变换

$$h_{W,b}(\boldsymbol{x}) = <\boldsymbol{W},\boldsymbol{x}>+b = \sum_{i=1}^{d} w_i x_i + b \tag{3.32}$$

其中 $\boldsymbol{W}=(w_1,w_2,\cdots,w_d)$,$b$ 是线性分类器的权重参数和偏置。据此可定义线性分类器的假设空间为

$$L_d = \{ h(\boldsymbol{x}) = <\boldsymbol{W},\boldsymbol{x}>+b : \boldsymbol{W} \in R^d, b \in R \}$$

在一般的分析中可令 $\boldsymbol{W}=(b,w_1,w_2,\cdots,w_d)$,$\boldsymbol{x}=(1,x_1,x_2,\cdots,x_d)$,这时 $h_{W,b}(\boldsymbol{x}) = <\boldsymbol{W}',\boldsymbol{x}'>$,所以仿射变换待求变量的数量(维度)实际为 $d+1$。

首先需要分析 L_d 的复杂性,即 VC 维。这里直接给出在均匀半空间中 VC 维为 d,下面利用反证法给出简要证明。

考虑一组 d 维空间的一组向量 $\boldsymbol{e}_1,\boldsymbol{e}_2,\cdots,\boldsymbol{e}_d$,对于每个向量 $\boldsymbol{e}_i$ 只有第 i 个位置的元素为 1 其他位置元素为 0。假设 $\boldsymbol{e}_1,\boldsymbol{e}_2,\cdots,\boldsymbol{e}_d$ 经过 h 映射后的值为 $y_1,y_2,\cdots,y_d$,只需要设置 $\boldsymbol{W}=(y_1,y_2,\cdots,y_d)$,那么就有 $<\boldsymbol{W},\boldsymbol{e}_i>=y_i$,$\boldsymbol{e}_i$,$i=1,\cdots,d$ 可以认为是一组基向量。

接下来考虑一组非零向量 $\boldsymbol{x}_1,\boldsymbol{x}_2,\cdots,\boldsymbol{x}_d,\boldsymbol{x}_{d+1}$,那么一定存在一组实数 $a_1,a_2,\cdots,a_d,a_{d+1}$,满足 $\sum_{i=1}^{d+1} a_i \boldsymbol{x}_i = 0$,令 $I=\{i:a_i>0\}$,$J=\{j:a_j>0\}$,可得

$$\sum_{i \in I} a_i \boldsymbol{x}_i = \sum_{j \in I} a_j \boldsymbol{x}_j$$

如果 $\boldsymbol{x}_1,\boldsymbol{x}_2,\cdots,\boldsymbol{x}_d,\boldsymbol{x}_{d+1}$ 能够被向量 $L_d=\{h(\boldsymbol{x})=<\boldsymbol{W},\boldsymbol{x}>\}$ 完全区分,那么存在一个 $\boldsymbol{W}$ 满足对于所有的 $i\in I$,$<\boldsymbol{W},\boldsymbol{x}_i>>0$;对于所有的 $j\in J$,$<\boldsymbol{W},\boldsymbol{x}_j><0$。因此有

$$0<\sum_{i\in I}a_i<\boldsymbol{W},\boldsymbol{x}_i>=<\boldsymbol{W},\sum_{i\in I}a_i\boldsymbol{x}_i>$$
$$=<\boldsymbol{W},\sum_{j\in J}|a_j|\boldsymbol{x}_j\ge\sum_{j\in J}|a_j|<\boldsymbol{W},\boldsymbol{x}_j><0$$

出现矛盾,因此 $L_d=\{x\to<\boldsymbol{W},x>\}$ 的 VC 维为 d。

注意,仿射变换 $h_{w,b}(\boldsymbol{x})=<\boldsymbol{W},\boldsymbol{x}>+b$ 可以表达为 $h_{w,b}(\boldsymbol{x})=<\boldsymbol{W}',\boldsymbol{x}'>$,$\boldsymbol{W}=(b,w_1,w_2,\cdots,w_d)$,$\boldsymbol{x}=(1,x_1,x_2,\cdots,x_d)$,可得出前面假设空间的 VC 维等于 $d+1$。

对于二分类问题,$x=R^d$,$y=\{-1,+1\}$,如图 3.4 所示,定义如下假设空间

$$HS_d=\{\boldsymbol{x}\to\text{Sgn}\ (h_{w,b}(\boldsymbol{x})),h_{w,b}(\boldsymbol{x})\in L_d\}$$

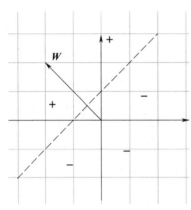

图 3.4　二分类问题的正负样本空间

该假设空间中任意一个分类函数实际上代表一个超平面,将样本空间分为两个空间:正样本空间和负样本空间,如图 3.4 所示。根据前述分析,HS_d 的 VC 维为 $VCdim(HS_d)=d+1$,根据概率近似正确理论,要保证经验误差和真实误差小于 ε、置信度为 λ,所需的最小

样本数量为

$$m > \frac{d + \log(1/1-\lambda)}{\varepsilon}$$

如果给定的训练样本足够多,现在的问题是如何从样本空间 HS_d 找到最优的一个假设。各种编程语言(如 C++、Python、MAT-LAB、FORTRAN)的线性方程工具包一般都能求解线性不等式问题,这类问题一般可优化一个线性目标函数,同时待求变量满足线性约束条件,通用形式如下:

$$\max_{W \in R^d} <u, W>$$

$$\text{s.t.} \quad AW \geqslant v$$

其中 W 是待求变量,u,v 为已知向量。对于给定的 m 个训练样本,设置 A 矩阵为 $m \times d$ 维的矩阵,矩阵每一行代表一个样本,$v = (1, 1, \cdots, 1)$ 表示全 1 向量。这样设置后可保证对于任意样本有

$$y_i <W, x_i> \geqslant 1$$

如果该线性优化问题能够找到 W 满足上述不等式,即可知经验误差为 0。

为了方便数据流的分类计算,这里介绍线性空间的感知机计算方法,如果要正确分类 x_i,应该使用如下更新规则

$$W^{(t+1)} = W^{(t)} + y_i x_i$$

针对每个错误划分的样本,使用上面规则更新 $W^{(t+1)}$,然后重新遍历所有样本,继续使用错误划分的样本更新 $W^{(t+1)}$,循环此步骤直至所有样本正确分类位置。实际上经过有限次的迭代更新 $W^{(t)}$ 即可收敛,详细迭代次数此处不做过多分析。

2. 支持向量机

给定训练数据集 $S = (x_1, y_1), (x_2, y_2), \cdots, (x_m, y_m)$,样本数据

$x_i \in R^d, y_i \in \{-1, +1\}$。首先研究完全线性可分的情况,这意味着假设空间 $L_d = \{x \to <W, x> + b : W \in R^d, b \in R\}$ 至少存在一个函数满足 $y_i = \mathrm{Sgn}(<W, x_i> + b)$,即对于任意训练样本 x_i,有

$$y_i(<W, x_i> + b) > 0 \qquad (3.33)$$

对于给定的训练样本集,假设空间 L_d 可能存在多个经验误差最小的分类函数,如图 3.5 所示,选择一个最优假设是支持向量机的核心。

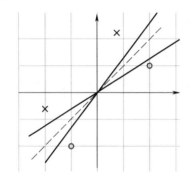

图 3.5　训练样本存在多个经验误差
最小的划分超平面

支持向量机希望训练样本和超平面的距离越大越好,样本和超平面的距离定义为训练集中所有样本距离分类超平面距离的最小值。一个点 x 到超平面 (W, b) 的距离为 $|<W, x> + b|$(相关理论参考欧氏空间中点到平面的距离)。因此支持向量机的本质是优化下列目标函数

$$\underset{(W, b): \|W\| = 1}{\mathrm{argmax}} \ \underset{i \in [m]}{\min} |<W, x_i> + b|$$

$$\mathrm{s.t.} \quad y_i(<W, x_i> + b) > 0$$

上述目标函数使用不便,考虑到 $y_i \in \{-1, +1\}$,优化问题实际上等价于

$$\underset{(\boldsymbol{W},b):\|W\|=1}{\operatorname{argmax}}\ \underset{i\in[m]}{\min}y_i(<\boldsymbol{W},\boldsymbol{x}_i>+b)$$

此目标函数进一步化简,转变为一个二次型优化问题,即

$$(\boldsymbol{W}_0,b_0)=\underset{(\boldsymbol{W},b)}{\operatorname{argmin}}\|\boldsymbol{W}\|^2,\quad \text{s.t.}\quad \forall i,y_i(<\boldsymbol{W},\boldsymbol{x}_i>+b)>1$$

对应的最优 $\boldsymbol{W},b$ 为 $\hat{\boldsymbol{W}}=\dfrac{\boldsymbol{W}_0}{\|\boldsymbol{W}_0\|},\hat{b}=\dfrac{b_0}{\|b_0\|}$。

给定一组训练集,上述二次型优化问题可转换为线性优化问题,常用线性不等式工具包已经集成了相关优化工具。

在支持向量机分类时,训练集到超平面$(\boldsymbol{W},b)$的距离除了与优化参数$(\boldsymbol{W},b)$相关外还与样本的缩放尺度相关。给定训练集$S=(\boldsymbol{x}_1,y_1),(\boldsymbol{x}_2,y_2),\cdots,(\boldsymbol{x}_m,y_m)$,假定经过支持向量机优化后的最小距离为$\gamma$,如果对$\boldsymbol{x}_i$做适当缩放,缩放因子$\alpha>0$,$S'=(\alpha\boldsymbol{x}_1,y_1),(\alpha\boldsymbol{x}_2,y_2),\cdots,(\alpha\boldsymbol{x}_m,y_m)$,那么集合$S'$和对应的最优超平面距离应该为$\alpha\gamma$。因此训练集的缩放能够任意调节支撑距离。使用支持向量机描述线性可分问题时,缩放因子严格定义如下。

定义 3.9 给定二分类问题的数据集定义域$R^d\times\{-1,+1\}$,D是定义域上的随机概率分布,训练数据集中的元素根据D独立抽样,$(x,y)\sim D$,如果存在一组参数$(\boldsymbol{W}^*,b^*)$满足$|\boldsymbol{W}^*|=1$,并且对于根据D抽样的任意样本有$y_i(<\boldsymbol{W}^*,\boldsymbol{x}_i>+b^*)\geqslant\gamma$,$|\boldsymbol{x}_i|\leqslant\rho$,那么称$D$在$(\gamma,\rho)$距离下是线性可分的。

进一步,如果在概率分布D上的抽样数据满足(γ,ρ)距离下线性可分,那么在置信度λ下,当样本数量为m时,支持向量机在0-1分类问题的误差最多为$\sqrt{\dfrac{4(\rho/\gamma)^2}{m}}+\sqrt{\dfrac{2\log(2/1-\lambda)}{m}}$。

前面考虑的是训练集数据完全线性可分的情况,实际数据一般存在一些噪声,少量样本会产生标记错误,为此可适当放宽限制条

件,将 $y_i(<\boldsymbol{W},\boldsymbol{x}_i>+b)>1$ 修改为

$$y_i(<\boldsymbol{W},\boldsymbol{x}_i>+b)>1-\xi_i$$

其中 ξ_i 表示样本 i 偏离真实分类边界的程度,同时为了防止 ξ_i 过拟合,在优化目标函数加入正则项

$$\min_{\boldsymbol{W},b,\xi}\left(\lambda\mid\boldsymbol{W}\mid^2+\frac{1}{m}\sum_{i=1}^{m}\xi_i\right)$$

$$\text{s.t.}\quad\forall i,y_i(<\boldsymbol{W},\boldsymbol{x}_i>+b)>1-\xi_i,\xi_i\geq0$$

其中 λ(这个 λ 易与置信度混淆)是一个可调参数。为方便,一般使用铰链损失函数 $hinge$,$L(y)=\max\{0,1-y\hat{y}\}$,其中 $\hat{y}$ 表示预测输出。在支持向量机中

$$L^{hinge}((\boldsymbol{W},b),(\boldsymbol{x},y))=\max\{0,1-y(<\boldsymbol{W},\boldsymbol{x}>+b)\}$$

因此优化的目标函数可直接写作

$$\min_{\boldsymbol{W},b}(\lambda\mid\boldsymbol{W}\mid^2+L_S^{hinge}(\boldsymbol{W},b))$$

当偏置为 $b=0$ 时,在定义域 $R^d\times\{-1,+1\}$ 上根据概率分布 D 抽样获得样本集 $S=(\boldsymbol{x}_i,y_i):\mid\boldsymbol{x}_i\mid\leq\rho\}$,支持向量机方法获得的目标函数为 $A(S)$,那么当存在少量样本错误时,对于任意 $\boldsymbol{u}$ 有

$$E_{S\sim D^m}[L_D^{hinge}(A(S))]\leq L_D^{hinge}(u)+\lambda\mid u\mid^2+\frac{2\rho^2}{\lambda m}$$

如果令 $B>0$,$\lambda=\sqrt{\dfrac{2\rho^2}{B^2m}}$,那么有

$$E_{S\sim D^m}[L_D^{0-1}(A(S))]\leq E_{S\sim D^m}[L_D^{hinge}(A(S))]$$

$$\leq\min_{\boldsymbol{W}:\mid\boldsymbol{W}\mid\leq B}L_D^{hinge}(\boldsymbol{W})+\sqrt{\frac{8\rho^2B^2}{m}}$$

上式给出了支持向量机在训练集上的最优分类函数 $A(S)$ 在样本概率分布 D 条件下的期望上界,为了保证误差尽量小,要求在训练集

上经验误差最小。

3. 决策树

决策树是解决分类问题的一种有效方案(如图 3.6 所示),给定一个样本,决策树方法从根节点开始根据样本的特征依次在每个非根节点判定选择左(右)分支,直至到达叶节点,每个叶节点可以代表一个类别,k 个叶节点最多可以有 k 个类别。为方便起见,在理论分析中一般使用 0-1 分类问题,因此不同的叶节点也可以是相同的类别。

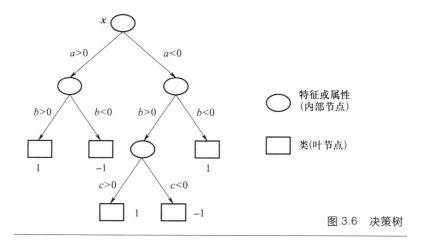

图 3.6 决策树

考虑这样一个问题,$x = \{0,1\}^k$ 映射到 $y = \{0,1\}$,每一个样本实际上可以用长度为 k 的二进制数字表示,在 0-1 分类问题中每个非叶节点只有两个孩子,每个样本从根节点开始根据当前位(0 或 1)判定左孩子(右孩子),一直到叶节点,最多有 2^k 个叶节点,决策树的深度为 $k+1$,因此数据的 VC 维为 2^k。根据概率近似正确计算理论只有当 k 非常小时,样本误差和真实误差小,当 k 非常大时需要非常多的训练样本,可行性不高。

理论分析表明,对于任意决策树 $h \in H$,要求决策树节点数量为

n,深度为 $k+1$,当样本数量为 m、置信度为 λ 时,真实误差和经验误差关系为

$$L_D(h) \leqslant L_S(h) + \sqrt{\frac{(n+1)\log_2(k+3) + \log(2/1-\lambda)}{2m}} \qquad (3.34)$$

在实际训练中一般要求设计决策树达到最小的经验误差 $L_S(h)$。根据上述不等式,如果为了最小化经验误差 $L_S(h)$ 而设计复杂的决策树,那么 n 比较大,真实误差也可能很大。反之如果设计的决策树比较简单,n 较小,但经验误差 $L_S(h)$ 会较大。因此在这个过程中需要平衡决策树的复杂性和经验误差的关系,最优情况是简单的决策树具有最好的经验误差。

接下来介绍一个简单的决策树设计算法 ID3,ID3 算法通过启发式策略,初始时刻没有节点,在流程的每一步通过训练集的一个特征创建一个决策分支,特征选择的依据是特征的收益函数。具体如下。

输入:训练集 S,特征集合 A(假设有 d 个特征)。

输出:决策树 T。

(1)判断所有训练样本标签是否完全相同,如果完全相同返回一个叶节点,该叶节点内容和样本标签相同。

(2)从特征集合 A 中选择一个特征 j,该特征能够最大化一个特征收益函数,标记为 $j = \underset{i \in A}{\arg\max} \, Gain(S, i)$(收益函数 $Gain(S, i)$ 稍后介绍)。

(3)如果训练样本标签完全相同,则返回一个叶节点,该叶节点内容和样本标签相同。

(4)如果样本不完全相同,则创建左、右子树 $T_1 = \mathrm{ID3}(\{(x, y) \in$

$S:x_j=1\}$,$A\backslash j)$,$T_2=\mathrm{ID3}(\{(x,y)\in S:x_j=0\}$,$A\backslash j)$,其中 x_j 表示样本的第 j 个特征对应的值,$A\backslash j$ 表示从 A 中删除特征 j 后剩余的特征集合。

ID3 实际上是一个递归算法,在递归的每一步创建一个分支节点,所以树的深度为 $k+1$。注意,不加约束创建的树可能是满树或者近似满树(满树是指所有非叶节点均有左右孩子,且从根节点到任意叶节点的距离为 k),有可能导致过拟合。因此实际创建完决策树后需要对其做剪枝处理,将过拟合的节点删除;或者在创建决策树过程中当收益低于给定的阈值时不再创建新的分支。

ID3 的一个核心问题是定义收益函数,接下来给出几个常用的收益函数。第一个常用的收益函数为训练误差,定义函数 $C(a)=\min\{a,1-a\}$,未选择特征创建决策树节点时训练误差为 $C(P_S[y=1])$,当选中特征 i 创建分支时,训练误差为 $P_S[x_i=1]C(P_S[y=1]\mid x_i=1)+P_S[x_i=0]C(P_S[y=1]\mid x_i=0)$,因此定义收益为

$$Gain(S,i)=C(P_S[y=1])-P_S[x_i=1]C(P_S[y=1]\mid x_i=1)+$$
$$P_S[x_i=0]C(P_S[y=1]\mid x_i=0)$$

第二个常用收益函数为信息熵的增益,即选择特征 i 创建分支节点后预测结果的不确定性是否降低。预测结果的不确定性由信息熵表示,只需替换

$$C(a)=-a\log a-(1-a)\log(1-a)$$

第三个常用收益函数为基尼系数的变化程度,替换

$$C(a)=2a(1-a)$$

此外 ID3 算法创建完决策树后还需要剪枝,防止过拟合。基于 ID3 算法可进一步生成随机森林算法等。相关细节较多,这里不详

细介绍。

4. 神经网络

神经网络的结构一般可用图表示,当前一大类研究关注的神经网络为前馈神经网络,即神经网络中信息传播的路径不出现回路,包括多层感知机、卷积神经网络等。前馈神经网络的拓扑结构可以采用有向无环图 $G=(V,E)$ 表示,人们对前馈多层神经网络研究较多,在多层神经网络中将神经网络划分为多层节点 $V=\bigcup_{t=0}^{T}V_t$,边只存在于邻近的两层之间,第 0 层一般为输入层,表示输入数据,此外第 0 层最后一个元素表示偏置项,所以如果输入数据大小为 n,那么第 0 层大小为 $n+1$。令第 t 层第 r 个神经元的输出用 $o_{t,r}(x)$ 表示,那么 $t+1$ 层不同神经元的输出为

$$a_{t+1,j}(x)=\sum_{r}w(v_{t,r},v_{t+1,j})o_{t,r}(x)$$

$$o_{t+1,r}(x)=\sigma(a_{t+1,j}(x))$$

其中 $a_{t+1,j}(x)$ 表示 $t+1$ 层第 j 个神经元的输入,σ 表示神经元的非线性函数。

对于一般的计算问题,首先确定神经网络的拓扑结构,即确定 V,E,σ。神经元之间的连接权重 w 是未知的,也是待求的变量。因此一般设定假设空间为

$$H_{V,E,\sigma}=\{h_{V,E,\sigma,w}:w\text{ 为边的权重}\}$$

在做概率近似正确计算时需要在假设空间中搜索一个最优的函数,对应神经网络中的最优参数 w。现在存在两个问题,一是 $H_{V,E,\sigma}$ 复杂性如何,是否包含最优假设;二是对于给定的模型,需要多少样本来保证计算的精度和置信度。

首先分析 $H_{V,E,\sigma}$ 复杂性,这里研究布尔函数,将 $(\pm1)^n$ 映射

到 (± 1)。σ 为符号函数 $\sigma(x) = \mathrm{Sgn}(x)$，当 $x > 0$ 时 $\sigma(x) = 1$，否则为 0。

这里构建一个二层的神经网络 $H_{V,E,\mathrm{Sgn}}$ 将 $(\pm 1)^n$ 映射到 (± 1)，第 0 层的输入加上一个偏置项共 $n+1$ 个节点，设置第 1 层（隐藏层）共有 $|V_1| = 2^n + 1$ 个节点，第 2 层（输出层）有 $|V_2| = 1$ 个节点。不同层的连接关系设置为全连接。对于任意给定的函数 $f(x)$，令 $u_1, u_2, \cdots, u_k$ 为 f 输出为 1 时对应的输入值。对于输入 x，当 $x = u_i$ 时 $<x, u_i> = n$；否则 $<x, u_i> < n-2$。基于此定义符号函数 $g_i(x) = \mathrm{Sgn}(<x, u_i> - n + 1)$，只有当 $x = u_i$ 输出为 1。对于第 1 层的输入我们调节权重关系，并且将第 1 层的第 i 个节点函数设置为 $g_i(x)$。因此当输入为某一个 u_i 时其对应的神经元输出为 1，否则为 0。注意，如果 $x = u_i, i = [1, 2, \cdots, k]$ 时对应的神经元输出为 1，否则输出为 -1，因此在第 2 层可计算 $f(x)$，$f(x)$ 和第 2 层输出的关系为

$$f(x) = \mathrm{Sgn}\left(\sum_{i=1}^{k} g_i(x) + k - 1 \right)$$

据此定义了双层神经网络可以实现任意函数 $f(x)$。因此只要不限制神经网络的节点数量，基于神经网络的假设空间 $H_{V,E,\sigma}$ 可以无限大。如果将神经网络的激活函数调整为 Sigmoid 函数也有类似的结论。

接下来分析双层神经网络的表达能力，如图 3.7 所示，在前面线性分类问题中已经知道线性分类实际上给定一个划分超平面，该超平面将空间分为包含正、负样本的两个半空间。双层神经网络的输入层是样本数据，隐藏层中的每一个神经元实际上代表一个划分超平面，假设隐藏层有 k 个节点，那么就有 k 个划分超平面。进一步，输出层实际上表示了隐藏层输出的划分超平面交集，这个交集一般

可以理解为 k 条边的凸多面体。进一步再增加一层隐藏层,神经网络输出可以看作是多个凸多面体的交集,如图 3.8 所示。

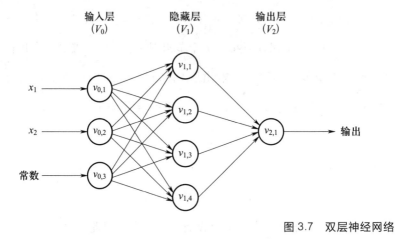

图 3.7　双层神经网络

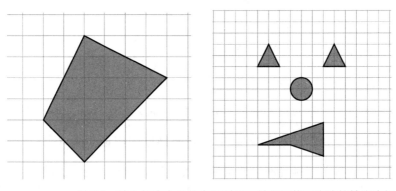

图 3.8　输入长度为 2 的向量时双层神经网络可表达的输出空间

3.4.2　数据聚类问题

聚类问题定义如下:对于给定的一组数据点,我们希望将数据点划分成一组或者多组相似的对象(簇)。同一个簇中的元素是相似的,而与其他簇中的元素相异,簇之间的相似性有相关的度量标准。给定一组 n 个只能按照索引 i 递增顺序读取的数据 $X_1, X_2, \cdots,$ X_n,数据流是不允许随机访问的,数据流算法的性能是通过该数据流的线性扫描次数来衡量的,通常需要考虑数据误差、数据缓存大小、处理时间等指标,也需要根据具体场景进行取舍。

接下来介绍一个早期研究的 STREAM 算法。STREAM 算法是对 k 均值(k-means)算法的扩展,它聚焦于解决 k 中心点(k-medians)问题。假设在一个度量空间 X 中,把度量空间 X 中的 n 个数据聚类成 k 个簇,使数据点与其簇之间的误差平方和(sum of squared error,SSE)最小,最小化平方和而不是距离的和是因为两者问题是相似的。k 中心点选择实际的对象作为簇的代表,每个簇选择一个代表对象 o_i,和 k 均值法同样采用误差平方和作为评价度量:

$$E = \sum_{i=1}^{k} \sum_{p \in C_i} dist(p, o_i)^2$$

STREAM 算法使用质心(中心点、中位数)和权重(类中数据个数)来表示聚类。该算法假设聚类在整个数据流上进行计算,采用批处理的方式处理因内存而受限的数据点,对于每一批数据点进行聚类,得到加权聚类质心集合。但这样的处理方法存在问题,因为一个数据流应该被看作是一个由数据组成的无限过程,它随着时间的推移而不断发展,STREAM 算法的处理方式导致聚类问题可能仅定义于部分数据流之上。

下面简单描述 STREAM 算法的流程。

(1)假设数据实际上以块 $X_1, \cdots, X_n$ 的形式到达,其中每个 X_i 是一组适应主存的数据点,当有足够多的数据到达后,就可以将任何单个点的流转换成一个分块的流。

(2)流算法 STREAM 对第一个数据块 X_i 进行聚类,并且为每一个聚类结果的中值分配一个权重,该权重等于其来自 X_i 成员的权重之和。

(3)重复 $n/O(k)$ 次上一步骤,便可得到 m 个一级带权的质心,然后清除内存,只保留得到的 m 个一级带权质心。

(4)对保存的 m 个一级带权质心进行聚类得到 $O(k)$ 个二级带权质心。

(5)重复第(3)、(4)步,最后得到 $O(k)$ 个 $i+1$ 级的带权质心(其中 i 为 i 级聚类,STREAM 算法采用分级聚类)。

值得一提的是,在算法过程中,数据流的第 i 个数据块聚类后保留 $O(ik)$ 个带权质心,对于非常长的数据流,保留 $O(ik)$ 个数据可能会变得非常大。而在这种情况下可以再次对 $O(ik)$ 个带权质心进行聚类,只保留聚类中规模较大的 k 个中心。

该算法有以下三个明显缺点:① 算法没有考虑数据流的演变,即算法没有给予最近的数据较大的权重,聚类结果受控于过期的数据点;② 算法更接近于一个批处理过程,无法给予实时响应;③ 无法给出不同时间粒度的聚类结果。

下面介绍另一种算法 CluStream,它是基于层级的方法。CluStream 算法核心思想就是金字塔时间快照,分为在线操作的微聚类(micro-cluster)和离线操作的宏聚类(macro-cluster)两个阶段,都属于界标窗口(landmark window)处理模式。

微聚类用来存储数据的特征向量组以及存储线上分析时整个数据流的静态统计信息,并根据金字塔时间在选定的时间点存储整个微聚类的时间快照,这些快照也就是微簇。在需要进行聚类的时候,根据用户给定的时间窗口参数,在金字塔时间表的快照中选取最接近的快照微聚类,根据这些微聚类使用 STREAM 算法对其进行聚类,最后得到相应的聚类结果。相较于 STREAM 算法,CluStream 聚类分析框架是增量式的,能实现实时响应,同时使用了金字塔时间框架,能给出不同时间粒度的聚类结果。

下面首先定义微簇和金字塔时间框架的概念。CluStream 中的微簇由聚类特征(clustering feature, CF)来定义,该聚类特征是 BIRCH(balanced iterative reducing and clustering using hierarchies)算法中聚类特征在时间域上的扩展。假设数据流由一组多维记录 $\overline{X_1}\cdots$ $\overline{X_k}\cdots$ 组成,到达的时间戳为 $T_1\cdots T_k\cdots$,其中每个 $\overline{X_i}$ 是由 $\overline{X_i} = (x_i^1\cdots x_i^d)$ 表示的 d 维多维记录,带时间戳的 $T_{t_1}\cdots T_{t_n}$ 的 d 维数据点集 $X_{t_1}\cdots X_{t_n}$ 的微簇被定义为 $(2d+3)$ 元组 $(CF_2^x, CF_1^x, CF_2^t, CF_1^t, n)$。其中,矢量 CF_2^x 和 CF_1^x 分别是每维数据值的平方和及累加和,如第 p 维的 CF_2^x 和 CF_1^x 分别是 $\sum_{j=1}^{n} (x_{t_j}^p)^2$ 和 $\sum_{j=1}^{n} x_{t_j}^p$;类似地,标量 CF_2^t 和 CF_1^t 分别是时间戳的平方和及累加和;n 是数据的个数。所有的微簇将作为整个数据流的快照被存储在金字塔时间框架的相应时间点上。

由 BIRCH 中聚类特征的可加减性,不难推出 CluStream 中的聚类特征的可加减性,因此 CluStream 算法是一个增量式的处理过程。

接下来介绍 CluStream 算法步骤,在线阶段(维护微簇)步骤如下。

(1)利用 k 均值算法预先建立 q 个微簇。

(2)若有新的数据 X 到达,考察 X 到各个微簇中心的距离是否大于微簇的均方根误差,如果大于所有微簇的均方根误差则新建立一个独立 id 的微簇,否则加入距离最近的微簇(利用特征向量组的可加性质)。

(3)一旦建立新的微簇,就需要删除一个原来的微簇,理论上通常根据最近到达各个微簇的 m 个点的时间戳来确定删除哪个微簇,在实际应用中根据微簇中的时间统计信息可以得到各个数据点到达时间的均值,然后和预设的阈值 δ 进行比较,如果到达时间均值小于阈值则表明这个簇最近最少用,可以删除对应的微簇。

(4) 如果所有微簇的到达时间均值都比 δ 大,则需要合并两个距离最近的微簇,同时将对应 id 形成一个表。

离线部分(创建宏簇)步骤如下。

(1) 将各个在线阶段形成的微簇、用户输入的真实聚类个数以及时间窗口信息作为输入,实现线下的聚类。

(2) 将各个微簇当作虚拟的点,位置根据其中心来设置,使用 k 均值算法来计算。

CluStream 算法使用了线上和线下的模式对数据流进行聚类,包含了数据流进化的思想,算法能够适应数据流快速、有序、无限、单遍扫描的特点。

当然该算法也有明显的缺点,即若使用滑动窗口模式,则快照的存储开销非常大;过期数据点会影响算法聚类的效果;由于采用距离作为各个数据点相似度的标准,一般仅能产生球形的簇;当将该算法应用于高维数据流的聚类时,其表现不佳。

参考文献

[1] SHALEV-SHWARTZ S,BEN-DAVID S.Understanding machine learning:from theory to algorithms[M].[S.l.]:Cambridge University Press,2014.

[2] VALIANT L.Probably approximately correct[M].[S.l.]:Basic Books,2014.

[3] MEHRYAR M,ROSTAMIZADEH A,TALWALKAR A.Foundations of machine

learning[M].2nd ed.[S.l.]:MIT Press,2018.

[4] AGGARWAL C C.Data streams:models and algorithms[M].[S.l.]:Springer, 2007.

[5] AKIDAU T,CHERNYAK S,LAX R.Streaming systems:the what,where,when, and how of large-scale data processing[M].[S.l.]:O'Reilly Media,2018.

[6] LI K C,JIANG H,YANG L T,et al.Big data:algorithms,analytics,and applications[M].[S.l.]:Routledge,2020.

[7] 李静林,袁泉.流数据分析技术[M].北京:北京邮电大学出版社,2020.

[8] 李刚民.Foundation of big data analytics:concepts,technologies,mothods and business[M].北京:科学出版社,2018.

[9] 陈国良,毛睿,陆克中,等.大数据计算理论基础:并行和交互式计算[M].北京:高等教育出版社,2017.

[10] 王梓坤.概率论基础及其应用[M].北京:科学出版社,1976.

[11] 周志华.机器学习[M].北京:清华大学出版社,2016.

[12] 胡晓予.高等概率论[M].北京:科学出版社,2009.

[13] CHAN K H R,YU Y,YOU C,et al.ReduNet:a white-box deep network from the principle of maximizing rate reduction[J].arXiv preprint:arXiv.2105.10446, 2021.

[14] GOODFELLOW I,BENGIO Y,COURVILLE A.Deep learning[M].[S.l.]:MIT Press,2016.

[15] KELLEHER J D.Deep learning[M].[S.l.]:MIT Press,2019.

[16] SCHMIDHUBER J.Deep learning in neural networks:an overview[J].Neural Networks,2015,61:85-117.

第四章　样本复杂度与交互式计算

在第三章中介绍了 PAC 方法,并且讨论了关于样本复杂度的重要概念,样本复杂度刻画了计算的精度与需要抽取的样本数量之间的关系。本章将继续做更加深入的讨论,并且描述样本复杂度与信息熵以及柯尔莫哥洛夫复杂度(Kolmogrov complexity,也称柯尔莫哥洛夫复杂性)之间的联系,这些讨论提供了从不同角度对 PAC 方法进而对大数据计算的一些深层次的理解。

基于样本复杂度,还将进一步讨论"数据边际价值递减原理",在大数据计算实践中,常常有这样的现象,对于一个计算问题,如果数据量不够,则无法得到满意的答案,只有当数据量增加到一定规模后才能获取需要的答案,但是当数据量继续增加时,改进求解精度的边际效应会越来越低,本章通过对样本复杂度的深入剖析来阐述这一原理的内在原因。

在这一章里,还会讨论将交互式方法应用于大数据计算的一些典型算法。在《大数据计算理论基础——并行和交互式计算》一书中,已经提到了针对 NP 问题,可通过交互式计算改进求解质量,并借助交互式计算的理论模型——交互式图灵计算讨论了其中的一些基本理论问题,例如计算精度、交互复杂度等。本章重点关注决策优化中集成学习的一些基本内容,其中一个涉及决策选择优化,另一个涉及决策组合优化(即自适应增强算法),这二者都是在做出决策与效果评价的交互过程中逐步实现优化决策目标的,既有很好的应用价值,又能够体现交互式计算的特点。

　　本章还专门辟出一节讨论蒙特卡洛树搜索方法,这一方法目前备受关注,并且在一些人工智能领域的应用中也取得重大成功。蒙特卡洛树搜索是具有代表性的交互式计算方法,在算法的每一步都去搜索一个策略,并根据与现实环境的交互,对该策略进行评价,从中获取最优(或者较优)的决策路线。重要的是,蒙特卡洛树搜索可以模拟人类的决策过程,将决策过程中的创新性与传承性结合起来,从而实现模仿人类决策的实际效果,在人工智能领域颇受重视,并且有望取得更富有突破性的成果。

4.1　样本复杂度

4.1.1　样本复杂度的定义与基本性质

　　回顾第 3.2.2 节关于 PAC 算法的介绍,对给定问题 τ,如果存在算法 A,对于任意的 $0<\varepsilon,\lambda<1$,满足

$$P[\,E_A(A(x),F(x))\leqslant\varepsilon\,]>\lambda \tag{4.1}$$

则称 A 为 τ 的 PAC 算法。对于离散值函数,$F(x)\in\{a_1,a_2,\cdots,a_m\}$,误差定义为 $E_A=P[A(x)\neq F(x)\,|\,x\in D]$,即计算结果 $A(x)$ 与实际结果 $F(x)$ 不一致的概率。对于连续值函数 $F(x)\in R$,误差定义为 $E_A=|A(x)-F(x)|$,即计算结果 $A(x)$ 与实际结果 $F(x)$ 偏差的绝对值。参数 (ε,λ) 也称为 A 的求解精度(简称精度),换句话说,

一个问题 τ 是 PAC 可解的,如果对于任意 $0<\varepsilon,\lambda<1$,τ 具有求解精度为 (ε,λ) 的算法。根据不同的精度要求 (ε,λ),A 会抽取不同的样本数量。

刻画 PAC 算法 A 的质量,即精度,使用了两个参数,一个是误差 ε,一个是置信度 λ。在规定的范围内,ε 越小,λ 越大,算法 A 的精度越高。对于离散问题(分类问题)和连续问题(函数计算),E_A 的定义有所不同,但是对于精度的定义在形式上都是式(4.1)。这里自然引出一个问题,对于给定的计算任务 τ 以及精度参数 (ε,λ),需要抽取多少样本 N,使得计算结果能够以大于 λ 的置信度保证误差不大于 ε。一般来说,N 是 ε 和 λ 的函数,写作 $N>q(\varepsilon,\lambda)$,称为样本复杂度,样本复杂度反映了 PAC 计算的成本开销,同时也反映了算法的优劣。容易想到的是,样本复杂度越小的算法,其性能也越优。类似于传统的图灵复杂度,这就产生了样本复杂度上界的问题。

在这里需要特别解释一下问题的实际结果 $F(x)$,这是指在计算模型下能够取得的最好结果,但并不一定是问题的最好结果,即不一定是误差为零的结果。例如在机器学习模型 M 中,根据上一章的讨论,如果 H 是 M 的候选空间,结构风险误差为 δ,即最好的拟合函数 $h\in H$ 具有泛化误差 δ,那么 PAC 计算误差与置信度定义为

$$P\left[E_A(A(x),F(x))\leqslant\delta+\varepsilon\right]>\lambda$$

其中 $\delta+\varepsilon$ 中的 δ 是模型 M 带来的,是先天的,因此无法用 PAC 计算消除,而 ε 是 PAC 的计算误差,根据样本的多寡而变。

在本书中,如无声明,抽样总是服从随机独立同分布假设(即所谓 IID 假设),对于一个具体的随机抽样过程,检验 IID 条件并不容易。目前,已经有许多抽样理论和方法对此做了大量的讨论,也有

一些工具软件供人们使用[1]，能够在一定程度上确保样本的随机性，在本书的讨论中，我们不涉及这些理论问题，总是假设样本是随机抽取的，并满足 IID 条件。

我们已经见到了几种样本复杂度的上界，在前面最大值计算的例子中出现了

$$N+1 \geq \log (1-\lambda)/\log (1-\varepsilon) \tag{4.2}$$

在本章参考文献[4]聚类 PAC 计算的公式中，出现了

$$N \geq \frac{2}{3\varepsilon} \log \frac{1}{1-\lambda} \tag{4.3}$$

而在关于机器学习的本章参考文献[5]中的著名样本复杂度公式为

$$N \geq \frac{1}{2\varepsilon^2}(\ln |H| + \ln (1/1-\lambda)) \tag{4.4}$$

其中 H 为学习机器的假设空间。

这三个复杂度公式，样本量与误差倒数 $\dfrac{1}{\varepsilon}$ 分别呈现对数、线性和平方关系，与不置信度（即 $1-\lambda$）的倒数 $\dfrac{1}{1-\lambda}$ 呈对数关系，它们反映了随着求解精度的增加所需要增加的样本量。但是样本增加量在不同公式中是不一样的，式（4.2）表示样本量随着误差的减少呈对数增长，而式（4.3）呈线性增加，尽管两者有区别，但是当误差 ε 很小时，$\log (1-\varepsilon) \approx \varepsilon$，因此式（4.2）与式（4.3）的差别不是很大，而式（4.4）则是样本量随着误差减少而快速增加。由此给出以下定义。

定义 4.1

（1）PAC 算法称为良性的，如果样本复杂度严格低于 (ε, λ) 平方函数。

（2）一个问题称为 PAC 难解的，如果不存在良性的 PAC 算法。

该定义引入了问题的 PAC 难解性，难解问题表现了需要的样本数量随着误差的降低（或置信度的增加）而快速提高，以至超出了现有设备的处理能力，因此引发了对大数据计算的真正挑战。

从理论上说，样本复杂度可以任意高，例如 D 是一个完全随机生成的无穷数据集，对于任意的真子集 $D'' \subset D$，我们无法获取 $D-D''$ 的任何其他信息，除非 $D''=D$，因此对于某些计算任务 τ，样本复杂度可能会任意高。

类似图灵复杂度的加速定理，样本复杂度也有相应的加速定理。

定理 4.1 设 D 是一个数据集，$f(D)$ 是计算任务，如果存在 PAC 算法 A，具有样本复杂度

$$N_A > q(\varepsilon, \lambda)$$

则对于任意的 k，存在数据集 D^*，以及计算 $f(D^*)=f(D)$ 的 PAC 算法 A^*，使得样本复杂度

$$N_{A^*} > \frac{1}{k} q(\varepsilon, \lambda)$$

证明：D^* 的数据是 D 中数据的 k 维组，如果原问题需要抽取 c 个数据，那么在新的数据集 D^* 中，只需抽取 $\frac{1}{k} c$ 个数据，就可以达到与 A 中抽取 c 个数据同等的计算效果，因此新的样本复杂度降低为原来复杂度的 $\frac{1}{k}$。

通过样本的计算来估计总体数据的某些性质，这在统计学中早已有之。从统计学的角度来说，设总体数据 D 满足分布 $Q(x, \alpha_1, \alpha_2, \cdots, \alpha_k)$，$\alpha=(\alpha_1, \alpha_2, \cdots, \alpha_k)$ 是分布参数（k 可以无穷），我们的任

务是计算 $f(\alpha)$，为此选取另一个函数 $g_n(x_1, x_2, \cdots, x_n)$，其中 $x_i, i = 1, 2, \cdots, n$，是随机独立抽取的数据，试图用 $g_n(x_1, x_2, \cdots, x_n)$ 的值来估计 $f(\alpha)$ 的值，$g_n(x_1, x_2, \cdots, x_n)$ 称为函数 $f(\alpha)$ 的统计量，如果

$$Eg_n(x_1, x_2, \cdots, x_n) = Eg_n = f(\alpha)$$

则称 g_n 是 f 的无偏统计量。由于 Eg_n 是一个期望，对于一次抽取样本 $(x_1, x_2, \cdots, x_n)$ 计算 $g_n(x_1, x_2, \cdots, x_n)$ 还不足以给出 f 的良好估计，因此还希望随着 n 的不断增加，有

$$\lim_{n \to \infty} \left| g_n(x_1, x_2, \cdots, x_n) - f(\alpha) \right| \to_p 0$$

即 g_n 依概率收敛于 $f(\alpha)$，这时称 g_n 是 $f(\alpha)$ 的一致统计量[6]。

现在把统计量的概念引入 PAC 计算，假设对于数据集 D，计算任务是 $f(D)$，选取另一个定义在样本上的函数 $g_n(x_1, x_2, \cdots, x_n)$，使得 g_n 无偏地一致逼近 $f(\alpha)$，或者只要求 g_n 一致地逼近 $f(\tau)$。如果存在这样的函数 g_n，则对于 $f(\alpha)$ 的计算就转化为对于样本的计算。PAC 算法的一个重要内容就是确定计算的逼近速度与样本数量的关系，即前面说的样本复杂度。当然这里需要声明的是，尽管抽样计算在 PAC 算法中占有重要位置，但 PAC 算法并不仅仅是抽样计算。

4.1.2 样本计算在似然估计中的应用

设 $G(\alpha_1, \alpha_2, \cdots, \alpha_k)$ 是一个数据集 D 的分布函数或者函数，$\alpha_1, \alpha_2, \cdots, \alpha_k$ 被称为参数，在许多实际问题中，需要估计这些参数，常用的方法是通过抽取样本，借助样本来计算参数的近似值。有许多方法可以实现这个目标，这里介绍常用的似然估计方法及其在样本复

杂度估算中的应用。

1. 极大似然估计

例 4.1 在大数据计算或者机器学习中,极大似然估计(maximum likelihood estimate,MLE,又称最大似然估计)经常用于估计分布参数 α,进而估计 $f(\alpha)$。设总体数据 D 分布为 $Q(x,\alpha)$,x_1,$x_2,\cdots,x_n$ 为随机抽取的样本,α 为待计算的未知参数。由于事件 $x_1,x_2,\cdots,x_n$ 独立发生,因此样本的分布(即概率函数或概率密度函数)为

$$\prod_{1 \leqslant i \leqslant n} Q(x_i,\alpha) = L(x_1,x_2,\cdots,x_n,\alpha) \tag{4.5}$$

于是对于两个不同的参数 $\alpha' = (\alpha'_1,\alpha'_2,\cdots,\alpha'_k)$ 和 $\alpha'' = (\alpha''_1,\alpha''_2,\cdots,\alpha''_k)$,如果

$$L(x_1,x_2,\cdots,x_n,\alpha') > L(x_1,x_2,\cdots,x_n,\alpha'')$$

那么有理由认为,未知参数是 α' 的可能性更大。

固定样本 $x_1,x_2,\cdots,x_n$,而将 $L(x_1,x_2,\cdots,x_n,\alpha)$ 看作 α 的函数,该函数称为"似然函数",它反映了在样本已知的情况下,α 取各种可能值的"似然程度"。注意,虽然参数 α 是未知的,但是客观上有确定的值,并非随机变量,因此不能用概率来描述它,而用"似然"这个词似乎更为准确。

根据上面的讨论,在给定样本 $x_1,x_2,\cdots,x_n$ 的情况下,自然应该选取使 $L(x_1,x_2,\cdots,x_n,\alpha)$ 最大的 α^*,即满足条件

$$L(x_1,x_2,\cdots,x_n,\alpha^*) = \max_{\tau} L(x_1,x_2,\cdots,x_n,\alpha)$$

因为这是在给定样本的情况下最有可能的参数值,因此这个方法称为"极大似然估计"。

为了计算出这个 α^*,对式(4.5)两边取对数(例如自然对数),

一般取自然对数 ln,得到

$$\ln L(x_1, x_2, \cdots, x_n, \alpha) = \sum_{1 \leqslant i \leqslant n} \ln L(x_i, \alpha)$$

要使 L 最大,只需使 $\ln L$ 最大,因此对 $\ln L$ 求导,得到似然方程组

$$\frac{\partial \ln L}{\partial \alpha_i} = 0, i = 1, 2, \cdots, k \tag{4.6}$$

求解式(4.6),如果只有唯一解,且又是极大值,则必然是使 L 达到最大值的点。但有时式(4.6)可能有多个解,因此判定哪个是极大似然估计值需要根据具体问题进行分析。

我们再来看两个具体例子[6]。

例 4.2 设总体数据 D 的分布是正态分布 $N(\mu, \sigma^2)$,从中随机抽取的样本 $X = (x_1, x_2, \cdots, x_n)$,似然函数 L 为

$$L = \prod_{i=1}^{n} \left(\left(\sqrt{2\pi\sigma^2} \right)^{-1} \exp\left(-\frac{1}{2\sigma^2}(x_i - \mu)^2 \right) \right)$$

$$\ln L = -\frac{n}{2}\ln(2\pi\sigma^2) - \frac{1}{2\sigma^2}\sum_{i=1}^{n}(x_i - \mu)^2 \tag{4.7}$$

求导并令其为 0(将 σ^2 看作一个变量),得到

$$\frac{\partial \ln L}{\partial \mu} = \frac{1}{\sigma^2}\sum_{i=1}^{n}(x_i - \mu) = 0 \tag{4.8}$$

$$\frac{\partial \ln L}{\partial \sigma^2} = -\frac{n}{2\sigma^2} + \frac{1}{2\sigma^4}\sum_{i=1}^{n}(x_i - \mu)^2 = 0 \tag{4.9}$$

由式(4.7)解出

$$\mu^* = \frac{1}{n}\sum_{i=1}^{n}x_i = \overline{X} \tag{4.10}$$

进一步从式(4.8)解出

$$(\sigma^*)^2 = \sum_{i=1}^{n}(x_i - \overline{X})^2 / n \tag{4.11}$$

这就得到两个未知参数的极大似然估计值。注意,这两个通过样本

计算参数均值和方差的公式与常见的公式相同。

例4.3 设总体数据 D 的分布是均匀分布 $R(0,\theta)$，从中随机抽取 n 个样本 $X=(x_1,x_2,\cdots,x_n)$。x_i 的密度函数为 $1/\theta$，因此似然函数 L 为

$$L=\begin{cases}\theta^{-n}, & 0<x_i<\theta, i=1,2,\cdots,n\\ 0, & \text{其他}\end{cases}$$

该函数是间断的，因此不能求导。但是根据极大似然原理，欲使 L 达到最大，只需每个 $Q(x_i,\theta)\neq0$，且在此前提下，θ 极小，因此取 X 中最大者即可，即

$$\theta^*=\max_{1\leqslant i\leqslant n}(x_1,x_2,\cdots,x_n) \tag{4.12}$$

这就是 θ 的极大似然估计值。同样注意到，这与通常的通过样本估计均匀分布右边界的公式相同。顺便提一下，式(4.12)确定的估计量明显总是小于真实的 θ，因此该统计量不是无偏的。

上面的几个例子中，通过极大似然估计或者最大期望算法得到了相关参数计算公式，并且与通常熟悉的计算公式相同，这并不完全是巧合。因为式(4.8)和式(4.9)实际上给出了样本与统计参数之间的函数关系，即统计量函数，而在式(4.10)、式(4.11)和式(4.12)中，参数被分离出来表示为样本的函数。一般而言，样本和统计参数之间是隐函数，不一定有显式表示形式。

根据统计的大数原理，当样本量 n 趋于无限时，使得 $\log L(x_1,x_2,\cdots,x_n,\alpha)$ 最大的 α^* 应该依概率逼近真实的 α，即 $\lim_{n\to\infty}\alpha^*\to_p\alpha$，因此统计量是一致的。

上面讨论的极大似然假设，结合充分统计量的分解定理(见第一章)，还可应用于构建具体的 PAC 计算公式，这在算法设计中是非

常有用的。设随机变量 X 的分布满足密度函数 $f(x;\theta)$，$\theta=(\theta_1,\theta_2,\cdots,\theta_k)$ 是计算的目标参数，对于独立随机抽取的 n 个样本，有联合分布函数

$$P(x_1,x_2,\cdots,x_n)=\prod_{i=1}^{n}f(x_i;\theta)=f(x_1,x_2,\cdots,x_n;\theta)$$

如果上式可以写作分解式

$$f(x_1,x_2,\cdots,x_n;\theta)=g(T(x_1,x_2,\cdots,x_n),\theta)h(x_1,x_2,\cdots,x_n)$$

其中 $T(x_1,x_2,\cdots,x_n)$ 也可以包含多个统计量，即

$$T(x_1,x_2,\cdots,x_n)=(T_1(x_1,x_2,\cdots,x_n),T_2(x_1,x_2,\cdots,x_n),\cdots,$$
$$T_l(x_1,x_2,\cdots,x_n))$$

则依据极大似然假设，要计算使得概率 $f(x_1,x_2,\cdots,x_n;\theta)$ 取得最大值的 $\theta_i,i=1,2,\cdots,k$，这等价于计算

$$\theta^*=(\theta_1^*,\theta_2^*,\cdots,\theta_k^*)=\max_{\theta_i,i=1,2,\cdots,k}(\ln f(x_1,x_2,\cdots,x_n;\theta))$$
$$=\max_{\theta_i,i=1,2,\cdots,k}(\ln(g(T(x_1,x_2,\cdots,x_n),\theta)+\ln(h(x_1,x_2,\cdots,x_n))))$$

对 θ 求导并令导数为 0，则

$$\frac{\partial}{\partial\theta_i}[\ln(g(T(x_1,x_2,\cdots,x_n),\theta)+\ln(h(x_1,x_2,\cdots,x_n)))]$$

$$=\frac{\partial}{\partial\theta_i}\ln(g(T(x_1,x_2,\cdots,x_n),\theta))=0,i=1,2,\cdots,k$$

以此解得

$$\theta_i^*=R_i(T_1(x_1,x_2,\cdots,x_n),T_2(x_1,x_2,\cdots,x_n),\cdots,$$
$$T_l(x_1,x_2,\cdots,x_n)),i=1,2,\cdots,k$$

R_i 是一个函数，一般情况下，$l=k$。根据极大似然假设，$\theta^*=(\theta_1^*,\theta_2^*,\cdots,\theta_k^*)$ 就是在样本 $x_1,x_2,\cdots,x_n$ 条件下最可能取得的参数值。

例 4.4　设随机变量 X 满足正态分布

$$x_i \sim p(x_i; \mu, \sigma^2) = \frac{1}{\sqrt{2\pi}\,\sigma} \exp\left(-\frac{1}{2\sigma^2}(x_i - \mu)^2\right) \quad \sum_{i=1}^{n} x_i = n\mu$$

且 σ 已知,则可得到

$$p(x_1, x_2, \cdots, x_n; \mu, \sigma^2) = \prod_{i=1}^{n} \frac{1}{\sqrt{2\pi}\,\sigma} \exp\left(-\frac{1}{2\sigma^2}(x_i - \mu)^2\right)$$

通过计算

$$p(x_1, x_2, \cdots, x_n; \mu, \sigma^2) = \left(\prod_{i=1}^{n} \frac{1}{\sqrt{2\pi}}\right) \sigma^{-n}$$

$$\exp\left(-\frac{1}{2\sigma^2}\sum_{i=1}^{n} x_i^2 + \frac{\mu}{\sigma^2}\sum_{i=1}^{n} x_i - \frac{n\mu^2}{2\sigma^2}\right)$$

于是有

$$h(x_1, x_2, \cdots, x_n) = \left(\prod_{i=1}^{n} \frac{1}{\sqrt{2\pi}}\right) \sigma^{-n} \exp\left(-\frac{1}{2\sigma^2}\sum_{i=1}^{n} x_i^2\right)$$

$$g(T(x_1, x_2, \cdots, x_n), \mu) = \exp\left(\frac{\mu}{\sigma^2}\sum_{i=1}^{n} x_i - \frac{n\mu^2}{2\sigma^2}\right)$$

这里出现了一个只依赖样本的式子,$T(x_1, x_2, \cdots, x_n) = \sum_{i=1}^{n} x_i$(即所谓的统计量)。将上式取对数,再对 μ 求导并令其为 0,得到

$$\frac{1}{\sigma^2}\sum_{i=1}^{n} x_i - \frac{n\mu}{\sigma^2} = 0,$$

解得

$$T(x_1, x_2, \cdots, x_n) = \sum_{i=1}^{n} x_i = n\mu$$

这就找到了利用样本计算期望 μ 的公式。

如果 σ 也未知,希望同时找到计算 μ 和 σ 的公式,则也可做类似处理,只是由于 σ 未知,$h(x_1, x_2, \cdots, x_n)$ 和 $g(T(x_1, x_2, \cdots, x_n), \mu, \sigma)$ 分别变为

$$h(x_1, x_2, \cdots, x_n) = \left(\prod_{i=1}^{n} \frac{1}{\sqrt{2\pi}} \right)$$

$$g(T(x_1, x_2, \cdots, x_n), \mu, \sigma) = \sigma^{-n} \exp\left(-\frac{1}{2\sigma^2} \sum_{i=1}^{n} x_i^2 + \frac{\mu}{\sigma^2} \sum_{i=1}^{n} x_i - \frac{n\mu^2}{2\sigma^2} \right)$$

这里出现了两个只依赖样本的公式，$T_1(x_1, x_2, \cdots, x_n) = \sum_{i=1}^{n} x_i^2$，

$T_2(x_1, x_2, \cdots, x_n) = \sum_{i=1}^{n} x_i$。取对数再分别对于 μ 和 σ 求导，得到联立

方程，就可以解出通过 (T_1, T_2) 计算 μ 和 σ^2 的公式了，有

$$\mu = \frac{1}{n} T_2 = \frac{1}{n} \sum_{i=1}^{n} x_i, \sigma^2 = \frac{1}{n} T_1 - \left(\frac{1}{n} T_2 \right)^2 = \frac{1}{n} \sum_{i=1}^{n} x_i^2 - \left(\frac{1}{n} \sum_{i=1}^{n} x_i \right)^2$$

例 4.5 设数据集的分布密度函数 $f(x; \theta) = \theta x_i^{\theta-1}, 0 \leqslant x \leqslant 1$，对

于随机独立抽取的样本 $x_1, x_2, \cdots, x_n$，联合分布

$$P(x_1, x_2, \cdots, x_n) = \theta^n \left(\prod_{i=1}^{n} x_i^{\theta-1} \right)$$

于是可令

$$g(T(x_1, x_2, \cdots, x_n), \theta) = \theta^n \left(\prod_{i=1}^{n} x_i^{\theta-1} \right), h(x_1, x_2, \cdots, x_n) = 1$$

根据上面讨论，取对数求导后，有

$$\ln\left(g(T(x_1, x_2, \cdots, x_n), \theta) \right) = n\ln\theta + (\theta - 1)\left(\sum_{i=1}^{n} \ln(x_i) \right) = 0$$

于是

$$\frac{\partial}{\partial\theta} \ln\left(g(T(x_1, x_2, \cdots, x_n), \theta) \right) = \frac{n}{\theta} + \sum_{i=1}^{n} \ln(x_i) = 0$$

得到

$$\frac{1}{\theta} = -\frac{1}{n} \sum_{i=1}^{n} \ln(x_i)$$

这样就得到了利用样本数据计算 $\frac{1}{\theta}$ 的近似公式。

2. 期望最大化算法

极大似然估计普遍应用于人工智能的许多场合,并进一步发展成为系统算法,称为期望最大化(expectation maximization,EM)算法,曾入选"数据挖掘十大算法",可见 EM 算法在机器学习、数据挖掘中的影响力十分大。EM 算法是最常见的隐变量估计方法,在人工智能的许多问题中有极为广泛的用途,例如常被用来学习高斯混合模型(Gaussian mixture model,GMM)的参数,用于隐马尔可夫模型(hidden Markov model,HMM)、LDA 主题模型的变分推断等。

EM 算法是一种迭代优化策略,它的计算方法中每一次迭代都分两步,其中一个为期望步(E 步),另一个为极大步(M 步),其基本思想是,首先根据已经给出的观测数据,依据最大期望假设,估计出模型参数的值,然后依据估计出的参数值继续对参数值进行估计,如此反复迭代,直至最后收敛,迭代结束。

假设观察到的数据集 $X = (x_1, x_2, \cdots, x_n)$(即样本集)。概率密度是 $p(x_i | \theta)$,当然这个 θ 事先并不知道。由于样本之间满足独立同分布,所以 n 个数据同时出现的概率,是它们各自概率的乘积,即样本集 X 中各个样本的联合概率,表示为

$$L(\theta) = L(x_1, x_2, \cdots, x_n | \theta) = \prod_{i=1}^{n} p(x_i | \theta)$$

我们需要找到一个参数 θ,使得在 θ 下,抽到 X 这组样本的概率期望值最大,也就是说需要其对应的似然函数的期望 $E(L(\theta))$ 最大,即要计算满足下面条件的 $\hat{\theta}$:

$$\hat{\theta} = \mathrm{argmax} E(L(\theta))$$

这就是最大期望算法的名字由来。这一点与极大似然估计有些不同,极大似然估计的公式是在一个具体的抽样下,计算可能的最大

值,而 EM 算法则是在不特定抽样情况下,计算极大似然估计的期望值。因此 EM 算法更加符合"一般化"的抽样情形。

这两种考虑问题的思路孰优孰劣,不宜一概而论,对于有些抽样,可能就关心这个抽样下的参数估计,这时极大似然估计就比较合适;如果具体的抽样只是随机发生的,需要关心的是"一般化"的抽样(即平均的抽样结果),这时 EM 算法就比较合适,应根据具体问题合理判断后选用相应的计算公式。

如果数据 $X = (x_1, x_2, \cdots, x_n)$ 来源于不同的数据发生器 $q_j, j = 1, 2, \cdots, k, q_j$ 依概率函数 $Q_j(z, \theta_j)$ 生成数据(为简单记,只考虑一个参数的情形),记 $\overline{\boldsymbol{\theta}} = (\theta_1, \theta_2, \cdots, \theta_k)$,我们的任务是求出这些 θ_j。为了计算每一个 $Q_j(z, \theta_j)$ 的参数 θ_j,引入隐随机变量 z, z 伴随 x_i 产生 z_i, z_i 是一个向量,$z_i = (z_{i1}, z_{i2}, \cdots, z_{ik})$,用以指示数据 x_i 是由哪个发生器产生的,这样对于每个 z_i,有且仅有一个 $z_{ij} = 1$,其余皆为 0。显然,当且仅当第 i 个数据 x_i 由第 j 个发生器 q_j 产生时,$z_{ij} = 1$。我们用 z_j 表示边缘随机分量 $\{z_{1j}, z_{2j}, \cdots, z_{nj}\}$,于是

$$E_{z_j}(z_{ij}) = E\{z_{1j}, z_{2j}, \cdots, z_{nj}\} = \sum z_{ij} p(z_{ij}) = \sum z_{ij} p(z_{ij})$$

注意,z_{ij} 非 0 即 1,于是如果知道第 j 个发生器产生数据的次数 a_j,则 $E_{z_j}(z_{ij}) = \dfrac{a_j}{n}$,在任何情况下,

$$E_{z_j}(z_{ij}) = \frac{Q_j(z_{ij}, \theta_j)}{\sum_{j=1}^{k} Q_j(z_{ij}, \theta_j)}$$

总是成立的,只是参数 θ_j 未知,因此具体的计算还有困难。如果用迭代的方法,θ_j 为当前值,则可以通过迭代公式,得到当前的期望值

$E_{z_j}(z_{ij})$,作为继续迭代的基础。

一般而言,有

$$p(x_i,z_i \mid \bar{\boldsymbol{\theta}}) = p(x_i,z_{i1},z_{i2},\cdots,z_{ik} \mid \bar{\boldsymbol{\theta}}) = \sum_{j=1}^{k} p(z_{ij} \mid x_i,\bar{\boldsymbol{\theta}}) p(x_i \mid \bar{\boldsymbol{\theta}})$$

于是数据集 $X=(x_1,x_2,\cdots,x_n)$ 发生的概率为

$$p(X) = \prod_{i=1}^{n} p(x_i,z_i \mid \bar{\boldsymbol{\theta}}) = \prod_{i=1}^{n} \sum_{j=1}^{k} p(z_{ij} \mid x_i,\bar{\boldsymbol{\theta}}) p(x_i \mid \bar{\boldsymbol{\theta}})$$

注意此处 $\bar{\boldsymbol{\theta}}$ 是一个向量,因此极大化模型中的对数似然函数关于变量 z 的期望为

$$\underset{\bar{\theta}}{\operatorname{argmax}} \sum_{i=1}^{n} E_z(\ln p(x_i,z_i \mid \bar{\boldsymbol{\theta}}))$$

为此将上式对 $\bar{\boldsymbol{\theta}}$ 求偏导,于是

$$\frac{\partial}{\partial \bar{\boldsymbol{\theta}}} \sum_{i=1}^{n} E_z(\ln p(x_i,z_i \mid \bar{\boldsymbol{\theta}}))$$

$$= \left(\frac{\partial}{\partial \bar{\theta}_1} \sum_{i=1}^{n} E_z(\ln p(x_i,z_i \mid \bar{\theta}_1)) ,\cdots, \frac{\partial}{\partial \bar{\theta}_k} \sum_{i=1}^{n} E_z(\ln p(x_i,z_i \mid \bar{\theta}_k)) \right)$$

求解方程组

$$\frac{\partial}{\partial \bar{\theta}_j} \sum_{i=1}^{n} E_z(\ln p(x_i,z_i \mid \bar{\boldsymbol{\theta}})) = 0, j = 1,2,\cdots,k$$

就可以得到各个最大的 $\bar{\theta}_j$,如果解不唯一,则需要根据具体情况判断,但是适合一步求解的情形并不多,更多的则需采用梯度法,从 $\boldsymbol{\theta}^{(t)}$ 到 $\boldsymbol{\theta}^{(t+1)}$ 逐步迭代,直到得到 θ 的极大值(最大值)$\hat{\boldsymbol{\theta}}$。一般来说,判断迭代结束有两个标准,一个是前一次的值 θ_j 与后一次的值 θ_{j+1} 满足 $|\theta_{j+1}-\theta_j|<\delta$,$\delta$ 是事先设定的阈值;或者当前求出来的 θ_j 已经能够很好地拟合数据集 X。

期望最大化算法如算法 4.1 所示。

算法 4.1   EM 算法

输入:随机数发生器的概率函数 $Q_j(z,\theta_j)$

输出:模型参数 θ

Begin

    Initialize $\bar{\theta}_0 = (\theta_1^{(0)}, \theta_2^{(0)}, \cdots, \theta_k^{(0)})$ and loss = 1

    While loss $>\varepsilon$

    Compute $E_z(L(\bar{\theta}_t)) = \sum_{i=1}^{n} E_z(\ln p(x_i, z_i \mid \theta_j^{(t)}))$, $j = 1, 2, \cdots, k$

    $\bar{\theta}_{t+1} = \text{argmax } E(l(\bar{\theta}_t))$

    Update $\varepsilon = l(\bar{\theta}_t)$

    Endwhile

    Return $\bar{\theta}_{t+1}$

End

下面举一个高斯混合问题的例子[6]。

例 4.6(k 均值问题)　假设有 k 个高斯(正态)分布的混合发生器(例如 k 个数据发生器),假设这 k 个发生器具有相同的方差 σ,均值是未知待求的,分布分别为 $N_j(\mu_i, \sigma)$, $j = 1, 2, \cdots, k$。需要从混合产生的数据 $X = (x_1, x_2, \cdots, x_n)$ 中识别每个正态分布的均值 $\mu = (\mu_1, \mu_2, \cdots, \mu_k)$。

根据上面讨论的步骤,先设定隐变量 $z = (z_{i1}, z_{i2}, \cdots, z_{ik})$,表明是由哪个发生器产生了 x_i,然后给出(注意对于任何 i,有且仅有一个 $z_{ij} = 1$)

$$p(x_i, z_i \mid \mu) = \frac{1}{\sqrt{2\pi\sigma^2}} e^{-\frac{1}{2\sigma^2}\sum_{j=1}^{k} z_{ij}(x_i - \mu_j)^2}$$

对于 $z_{ij}, j = 1, 2, \cdots, k$，求期望

$$\sum_{i=1}^{n} E_z(\ln p(x_i, z_i | \mu)) = \sum_{i=1}^{n} E_z\left(\ln \frac{1}{\sqrt{2\pi\sigma^2}} - \frac{1}{2\sigma^2} \sum_{j=1}^{k} z_{ij}(x_i - \mu_j)^2\right)$$

$$= \sum_{i=1}^{n} \ln \frac{1}{\sqrt{2\pi\sigma^2}} - \frac{1}{2\sigma^2} \sum_{j=1}^{k} E_z(z_{ij})(x_i - \mu_j)^2, j = 1, 2, \cdots, k$$

$$(4.13)$$

这就是 EM 算法的第一步，依据 $E_z(z_{ij})$ 给出了估计值 $\mu = (\mu_1, \mu_2, \cdots, \mu_k)$ 的计算公式。下面进入第二步，计算最大值。根据式(4.13)，有

$$\frac{\partial}{\partial \mu_j} \sum_{i=1}^{n} \ln \frac{1}{\sqrt{2\pi\sigma^2}} - \frac{1}{2\sigma^2} \sum_{j=1}^{k} E_z(z_{ij})(x_i - \mu_j)^2$$

$$= \frac{1}{2\sigma^2} \sum_{i=1}^{n} 2E_z(z_{ij})(x_i - \mu_j)$$

在式(4.13)的 $\sum_{j=1}^{k} E_z(z_{ij})(x_i - \mu_j)^2$ 中非第 j 项，求导皆为 0，并且 $E_z(z_{ij}) = E_{z_j}(z_{ij})$，则

$$\frac{1}{2\sigma^2} \sum_{i=1}^{n} 2E_{z_1}(z_{i1})(x_i - \mu_1), \frac{1}{2\sigma^2} \sum_{i=1}^{n} 2E_{z_2}(z_{i2})(x_i - \mu_2), \cdots,$$

$$\frac{1}{2\sigma^2} \sum_{i=1}^{n} 2E_{z_k}(z_{ik})(x_i - \mu_k)$$

这就是式(4.13)在当前 $\mu = (\mu_1, \mu_2, \cdots, \mu_k)$ 的梯度，由于

$$E_{z_j}(z_{ij}) = \frac{e^{-\frac{1}{2\sigma^2}(x_i - \mu_j)^2}}{\sum_{j=1}^{k} e^{-\frac{1}{2\sigma^2}(x_i - \mu_j)^2}}$$

于是梯度等于 0(极值点)需满足

$$\mu_j = \frac{\sum_{i=1}^{n} E_{z_j}(z_{ij}) x_i}{\sum_{i=1}^{n} E_{z_j}(z_{ij})}, j = 1, 2, \cdots, k \qquad (4.14)$$

这可以使用多元牛顿迭代法直接计算方程组

$$\mu_j - \frac{\sum_{i=1}^{n} E_{z_j}(z_{ij}) x_i}{\sum_{i=1}^{n} E_{z_j}(z_{ij})} = 0, \ j = 1, 2, \cdots, k$$

也可以对式(4.13)通过建立梯度修正公式,逐步迭代逼近最大值,这需要设定初值

$$\mu^{(0)} = (\mu_1^{(0)}, \mu_2^{(0)}, \cdots, \mu_k^{(0)})$$

再通过

$$\mu_j^{(t+1)} = \mu_j^{(t)} + a_j v_j$$

逐步迭代,其中 a_j 是步长,$(v_1, v_2, \cdots, v_k)$ 是式(4.13)当前的梯度值,即

$$\mu^{(t+1)} = (\mu_1^{(t+1)}, \mu_2^{(t+1)}, \cdots, \mu_k^{(t+1)}) = (\mu_1^{(t)} + a_1 v_1, \mu_2^{(t)} + a_2 v_2, \cdots, \mu_k^{(t)} + a_k v_k)$$

该迭代过程本质上与使用多元牛顿迭代法直接计算是等价的。

下面继续讨论 EM 方法的样本复杂度问题。设真实的参数值为 $\theta^* = (\theta_1^*, \theta_2^*, \cdots, \theta_k^*)$,在上面的讨论中,抽取了 N 个数据,得到了最可能的参数估计值。根据极大似然假设,当 $N \to \infty$ 时,式(4.13)的估计值就是真实值,而 EM 算法给出了 N 个数据的期望值 $\hat{\boldsymbol{\theta}} = (\hat{\theta}_1, \hat{\theta}_2, \cdots, \hat{\theta}_k)$,从而根据霍夫丁公式,有

$$P(|\hat{\theta}_j - \theta_j^*| \leqslant \varepsilon) > 1 - 2e^{-2\varepsilon^2 N^2 / \sum_{i=1}^{N} (b_i - a_i)^2}$$

(a_i, b_i) 是数据 x_i 的取值空间,令 $c = \max_i (b_i - a_i)$,$\sum_{i=1}^{N} (b_i - a_i)^2 \leqslant Nc^2$,则有

$$1 - 2e^{-2\varepsilon^2 N^2 / \sum_{i=1}^{N} (b_i - a_i)^2} \geqslant 1 - 2e^{-2\varepsilon^2 N / c^2}$$

令 λ 是设定的置信度,$1 - 2e^{-2\varepsilon^2 N / c^2} > \lambda$,于是只要样本数量

$$N \geqslant \frac{c^2}{2\varepsilon^2}\ln\frac{2}{1-\lambda}$$

就可使得 $\hat{\theta}_j$ 的估计误差（即 $|\hat{\theta}_j-\theta_j^*|$）不大于 ε 的置信度大于 λ，因此对于所有 $\hat{\theta}_j, j=1,2,\cdots,k$ 的估计误差小于或等于 ε 的置信度都大于 λ，只要每一个 $\hat{\theta}_j$ 的置信度不小于 $\sqrt[k]{\lambda}$，这就是定理 4.2。

定理 4.2 在 EM 算法中，如果样本个数

$$N \geqslant \frac{c^2}{2\varepsilon^2}\ln\frac{2}{1-\sqrt[k]{\lambda}}$$

则估计精度可以达到 (ε,λ)。

当然，这个定理依赖极大似然假设，该假设认为极大似然期望是对于真实参数的最佳逼近，这个假设看起来有其合理性，但也并不总是这样。

4.1.3 似然估计算法的局限——费希尔信息量

上面介绍的极大似然估计或者 EM 方法，给出了如何通过样本来估计分布参数（包括这些参数的函数）的方法，除了期望值之外，另一个需要考虑的是计算结果的方差与真实方差的误差，由于 PAC 计算依据抽样，因此对于不同的抽样其结果会有摆动，这个摆动就反映了算法的方差。例如，要计算正态分布的方差估计 $\hat{\sigma}^2$，就需要考虑 $|\hat{\sigma}^2-\sigma^2|$，其中 $\hat{\sigma}^2$ 是算法计算出来的方差，而 σ^2 是实际的方差，方差误差从另一个角度刻画了算法的优劣，当然方差小的算法性能更好一些。

对于一个计算任务 τ，选取样本函数 $g_n(x_1,x_2,\cdots,x_n)$，使得 g_n 无偏或者一致地逼近 τ，如果存在这样的函数 g_n，则对于总体数据的

计算 τ 就转化为对样本的计算。但是由于这样的 g_n 可能并不唯一，那么如何判定哪个样本函数更优呢？这就需要引进方差逼近的概念，也就是 $Var(g_n)$，即 g_n 相对于期望的波动程度。尽管 $Var(g_n)$ 小并不意味着每次抽样的波动都小，但是总体上来看还是好的，因此我们有理由选择这样的统计量。

定义 4.2 设 g 是一个关于计算任务 τ 的样本函数，如果对于任意的样本函数 g'，都有

$$Var_f(g) \leqslant Var_f(g')$$

对于 τ 的任何可能的取值都成立，则称 g 为 τ 的最小方差样本函数，简记为 MVSF [6]。

一般而言，τ 计算的是某些分布的参数 $\alpha = (\alpha_1, \alpha, \cdots, \alpha_k)$，或者这些参数的函数 $r(\alpha)$，这时 Var_f 可写作 Var_α 或 $Var_{r(\alpha)}$，这样更加清楚。

我们应当尽可能选取最小方差样本函数用于大数据计算。在所有可能的样本函数中，方差最小能够达到多少呢？如果存在一个下界，那么当函数 g 的 $Var_f(g)$ 达到这个下界时，g 自然就是 MVSF。

设总体数据 D 密度函数为 $Q(x, \alpha)$，为简单起见，只考虑一维变量和单参数的情况，即 x 是一维变量，α 是单一参数，多维变量和多参数情况的推广可参考本章参考文献[6]。

假设计算任务是估计 $q(\alpha)$，而 $g_n(X)$ 是 $q(\alpha)$ 的无偏统计量函数。记

$$I(\alpha) = \int \left(\left(\frac{\partial Q(x, \alpha)}{\partial \alpha} \right)^2 / Q(x, \alpha) \right) \mathrm{d}x \qquad (4.15)$$

这里积分取 x 变化的范围。注意到 $\left(\dfrac{\partial Q(x, \alpha)}{\partial \alpha} \right)^2 / Q(x, \alpha) =$

$$\left(\frac{\partial \log Q(x,\alpha)}{\partial \alpha}\right)^2 Q(x,\alpha),\text{有}$$

$$I(\alpha) = \int \left(\frac{\partial \log Q(x,\alpha)}{\partial \alpha}\right)^2 Q(x,\alpha)\,\mathrm{d}x = E_\alpha \left(\frac{\partial \log Q(x,\alpha)}{\partial \alpha}\right)^2$$

$$(4.16)$$

如果总体分布是离散的,此时 $Q(x,\alpha)$ 为概率函数,上式改写为

$$I(\alpha) = \sum \left(\frac{\partial Q(a_i,\alpha)}{\partial \alpha}\right)^2 \Big/ Q(a_i,\alpha) = E_\alpha \left(\frac{\partial \log Q(x,\alpha)}{\partial \alpha}\right)^2$$

这里 a_i 遍取所有可能的值。下面就连续的情形进行讨论。

定理 4.3   在一定的条件下,对于 $q(\alpha)$ 的任一无偏统计量函数 $g_n(x_1,x_2,\cdots,x_n)$,有

$$Var_\tau(g_n) \geq q'(\alpha)^2/nI(\alpha)$$

定理 4.3 也称克拉默-拉奥不等式(Cramer-Rao inequality)[6], 其中"一定的条件",指的是在证明过程中,多次用到积分和求导以及求导与积分的交换,需要用到这些积分和导数的存在性以及可交换性等条件。为简洁,就不在定理中一一罗列了。

该定理说明,在通过抽样方式实现的 PAC 计算中,虽然随着 n 的增加,g_n 的波动会越来越小地趋于真实值 $q(\alpha)$,但被 $I(\alpha)$ 限制, 总是有一个"地板"。这个 $I(\alpha)$ 也称为费希尔(Fisher)信息量,在 PAC 计算中这是一个重要的参数值。

证明:设 $(x_1,x_2,\cdots,x_n)$ 是独立抽取的样本,令

$$S = S(x_1,x_2,\cdots,x_n,\alpha) = \sum_{i=1}^{n} \frac{\partial \log Q(x_i,\alpha)}{\partial \alpha}$$

$$= \sum_{i=1}^{n} \frac{\partial Q(x_i,\alpha)}{\partial \alpha} \Big/ Q(x_i,\alpha)$$

因为 $Q(x,\alpha)$ 是密度函数,于是 $\int Q(x,\tau)\,\mathrm{d}x = 1$,两边对于 τ 求导,并

假定求导与积分可以交换（这就是定理中的一个条件），就有

$$\int \frac{\partial Q(x,\alpha)}{\partial \alpha} \mathrm{d}x = 0$$

因此

$$E_{\alpha}\left(\frac{\partial Q(x_i,\alpha)}{\partial \alpha} \middle/ Q(x_i,\alpha)\right) = \iint \left(\frac{\partial Q(x,\alpha)}{\partial \alpha} \middle/ Q(x,\alpha)\right) Q(x,\alpha) \mathrm{d}x = 0$$

接下来，根据 $(x_1, x_2, \cdots, x_n)$ 的独立性，得到

$$Var_{\alpha}(S) = \sum_{i=1}^{n} Var_{\alpha}\left(\frac{\partial Q(x_i,\alpha)}{\partial \alpha} \middle/ Q(x_i,\alpha)\right) = \sum_{i=1}^{n} E_{\alpha}\left(\frac{\partial Q(x_i,\alpha)}{\partial \alpha} \middle/ Q(x_i,\alpha)\right)^2$$

$$= n\int \left(\frac{\partial Q(x,\alpha)}{\partial \alpha} \middle/ Q(x,\alpha)\right)^2 Q(x,\alpha) \mathrm{d}x = nI(\alpha)$$

此处用到 $Var(Y) = E(Y^2) - (EY)^2$，再由协方差的性质有

$$(Cov_{\alpha}(g_n, S))^2 \leqslant Var_{\alpha}(g_n) Var_{\alpha}(S) = nI(\alpha) Var_{\alpha}(g_n) \qquad (4.17)$$

由于 $E_{\alpha}(S) = \sum_{i=1}^{n} E_{\alpha}\left(\frac{\partial Q(x_i,\alpha)}{\partial \alpha} \middle/ Q(x_i,\alpha)\right) = 0$，再由

$$Cov_{\alpha}(g_n, S) = E_{\alpha}(g_n S) - E_{\alpha}(g_n) E_{\alpha}(S) = E_{\alpha}(g_n S)$$

得到

$$Cov_{\alpha}(g_n, S) = E_{\alpha}(g_n S)$$

$$= \int \cdots \int g_n(x_1, x_2, \cdots, x_n) \left(\sum_{i=1}^{n} \frac{\partial Q(x_i,\alpha)}{\partial \alpha} \middle/ Q(x_i,\alpha)\right) \prod_{i=1}^{n} Q(x_i,\alpha) \mathrm{d}x_1 \mathrm{d}x_2 \cdots \mathrm{d}x_n$$

由乘积的导数公式，有

$$\left(\sum_{i=1}^{n} \frac{\partial Q(x_i,\alpha)}{\partial \alpha} \middle/ Q(x_i,\alpha)\right) \prod_{i=1}^{n} Q(x_i,\alpha)$$

$$= \frac{\partial(Q(x_1,\alpha) Q(x_2,\alpha) \cdots Q(x_n,\alpha))}{\partial \alpha}$$

将此式代入式 (4.15)，并将导数与积分交换（这也是定理需满足的一个条件），得到

$$Cov_{\alpha}(g_n, S) = \frac{\partial}{\partial \alpha} \int \cdots \int g_n(x_1, x_2, \cdots, x_n) Q(x_1, \alpha) Q(x_2, \alpha) \cdots$$

$$Q(x_n, \alpha) \mathrm{d}x_1 \mathrm{d}x_2 \cdots \mathrm{d}x_n \qquad (4.18)$$

而式(4.18)右边积分正好就是 $E_{\alpha} g_n$,由于 g_n 是 $q(\alpha)$ 的无偏估计,因此 $E_{\alpha} g_n = q(\alpha)$,故式(4.18)的右边是 $q'(\alpha)$。以此代入式(4.17),即得到定理4.3。

例 4.7 设样本 $(x_1, x_2, \cdots, x_n)$ 取自正态分布总体 $N(\mu, \sigma^2)$,估计 $I(\mu)$,有

$$Q(x_i, \mu) = \frac{1}{\sqrt{2\pi} \sigma} \exp\left(-\frac{1}{2\sigma^2}(x_i - \mu)^2 \right)$$

因而

$$I(\mu) = \frac{1}{\sqrt{2\pi} \sigma} \int_{-\infty}^{\infty} \frac{(x-\mu)^2}{\sigma^4} \exp\left(-\frac{1}{2\sigma}(x-\mu) \right)^2 \mathrm{d}x = \frac{1}{\sigma^2}$$

根据前面的讨论,μ 的无偏估计的方差不能小于 $\frac{\sigma^2}{n}$,而 $\overline{X} = \frac{1}{n} \sum_{i=1}^{n} x_i$ 的方差正好是 $\frac{\sigma^2}{n}$,这也是 μ 的 MVSF。容易看出,σ^2 越大,$1/I(\mu)$ 也越大,使用 $\overline{X}$ 估计 μ 的方差下界也越大,这是符合直观的,因为总体分布 $N(\mu, \sigma^2)$ 本身的波动就大,因此样本估计函数的波动也不会小。

再设样本的总体分布为二项分布 $B(N, p)$,概率函数为

$$Q(x, p) = \binom{N}{x} p^x (1-p)^{N-x}$$

计算相应的费希尔信息量

$$I(p) = \frac{1}{p^2(1-p)^2} \sum_{x=0}^{N} (x - Np)^2 \binom{N}{x} p^x (1-p)^{N-x}$$

求和符号里面正好是总体方差,因此等于 $Np(1-p)$,于是

$$I(p) = \frac{N}{p(1-p)}$$

因此,p 的无偏估计的方差不能小于 $p(1-p)/nN$,而 $g_n(x_1, x_2, \cdots, x_n) = \overline{X}/N$ 为 p 的无偏估计,其方差正好是 $p(1-p)/nN$,这样 g_n 是 p 的 MVSF。

定理 4.3 中关于 $I(\alpha)$ 的计算需要知道总体的分布(密度函数或者概率函数),如果不知道总体分布,则无偏估计的方差下界可能还是存在的,却不容易求出,但是这个概念是重要的,在使用 PAC 方法计算时,不能对样本函数(例如机器学习模型)附加过高的要求。

4.2 样本信息与条件信息

4.2.1 数据的信息熵与样本复杂度

现在再从信息论的角度分析样本计算与样本复杂度的问题。设有总体数据 D,g_n 是计算任务 $f(D)$ 的样本函数,假设用 g_n 估计 $f(x, \alpha)$ 的参数 α。从概率的角度看,α 的值满足某分布,如果这个分布是离散的,取值为 $\{a_1, a_2, \cdots, a_M\} \subseteq [a, b]$,其概率函数是

$$P(\alpha = a_i) = p_i, \quad i = 1, 2, \cdots, M, \quad \sum p_i = 1$$

如果 α 分布是连续的,则设 $Q(\alpha, \varphi)$ 是其密度函数,φ 是密度函数的参数,即关于参数 α 的密度函数的参数。

在 PAC 计算中,经常通过抽样 $X = (x_1, x_2, \cdots, x_n)$ 来计算样本函数 $g_n(x_1, x_2, \cdots, x_n)$。在大多数情况下,借助模型(例如学习模型、试

验模型等），使用 g_n 估计参数 α，从而近似得到 $f(x,\alpha)$，这称为有模型计算。还有一种情况，不借助模型，直接通过 $g_n(x_1,x_2,\cdots,x_n)$ 估计 $f(x,\alpha)$ 的值，这称为无模型计算。

下面的讨论仅限于分布是离散的情况。将 α 看作未知信息，信息熵为

$$H(\alpha) = -\sum p_i \log p_i$$

由于对 α 可能一无所知，因此假设 α 的先验知识为"同等无知"，即 α 取任何值 a_i 的概率都相同，皆为 $1/M$。这时 α 的信息熵为 $\log M$。现在通过抽样 $X = (x_1,x_2,\cdots,x_n)$ 计算 $g_n(x_1,x_2,\cdots,x_n)$，将 α 的取值范围依置信度 λ 缩小为 $[\theta_1,\theta_2]$。即将原来分布在整个 $[a,b]$ 的可能值缩小到区间 $[\theta_1,\theta_2]$ 内，这样 α 的熵值大大缩小，例如，当 $\{a_1, a_2,\cdots,a_M\}$ 均匀分布在 $[0,1]$ 上时，取每个 a_i 值的概率相等，都是 $1/M$，此时 τ 的熵为 $H(\alpha) = \log M$。经过抽样计算以后，α 的值在置信度 λ 下，已经被限制在长为 $\delta = \theta_2 - \theta_1$ 的区域中，则

$$H_X(\alpha) = -\left(\lambda \log \frac{\lambda}{M\delta} + (1-\lambda) \log \frac{1-\lambda}{M(1-\delta)}\right) \qquad (4.19)$$

为了更容易地说明问题，假设 $\lambda = 1$（事实上，λ 总是很接近 1），式（4.19）将变为

$$H_X(\alpha) \approx \log M\delta$$

即 α 的熵由计算前的 $\log M$ 降为 $\log M\delta$，两者之间的差

$$\log M - \log M\delta \approx \log \frac{1}{\delta} \qquad (4.20)$$

而 $H_X(\alpha)$ 实际上正好是 α 在条件 X 下的条件熵，$H_X(\alpha) \approx H(\alpha|X)$。再根据互信息公式就有

$$I(\alpha,X) \approx H(\alpha) - H(\alpha|X) = \log \frac{1}{\delta} \qquad (4.21)$$

式(4.21)反映了样本 X 所携带的有关 α 的信息,在总信息 $H(\alpha)$ 给定的情况下,互信息 $I(\alpha,X)$ 越大,$H(\alpha|X)$ 就越小,样本计算的效果就越好。样本数量 $n=|X|$ 与 $I(\alpha,X)$ 之间的数量关系刻画了样本的复杂度,这是从信息论角度给予样本复杂度的另一种解释。式(4.21)可以解读为知道了样本 X 的信息后,原本未知信息 α 的不确定性由于 X 的出现而减少的量。再从另一个角度看,如果用 $K_{\varepsilon,\lambda}(\alpha)$ 表示 α 的 K 复杂度(柯尔莫哥洛夫复杂度),即在图灵机上按照精度 (ε,λ) 计算 α 的最短程序的长度,那么 $K_{\varepsilon,\lambda}(\alpha|X)\leqslant K_{\varepsilon,\lambda}(\alpha)$,即知道了样本集合 X,计算 α 的 K 复杂度会降低,因此由式(4.21)也可以引申出从 K 复杂度来理解样本复杂度的意义,样本复杂度与经典的信息理论和 K 复杂度都有深刻的联系。

我们可以从式(4.21)出发,重新理解大数据。注意 τ 表示计算任务,α 表示通过计算获取的参数,两者有些不同,但是说清楚后,也不会混淆。因此以下的叙述我们用 τ 替代公式里的 α,互信息 $I(\tau,X)$ 的大小表示样本集 X 对于 τ 的价值,而用 $\dfrac{1}{|X|}\mathrm{e}^{I(\tau,X)}$ 来度量数据的价值密度。

4.2.2 数据的信息熵与价值密度

定义 4.3 设 D 是数据集,令 τ 是计算任务,定义

$$v_{\varepsilon,\lambda}(D,\tau)=E_{|X|=Q(\varepsilon,\lambda)}\left(\frac{1}{|X|}\mathrm{e}^{I(\tau,X)}\right)$$

其中 $Q(\varepsilon,\lambda)$ 就是前面提到的样本复杂度函数,当 $|X|\geqslant Q(\varepsilon,\lambda)$ 时,计算精度可以达到 (ε,λ),$v_{\varepsilon,\lambda}(D,\tau)$ 称为 D 关于任务 τ 的 $(\varepsilon,$

λ) 价值密度, $\lim\limits_{\varepsilon \to 0, \lambda \to 1} \upsilon_{\varepsilon, \lambda}(D, \tau)$ 称为极限价值密度, 在上下文清楚的情况下, (ε, λ) 价值密度和极限价值密度都简称为价值密度。

下面对此做一些分析, 前面说过, 如果任务 τ 的取值范围为 (a, b), 且 $b - a = M$, 则固定 λ, 初始信息量大体为 $\log M$。假设总体数据 D 服从均匀分布, 经过独立同分布抽样得到样本集 D, τ 的取值范围压缩到 $M\delta$, 信息量减少为 $\log M\delta$, δ 称为压缩系数, 从而互信息 $I(\tau, D) = \log \dfrac{1}{\delta}$。现在根据样本复杂度公式, 设 a 是 τ 的精确值, f 是相应的算法, 如果对于样本集 D, $|f(D) - a| \leqslant \varepsilon$, 这就将取值范围压缩到 $a \pm \varepsilon$, 压缩系数为 $\dfrac{2\varepsilon}{M}$, 于是互信息为 $I(\tau, D) = \log \dfrac{M}{2\varepsilon}$, 因此 $\mathrm{e}^{I(\tau, D)} \sim O\left(\dfrac{1}{\varepsilon}\right)$。这里用 ~ 而不是用等号 =, 表明这是一个大概的估计, $\mathrm{e}^{I(\tau, D)}$ 大体落在这个数量范围。现在再来看样本集的规模 $|X| = N$。前面列举了三种样本复杂度公式, 即式 (4.2)、式 (4.3)、式 (4.4), 先看式 (4.4), 此时

$$N \geqslant \frac{1}{2\varepsilon^2}(\ln |H| + \ln (1/1 - \lambda))$$

取 N 的下界 $\dfrac{1}{2\varepsilon^2}(\ln |H| + \ln (1/1 - \lambda))$, 这时 (固定 λ) $|X| \sim O\left(\dfrac{1}{\varepsilon^2}\right)$, $|X|$ 与 $\dfrac{1}{\varepsilon^2}$ 属于同一数量级。于是在均匀分布的假设下, 数据的 (ε, λ) 价值密度为

$$E_{|X| = Q(\varepsilon, \lambda)}\left(\frac{1}{|X|}\mathrm{e}^{I(\tau, X)}\right) \sim O\left(\frac{1}{\varepsilon}\right) \Big/ O\left(\frac{1}{\varepsilon^2}\right) = O(\varepsilon)$$

极限价值密度为

$$\lim_{\varepsilon \to 0, \lambda \to 1} \upsilon_{\varepsilon,\lambda}(D,\tau) = 0$$

当然如果不是均匀分布,则上面的公式需要修改为

$$E_{|X|=Q(\varepsilon,\lambda)} \left(\frac{1}{|X|} e^{I(\tau,X)} \right) = \sum_{|X|=Q(\varepsilon,\lambda)} \left(\frac{1}{|X|} e^{I(\tau,X)} P(X) \right)$$

其中 $P(X)$ 是样本集 X 被抽取的概率。

而对于式(4.2)和式(4.3),改写为等式形式

$$N+1 = \log(1-\lambda)/\log(1-\varepsilon)$$

$$N = \frac{2}{3\varepsilon} \log \frac{1}{1-\lambda}$$

将前一个式子写作 $N+1 = \log \frac{1}{1-\lambda} \frac{-1}{\log(1-\varepsilon)}$,当 ε 很小时,$-\log(1-\varepsilon) \sim \varepsilon$,因此对于固定的 λ,两者具有相同的数量级,即

$$|X| = N \sim B_1 \frac{1}{\varepsilon}$$

由于 B_1 依赖于 λ 的值,因此数据的 (ε,λ) 价值密度为(均匀分布条件下)

$$E_{|X|=Q(\varepsilon,\lambda)} \left(\frac{1}{|X|} e^{I(\tau,X)} \right) \sim O\left(\frac{1}{\varepsilon} \right) \Big/ B_1 \frac{1}{\varepsilon} = B > 0$$

B 是常数。而极限价值密度为

$$\lim_{\varepsilon \to 0, \lambda \to 1} \upsilon_{\varepsilon,\lambda}(D,\tau) = C > 0$$

从中可以看出,对于给定的任务 τ,不同的样本复杂度反映了数据集 D 的不同价值密度。样本复杂度高,数据的价值密度自然就低,结合上述公式,一个 PAC 问题 A 称为难解的,如果极限价值密度 $\lim_{\varepsilon \to 0, \lambda \to 1} \upsilon_{\varepsilon,\lambda}(D,\tau) = 0$;$A$ 称为良性的,如果 $\lim_{\varepsilon \to 0, \lambda \to 1} \upsilon_{\varepsilon,\lambda}(D,\tau) = C > 0$,$C$ 是常数。可以认为价值密度是样本复杂度的另一种刻画。

$\lim_{\varepsilon \to 0, \lambda \to 1} \upsilon_{\varepsilon,\lambda}(D,\tau) = 0$,说明互信息的增长速度远远低于样本数量的增

长速度,增加样本数量对于提高求解精度的作用越来越低,这时 D 称为低价值密度数据。比如一个完全随机生成的数据集 D,由于各数据之间的独立性,对于任意的真子集 $X \subseteq D, y \in D - X$,总有 $H(D \mid X) = H(D)$,于是 $I(D, X) = 0$,即 D 的信息不可能从其子集中充分获取,换句话说,由于

$$\lim_{\varepsilon \to 0, \lambda \to 1} v_{\varepsilon, \lambda}(D, \tau) = \lim_{\varepsilon \to 0, \lambda \to 1} E_{\mid X \mid = Q(\varepsilon, \lambda)} \frac{1}{\mid X \mid} = 0$$

因此对于计算任务 τ 而言,D 的价值密度趋于 0,这就从信息论的角度说明了该公式的合理性。

计算数据集 D 的价值密度,首先要明确任务 τ,针对具体的任务才好讨论数据的价值密度;其次,(ε, λ) 价值密度是依据精度要求 (ε, λ) 的。容易想象,一个非常粗糙的精度 (ε, λ),$\varepsilon \geq \dfrac{1}{2}$,$\lambda \leq \dfrac{1}{2}$,这时甚至不用抽取数据,“瞎猜”一个结果都能符合要求,因此每一个数据的 (ε, λ) 价值密度都很大,但是这种“大”是无意义的,极限价值密度所关心的是当计算精度不断提高后,每一个数据所贡献的“价值”趋势。同样的数据集,对于不同的任务和精度要求会有不同的价值密度。另一方面,由于价值密度是一个平均的概念,并不指其中某个数据的价值。也许有这种情况,数据集 D 中的确有价值很高的数据,甚至单个数据就能够确定任务 τ,但是由于该类数据极少,在随机抽样中被抽取的概率极低。上面讨论说明了数据的价值密度低有两种情况,一种情况是每个数据的价值确实都很低,对于确定 τ 的意义很小;另一种情况是虽然有价值很高的数据,但是由于所占比例很小,难以在随机抽样中被抽到,因此整体的价值密度仍然很小。

根据这个观点,一个数据集之所以称为大数据,是因为其中数据的极限价值密度很低,因此当计算精度要求较高时,不得不用海量数据来计算,这样就可能超出了现有设备和技术处理的能力。只有在价值密度低的前提下,才会凸显数据量的多(volume)、杂(variety)、快(velocity)等问题。因此价值密度(value)是数据集的核心指标。

4.3 关于数据边际价值递减原理

仔细考察各种情况下的样本复杂度,可以看出这样的规律:给定误差 ε 和置信度 λ,为了得到相应精度(ε,λ)的结果,显然数据量过少是不行的,依据样本复杂度公式,当数据量增加到一定规模时,就可以得到需要的结果,继续增加数据并不能很好地改善求解的精度,而且改善的程度越来越趋向平缓,这就是所谓的"数据边际价值递减"。这一现象也符合人们日常生活中的经验,我们在《大数据计算理论基础——并行和交互式计算》[4]一书中已经做了讨论,并基于这一理论,提出了"靠前抽样"的方法,在实际应用中得到了很好的印证。现在,该方法在样本复杂度理论中再一次得到验证,并且给出了数量上的刻画。图4.1展示了在式(4.2)的情况下,样本数量 N、误差 ε、置信度 λ 之间的关系,从中可以清楚地看到,数据量对于求解质量的边际价值递减现象。

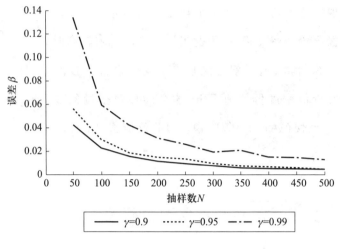

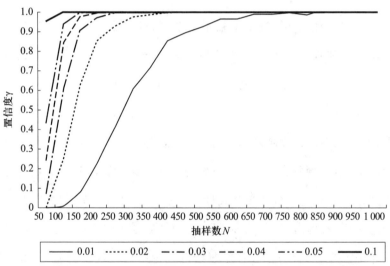

图 4.1　样本数量、误差、置信度之间的关系

　　样本复杂度刻画了大数据计算的一种性质,从本质上讲就是大样本理论服从统计学中的"大数定律"。上面提到的样本复杂度公式与数据的分布无关,只是要求抽样满足独立同分布假设,因此是一种普适性很强的公式,这既是它的优点,也是它的缺点,因为在这样的抽样下,样本中的稀少样例可能被忽略,这在某些应用场景,例如疑难病症、灾害防治、风险评估等应用上并不适用,因为

在这些场合中,我们关心的往往是那些稀少出现的数据,它们可能会被大量"正常"的数据淹没。这种情况下的数据计算,需要借助"小样本计算"方法,例如可参考本章参考文献[13],本书就不详细叙述了。

样本复杂度的公式还揭示了大数据情况下 PAC 计算的一个特点,即所需要的样本数量与总体数据无关,无论是数据量巨大的数据库,还是不断流入的动态数据,只要抽取的样本达到公式所需要的数量,就可以实现预定精度的计算,这一现象说明在大数据计算中,特别是在动态数据流的计算中,可以采取"靠前抽样"策略,即根据随机性原则,尽量在数据流的前端进行抽样计算,只要后续数据不影响整体数据的分布(即满足同分布假设),尽管数据量会随着时间不断增加,但计算结果仍是有效的,能维持给定的计算精度。

样本复杂度还有一个"硬伤",即抽取的样本要满足独立同分布条件,同时对数据的特征也没有要求,而这两点,在实际应用中却是十分重要的,它们决定了学习计算的精度和收敛速度,这里专门讨论一下。

1. 抽样偏差

在大样本分析与计算中,经常将抽样的独立同分布假设作为基本原则,许多结论都是建立在这一原则上的,但是也恰恰是这个原则,在实际学习或者知识获取过程中,是很难保证的。独立同分布假设仿佛大样本分析中笼罩其上且无法回避的阴影,是一个挥之不去的"魔咒"。在学习认知中,数据往往来源于观察,因无法控制数据的生成过程而很难保证独立同分布的要求,即使对于试验数据,由于试验要求的随机性条件难以完全满足,因此独立同分布的假设也未必能得到满足。下面以著名的辛普森悖论为例加以说明[10]。

辛普森悖论刻画了一个场景,在一个检验药品有效性的试验中,选取了一些受试者,随机分为两组,分别服用药品和安慰剂,考察试验效果,相关数据如表 4.1 所示。

表 4.1 一种新药临床试验对比

患者	患者服药情况		患者未服药情况	
	痊愈患者数	痊愈率/%	痊愈患者数	痊愈率/%
男性患者	81 例(共 87 例)	93	234 例(共 270 例)	87
女性患者	192 例(共 263 例)	73	55 例(共 80 例)	69
合计	273 例(共 350 例)	78	289 例(共 350 例)	83

这些数据令人难以相信。根据总体的统计,药品并不是有效的,服用该药的患者痊愈率比例低于未服药的患者。然而,当按性别考虑时,药品对于男性患者和女性患者都是有效的,即从性别角度考虑,患者服药后痊愈率都高于未服药的患者,这似乎是荒谬的,这就是称为悖论的原因。

这个问题在统计学中无法简单找到答案。解决这个悖论的钥匙在数据产生背后的过程之中,从数据可以看出,由于某些不明因素,药品事实上对于男性患者更加有效(男性患者痊愈率为 93%,而女性患者痊愈率只有 73%)。然而由于另外的不明元素干扰,在该试验中,服药效果不好的女性患者偏向于选择服药,服药效果好的男性患者偏向于选择不服药,无论是主动的还是被动的,这自然会使试验结果出现偏差。独立同分布的假设被试验中的不明因素破坏了,问题在于,我们无法单靠数据来识别这种偏差,除非使用数据之外的信息,例如了解当时分组的原则或增加试验的内容(不仅仅是性别),以甄别哪些因素影响了试验结果(在本问题中,雌激素可能是影响药品效果的"罪魁祸首"),从而使数据包含更多的信息,我们就能通过学习得出正确的结论。这是在随机试验或者观察中常会遇到的问题,即某些不明因素可能导致独立同分布假设的不成立,这称为抽样偏差。

　　抽样过程是否存在偏差,仅由数据本身往往是无法回答的,如果有更多的外部数据可用,可以通过外部数据进行比对,例如在上面的辛普森悖论中,通过其他数据知道人类性别比例是 1 : 1,因此在该抽样中,性别比例明显不符合随机性,从而通过某些方法(例如逆权重方法)来修正抽样的结果,但这是建立在通过其他数据知道性别比例的情况下的,如果没有外部数据可用,同时也没有相关的"先验知识",识别抽样集合是否满足同分布假设就十分困难了,甚至不可能了。近年来,稳健推断(robust inference)方法[11]和再采样(自助抽样,bootstrap sampling)法[12]得到重视,这些方法允许统计模型或者样本数据存在某些缺陷,通过适当的模型选择策略,或者采样策略可以弥补实际抽样过程中带来的统计困难,但这也是一种"改良",并不能在本质上改变非随机抽样带来的统计困难。非随机样本的统计和计算问题是一个亟待解决的并且有巨大应用价值的课题。

2. 特征选择

　　在基于数据的学习认知中,数据一般以向量形式表示,$x = (x_1, x_2, \cdots, x_n)$,每一个分量称为特征或者属性,$x_i$ 称为该属性的值。一个数据被多少或者什么样的特征所描述,对于学习认知的结果至关重要。好的特征选择可以使学习过程快速收敛,并且结果精确。而不好的特征可能导致学习无法收敛,或导致错误的结果。但是数据特征的选择属于"先验知识",是由外部因素决定的,例如依据某些原则主观产生,或者根据数据的自然属性产生。就二分类问题而言,我们总是希望数据的特征选择能够有利于正确分类,能够尽快获取条件分布函数

$$F(x = (x_1, x_2, \cdots, x_n)) = P(y \mid x_1, x_2, \cdots, x_n)$$

显然那些与 y 独立的特征是多余的,同时会对分类判断产生混杂和干扰的特征也应该尽量避免。本章参考文献[9]指出,一个试图通过图片识别狼和鬣狗的学习机器,选择了草地背景作为特征之一,结果使机器根据背景草地的颜色,而不是狼和鬣狗的生理特征做出判断。在不正确的特征误导下,这个学习认知的结论显然是错误的,尽管在那个具体的机器里,分类可能会有高的准确性,但只能是"误打误撞",其结果不具有可靠性,既不能泛化到其他情形,也是不可解释的。

　　特征选择是否合适仅依靠数据本身是无法判断的,需要借助数据以外的知识。在图片(视频)处理应用场景中,像素是自然(原始)的特征,在音频处理下,离散采样的频谱是其自然的特征。在其他应用中,每种数据也有其自然的特征,例如在医学应用中,人的社会属性(姓名、住址、身份证号、电话号码等)、自然属性(性别、身高、体重等)以及生理属性(血压、体温、影像、疾病史等)构成了相应的特征,对于某个具体的分类问题(例如癌症诊断),显然把所有的特征都用来表示数据(患者)是不必要且有害的,应该选取那些对于癌症诊断"有用"的特征。但是在缺乏足够知识的

情况下,哪些特征是有用的,这本身就是个问题,因此特征选择在数据内部是无法解决的。虽然如此,目前还是可以利用一些技术来指导特征的选择,甚至是自动选择。而卷积网络和深度学习就是从原始特征产生"有用"特征的一种自动化方法。在图像识别中,自然的特征是像素,但是通过像素来识别(例如人脸识别)往往是不可能的,因此需要构建能够区别不同对象的特征表示。卷积网络通过滑动卷积核(convolution kernel)的尺寸和池化,提取能够表示物体特征的图像模块,这种模块只依赖本身的形状而与其在图中的位置无关,这一点颇像人类的视觉感知识别方式,通过对图像模块的区分可以很好地实现物体的识别。在这样的场合中,图像模块构成了反映物体本质的特征,这种特征是在像素特征基础上产生的,因此称为次级特征,卷积网络给出了次级特征的自动生成方式。深度学习网络则是通过自编码网络来构建新的特征,一个自编码网络最简单的形式是一个三层网络,包括一个输入层、一个输出层以及一个隐藏层,一般来说,隐藏层的单元数少于输入层,如图 4.2 所示。

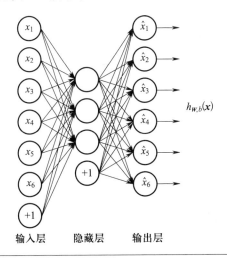

图 4.2　自编码网络示意图

输入层与输出层具有相同的单元数(除去偏置单元),训练的目的是使输出完全重现输入,如果这样任务得以实现,则认为中间的隐藏层作为数据的新的表示特征,完全携带了原始数据的信息,因此特征被压缩到较小的范围。这种压缩由于保留了原来的信息,因此必然会舍弃一些冗余信息或者噪声信息,根据奥卡姆剃刀原理,更少的特征表示一定反映了更深刻的数据内涵。现在深度学习已经有了许多变形,其结构更加复杂,并且与卷积网络或者循环神经网络(RNN)联合使用,但是基本原理仍然未变。卷积网络和深度学习网络都可用于构建新的特征,以使学习质量更好,但是两者还有些不同,卷积网络提取的特征模块原则上是可视的,因此可以对学习结果做出很好的解释;而深度学习网络所压缩的特征却往往难以找到客观实体对应物,因此对于学习认知的结果缺乏可解释性,导致泛化应用方面的困难[14]。

根据原始特征中构建新的、更加合理和有效的特征有许多方法,近年来也受到高度的关注,其中包括一些借助"先验知识"的特征表示,这些方法在实际问题中表现出了很好的性能,但是目前主流的工具还是卷积网络(特别是图像和语音识别领域)和深度学习网络。

《数据科学与计算智能:内涵,范式与机遇》[15]一文指出,是否能建立一套数据复杂性理论体系,数据规模、数据质量和数据价值定量关系如何,解决某个问题所需要的大数据的量的边界如何确定,是否能发展一套理论为基于大数据的计算模型提供能力上下界的保证,这些都是数据科学独立于计算机科学之外所需要解决的问题。同时还提出,可以从数据质量、多样性、复杂性、不确定性或价值密度等多个维度出发,定义数据的统一评价指标。这样的评价指标可以使不同领域的研究者对数据拥有共同话语体系,有利于以数据为研究对象开展持续的科学研究。关于这些问题,可以从上面有关样本复杂度和数据边际价值递减等讨论入手,逐步开展深入的研究。

4.4　交互式计算

在传统算法理论中,常用方法是依据已有的知识和规则来设计算法,算法本身不仅要描述"做什么",还要详细地描述"怎么做",将所有可能遇到的问题都考虑好,然后"一意孤行"地进行计算。而对于人工智能或者大数据中的许多计算场景,这种方法并不总是可行的,往往事先没有太多的知识或者规则可用于指导"怎么做",而是在计算过程中,根据数据和计算的实际进度来不断完善和修改算法,调整"怎么做",并最终实现所需要的计算,这就是本节要讨论的交互式计算模型。交互式算法形成了与传统算法完全不同的另一种理论框架。特别是当计算环境或者条件发生变化时,传统算法常常因为不能很好地适应变化而失效,而交互式计算则可以通过对数据实施新的采样或者调整计算策略来修改算法,以适应新环境下的计算。在大数据计算领域中,交互式计算是一种常用的计算模型,它具有与数据进行交互处理和分析的能力,并天然具有高度的并行性。交互式计算是人类(包括动物)在适应周围环境变化时采取的基本应对模式,是一种具有"智能"行为的计算,也是当前人工智能领域十分重要的算法设计思想[16]。交互式计算在开始时只是确定了"做什么",并不明确规定"怎么做",具体的计算是在计算过程中通过交互逐步形成和完善的。这种算法模式在复杂问题(例如 NP 难解问题)求解中表现出了很强的优势,我们在《大数据计算理论基础——并行和交互式计算》[4]一书中对交互计算的理论做了讨论,并列举了一些在数值计算和非数值计算中的应用。这是交互式计算与传统计算的根本区别。

下面通过两个决策理论中的例子来说明交互式计算在大数据计算中的特点和优势。在决策理论中,经常遇到如何将多种不同的弱决策器(即决策准确率略高于 50%)组合成性能优异的决策器的问题,目前已经有多种方法可以实现这一目标。下面两个例子中,一个采用的是调权组合模式,另一个采用的是选择组合模式。

例 4.8[5]   假设 $w_1, w_2, \cdots, w_k$ 是 k 个决策器,对于输入的实例,每个决策器进行二分类判断(正类或负类),并通过加权求和的办法得出决策结果,初始权重都为 1。在每次决策过程中,每个决策器输出一个决策结果(-1 或 1),并分别进行权重相加,取权重之和大的作为实际决策,然后根据判断的正误进行权重修改。如果决策结果正确,则所有决策器的权重不变;如果决策结果错误,则所有做出错误决策的 w_i,其权重减少 β,例如 $\beta = 1/2$。每次调整权重后,再对数据(原数据或者新数据)做一个决策判断,这是一次交互过程。反复进行交互迭代后,当决策错误率达到一个低的阈值后,就可以将此决策器组合作为新的决策器用于预测。关于这种组合决策器的构建机制,有以下定理。

定理 4.4   记 v_i 是第 i 个决策器 w_i 在整个组合过程中的出错次数,$v = \min\limits_{1 \le i \le k} v_i$,即 v 是组合过程中出错次数最少的决策器的出错次数,则在整个组合过程中总的出错次数不会超过 $2.41(v + \log_2 k)$。

证明:设在整个过程中,w_0 的出错次数是 v,由于并不是 w_0 每次出错,它的权重都会被修改(有时虽然 w_0 错了,但群体判断结论是对的)。假定 w_0 的权重被修改的次数是 t,那么 $t \leqslant v$,因此 $\left(\dfrac{1}{2}\right)^v \leqslant \left(\dfrac{1}{2}\right)^t \leqslant k \left(\dfrac{3}{4}\right)^M$,其中 M 是群体决策的出错次数。这是因为,如果当前总的权重为 p,那么在群体决策出错的情况下,至少有 $p/2$ 的权重被减少一半,因此总的权重减少了 $p - p/4 = \dfrac{3}{4}p$,即总权重减少了 $\dfrac{3}{4}$,而初始权重为 k,因此 M 次出错后,总权重下降为 $k \left(\dfrac{3}{4}\right)^M$,这就得到 $M \leqslant 2.41(v + \log_2 k)$。

该证明过程说明,在上述权重调整模式即带"惩罚"的民主机制下,只需经过最多 $2.41(v + \log_2 k)$ 次权重修正,就可以保证以后每次群体决策都是正确的(但这并不意味每个决策器的判断都是正确的)。

这个结果很有意思,想象一下,如果群体中所有人都不断地犯错误,即 v 很大,那么 M 就会很大,权重调整的过程就会很长。但是如果其中有一个"诸葛亮",即有一个很少犯错误的人,他的 v 很小,这时权重调整过程就会很快收敛,使得组合决策器不再犯错。因此在上述组合决策模型设计中,"诸葛亮"的作用是十分重要的。而且对于这个"诸葛亮",刚开始时可能不被认识,隐藏在群体中间,但是随着权重调整,他的权重会因为逐渐比别人高而被识别出来,即决策机制具有识别"诸葛亮"的能力。

上述定理成立需要假设决策器的决策水平在调整过程中不发生变化,对于决策器是人的情况,由于人的决策水平可能随事件或者判断次数而变化,比如可能会通过经验积累而变得"聪明",这就使权重调整变得不稳定,该定理就可能变为不成立了。但是在海量人群的情况下,例如网络上那样的海量人群,由于个人的决策水平变化在统计意义上被"抹平"了,因此可以认为定理是成立的,也就是说在海量决策器组合情形下,"调权票决"这种简单的决策方式,其决策质量依赖于"少数关键人"。对于群体是机器的情况(即多机器协同决策),如果机器本身没有判断水平的自我改进能力,该定理自然是成立的。在机器决策的情况下,拥有一台预测精度高的机器是十分重要的,它可以加快组合决策器构建过程的收敛速度。

当权重调整系数 β 是 0 与 1 之间任何一个数时,根据利特尔斯通(Littlestone)和瓦尔穆特(Warmuth)的结果,这个界限是

$$M \leqslant \left(v\log_2 \frac{1}{\beta} + \log_2 k \right) \Big/ \log_2 \frac{2}{1+\beta}$$

关于这个界限,当 β 趋于 0 或者趋于 1 的时候,都是趋于无穷大。直观来说,如果"惩罚力度"太低,即 β 接近 1,则会反复犯同样的错误。如果"惩罚力度"太高,即 β 接近 0,则偶尔犯错误会被过分"惩罚",以后的意见分量变得很轻,因此发生错误的判断可能在不同的子群中波动起伏,难以实现意见收敛。

下面讨论另一种情形,这就是著名的自适应增强算法[12]。

假设二分类训练数据集 $X = \{x_1, x_2, \cdots, x_m\}$,其中既有正类,也有负类,$y_i$ 是数据 x_i 的标注,$y_i = 1$ 表示 x_i 为正类,$y_i = -1$ 表示 x_i 为负类。现假设已有一组决策器(可以是机器或是人)$k_s(x_i)$,$s = 1$,$2, \cdots$,它们对于训练数据集 X 的拟合可能都不理想,现在将它们组合起来构建新的决策器

$$C_p(x) = \alpha_1 k_1(x) + \alpha_2 k_2(x) + \cdots + \alpha_p k_p(x)$$

$\alpha_i > 0, i = 1, 2, \cdots, p$ 为组合系数（权重），希望 $C_p(x)$ 能够更好地拟合训练数据 X，采取符号函数 $\mathrm{Sgn}(C_p(x))$ 作为分类结果，即 $\mathrm{Sgn}(C_p(x_i)) = 1$，表示判断 x_i 为正类，$\mathrm{Sgn}(C_p(x_i)) = -1$ 表示判断 x_i 为负类（不失一般性，假定 $C_p(x_i) \neq 0$）。假设已经有

$$C_{p-1}(x) = \alpha_1 k_1(x) + \alpha_2 k_2(x) + \cdots + \alpha_{p-1} k_{p-1}(x)$$

令评价函数 E_{p-1} 为

$$E_{p-1} = \sum_{i=1}^{m} e^{-y_i(C_{p-1}(x_i))}$$

根据评价函数，再添加第 p 个决策器，得到

$$C_p(x) = C_{p-1}(x) + \alpha_p k_p(x)$$

对于这个新的决策器，继续用数据集 X 训练 $C_p(x)$，由于 C_p 在做正确判断（即 $C_p(x_i)$ 与 y_i 同符号）时，对 E_p 的贡献 $e^{-y_i(C_p(x_i))}$ 小于 1，在做错误判断时对 E_p 的贡献大于 1，E_p 越小表示正确率越高。因此问题是，如何选择 α_p，使得 E_p 值最小。注意到

$$E_p = \sum_i w_i^{(p-1)}(x_i) e^{-y_i \alpha_p k_p(x_i)}$$

其中 $w_i^{(p-1)}(x_i) = e^{-y_i(C_{p-1}(x_i))}$。又

$$E_p = \sum_{-y_i k_p(x_i) < 0} w_i^{(p-1)}(x_i) e^{-\alpha_p} + \sum_{-y_i k_p(x_i) > 0} w_i^{(p-1)}(x_i) e^{\alpha_p}$$
$$= W_c^{(p-1)} e^{-\alpha_p} + W_e^{(p-1)} e^{\alpha_p}$$

其中，$W_c^{(p-1)} = \sum\limits_{-y_i k_p(x_i) < 0} w_i^{(p-1)}(x_i)$，$W_e^{(p-1)} = \sum\limits_{-y_i k_p(x_i) > 0} w_i^{(p-1)}(x_i)$，分别是 $k_p(x_i)$ 做出正确（错误）分类的那些数据在 E_p 上的贡献，令 $W^{(p-1)} = W_c^{(p-1)} + W_e^{(p-1)}$。要选取 α_p 使得 E_p 最小，对上式求导并解出 α_p，得到

$$\alpha_p = \frac{1}{2} \ln \frac{W^{(p-1)} - W_e^{(p-1)}}{W_e^{(p-1)}} = \frac{1}{2} \ln \frac{1 - \varepsilon_e^{(p-1)}}{\varepsilon_e^{(p-1)}}$$

其中 $\varepsilon_e^{(p-1)} = W_e^{(p-1)}/W^{(p-1)}$ 是 $W_e^{(p-1)}$ 的归一化，$\varepsilon_e^{(p-1)} \leqslant 1$。$E_p$ 关于 α_p 的二阶导数

$$W_c e^{-\alpha_p} + W_e e^{\alpha_p} > 0$$

因此 E_p 取得最小值。如果 $\varepsilon_c^{(p-1)} = 1 - \varepsilon_e^{(p-1)} > \dfrac{1}{2}$，则 $\alpha_p > 0$，这时选择 $k_p(x)$ 作为添加的决策器，从而形成 $C_p(x)$，否则舍弃 $k_p(x)$ 而另选其他决策器。由于 $k_p(x)$ 在哪些数据上做出正确（错误）分类是已知的，因此 $\varepsilon_c^{(p-1)}$（$\varepsilon_e^{(p-1)}$）也可以算出，这就给出了确定组合系数 α_p 的公式。

为了证明这个过程能够逐步提高组合决策器的性能，引进一个新的函数

$$error(C_p) = \frac{1}{m} \sum_{i=1}^m u_i, \ u_i = \begin{cases} 1, \text{如果 } C_p \text{ 误判 } x_i \\ 0, \text{否则} \end{cases}$$

显然，$error(C_p)$ 表示当前组合决策器 C_p 的误判比例，$error(C_p)$ 越小说明被误判的数据越少，也就是 C_p 对于样本集 X 的拟合程度越高。

定理 4.5 在上述决策器的组合策略下，有

$$\lim_{p \to \infty} error(C_p) = 0,$$

即随着 p 的增加，$error(C_p)$ 收敛到 0。

证明：令训练集合为 $X = \{x_1, x_2, \cdots, x_m\}$。根据上面的组合决策器构造规则，有

$$C_p(x) = \alpha_1 k_1(x) + \alpha_2 k_2(x) + \cdots + \alpha_{p-1} k_{p-1}(x) + \alpha_p k_p(x)$$

每个 α_i 是第 i 个决策器的组合系数，并重新训练得到新的判断。根据 E_p 的定义，有

$$E_p = \sum_i w_i^{(p-1)} e^{-y_i \alpha_p k_p(x_i)}$$

现在将 α_i 看作第 i 轮训练时数据的权重。每个数据的初始权重为 1，以后在每一轮训练中变成不同的权重。第 p 轮训练时，对于 $k_p(x_i)$ 错误判断的 x_i，其 E_p 值在 $w_i^{(p-1)}$ 的基础上乘以 $\mathrm{e}^{\alpha_p} = \mathrm{e}^{\frac{1}{2}\ln\frac{1-\varepsilon_{\mathrm{e}}^{(p-1)}}{\varepsilon_{\mathrm{e}}^{(p-1)}}} = \sqrt{\dfrac{1-\varepsilon_{\mathrm{e}}^{(p-1)}}{\varepsilon_{\mathrm{e}}^{(p-1)}}}$，而 $k_p(x_i)$ 正确判断的 x_i 则乘以 $\mathrm{e}^{-\alpha_p} = 1\left/\sqrt{\dfrac{1-\varepsilon_{\mathrm{e}}^{(p-1)}}{\varepsilon_{\mathrm{e}}^{(p-1)}}}\right.$，这可以统一表述为，在第 p 轮训练时

$$C_p(x_i) = C_{p-1}(x_i)\,\mathrm{e}^{-\alpha_p y_i k_t(x_i)}$$

根据迭代过程，有

$$W^{(p)} = \sum_{i=1}^{m} C_p(x_i) = \sum_{i=1}^{m} C_{p-1}(x_i)\,\mathrm{e}^{-\alpha_p y_i k_p(x_i)}$$

$$= \sum_{i=1}^{m} \mathrm{e}^{-y_i(\alpha_1 k_1(x_i) + \cdots + \alpha_p k_p(x_i))}$$

其中 $\alpha_1 = 1$。于是由

$$error(C_p) = \frac{1}{m}\sum_{i=1}^{m} u_i,\ u_i = \begin{cases} 1,\ -y_i C_p(x_i) > 0 \\ 0,\ -y_i C_p(x_i) < 0 \end{cases}$$

得到

$$error(C_p) = \frac{1}{m}\Big(\sum_{i=1}^{m} u_i\Big) < \frac{1}{m}\sum_{i=1}^{m} \mathrm{e}^{-y_i \sum_{t=1}^{p} \alpha_t k_t(x_i)} = \frac{1}{m}W^{(p)}$$

这是因为，当 $u_i = 1$ 时，使用 $\mathrm{e}^{-y_i(\sum_{t=1}^{p}\alpha_t k_t(x_i)) > 0} = \mathrm{e}^{-y_i(C_p(x_i)) > 0}$ 替换了 1，$u_i = 0$ 时，使用 $\mathrm{e}^{-y_i(\sum_{t=1}^{p}\alpha_t k_t(x_i)) < 0} = \mathrm{e}^{-y_i(C_p(x_i)) < 0}$ 替换了 0，两种替换都是用大的数替换小的数，因此小于号严格成立。另一方面

$$\frac{1}{m}W^{(p)}\left/\frac{1}{m}W^{(p-1)}\right. = W^{(p)}\left/W^{(p-1)}\right.$$

$$= \Big(\sum_{i:\,y_i \neq k_t(x_i)} w_i^{(p-1)}(x_i)\,\mathrm{e}^{\alpha_t} + \sum_{i:\,y_i = k_t(x_i)} w_i^{(p-1)}(x_i)\,\mathrm{e}^{-\alpha_t}\Big)\left/W^{(p-1)}\right.$$

$$= \varepsilon_{\mathrm{e}}^{(p-1)}\,\mathrm{e}^{\alpha_t} + (1 - \varepsilon_{\mathrm{e}}^{(p-1)})\,\mathrm{e}^{-\alpha_t}$$

$$= \varepsilon_e^{(p-1)} \sqrt{\frac{1 - \varepsilon_e^{(p-1)}}{\varepsilon_e^{(p-1)}}} + (1 - \varepsilon_e^{(p-1)}) \sqrt{\frac{\varepsilon_e^{(p-1)}}{1 - \varepsilon_e^{(p-1)}}}$$

$$= 2\sqrt{\varepsilon_e^{(p-1)}(1 - \varepsilon_e^{(p-1)})} = \sqrt{4\gamma_{p-1}} < 1$$

其中 $\gamma_{p-1} = \varepsilon_e^{(p-1)}(1 - \varepsilon_e^{(p-1)})$，并且由于 $\varepsilon_c^{(p-1)} > \dfrac{1}{2}$，因此 $\varepsilon_e^{(p-1)} < \dfrac{1}{2}$，$\gamma_{p-1} <$

$1/4$，于是

$$error(C_p) < \frac{1}{m} W^{(p)} = \frac{1}{m} W^{(p-1)} \sqrt{4\gamma_{p-1}} = \frac{1}{m} W^{(p-2)} \sqrt{4\gamma_{p-2}} \sqrt{4\gamma_{p-1}}$$

$$= \frac{1}{m} W^{(1)} \prod_{t=1}^{p-1} \sqrt{4\gamma_t}$$

容易看出，组合决策器 $C_p(x_i)$ 的误判比例 $error(C_p)$ 的上界随着 p 的增加而减少，并且收敛到 0，这就证明了定理。

从该定理的证明中可以看出以下两点。

（1）$\dfrac{1}{m} W^{(1)} \prod\limits_{t=1}^{p-1} \sqrt{4\gamma_t}$ 是 $error(C_p)$ 的上界，并不意味着 $error(C_p)$ 是单调减函数。如果有一个 $C_k(x_i)$ 能够很好地完成对所有数据的分类，这时 $error(C_p)$ 很小，对于后面的 $s>k$，也有可能 $error(C_{s>k}) > error(C_k)$，尽管不违反定理，但是误判比例出现了起伏。因此只要有充分多个决策器 $k_s(x_i)$，$s=1,2,\cdots$，总存在一个 N，使得 $error(C_{k+N}) < \delta$，虽然这个过程不一定是单调的。

（2）该组合决策器的构建过程是一个交互迭代过程，通过不断交互，组合决策器的决策精度不断提高。构造组合决策器 $C_p(x)$ 所要求的 $\varepsilon_c^{(p-1)} > \dfrac{1}{2}$，可以理解为，在组合决策器 $C_{p-1}(x)$ 中，有

$$w_i^{(p-1)}(x_i) = e^{-y_i C_{p-1}(x_i)}$$

可以看作是 $C_{p-1}(x)$ 分类数据 x_i 的"权重"，而

$$W_c^{(p-1)} = \sum_{-y_i k_p(x_i) < 0} w_i^{(p-1)}(x_i)$$

是所有 $k_p(x)$ 分为正类的数据在 $C_{p-1}(x)$ 中的"权重",因此 $\varepsilon_c^{(p-1)} = \dfrac{W_c^{(p-1)}}{W^{(p-1)}} > \dfrac{1}{2}$ 表示被 $k_p(x)$ 分为正类的数据"权重"大于分为负类数据的"权重"(即 $W_c^{(p-1)} > W_e^{(p-1)}$),也就是说,相对于 $C_{p-1}(x)$,$k_p(x)$ 略好于"瞎猜"。在各决策器是学习机器的情况下,可以主动构造新的分类器 $k_p(x)$,使其满足 $\varepsilon_c^{(p-1)} > \dfrac{1}{2}$(越大越好)。在决策器是人的情况下,当然不能构造这样的人,但是可以通过选择方法,寻找合适的人作为 $k_p(x)$(如果存在),以保证组合决策器的性能向优的方向快速收敛。在实际应用中,这反映了所选择的决策人应该具有略强于随机猜测的判断能力,并且被 $k_p(x)$ 误分的数据与被 $C_{p-1}(x)$ 误分的数据尽量不同,从计算的角度来说,就是各决策人应该至少具有一点理性$\left(\varepsilon_c^{(p-1)} > \dfrac{1}{2}\right)$,并且其先验知识与其他各个 $k_s(x)$ 尽量不一样。

4.5　蒙特卡洛树搜索

前面讨论了样本复杂度以及组合决策器的构造方法,从交互式计算的角度来看,这些都属于交互式计算的形式,或者通过对抽取样本的计算实现交互,不断改善计算的精度;或者通过对每次训练的结果进行交互,不断完善决策器的性能。本节介绍交互式计算的另一种典型代表——蒙特卡洛方法(Monte Carlo method),特别是其中的蒙特卡洛树搜索(Monte Carlo tree search,MCTS)方法,它作为一种实用的并取得重大成功的交互式计算模型,充分反映了交互式计算的特点[18]。蒙特卡洛方法最早起源于理论物理的计算,由美国数学家斯坦尼斯瓦夫·马尔钦·乌拉姆(Stanisław Marcin Ulam)提出,被梅特罗波利斯(Metropolis)命名为蒙特卡洛方法。蒙特卡洛方法在 20 世纪 80 年代被引入人工智能领域,并迅速得到广泛的关注。随着其在不同问题上的应用,蒙特卡洛方法在具体内容和形式也发生了很大的变化,产生了许多变形,这些变形既有基于模型的,也有基于算法的。本节介绍蒙特卡洛方法最基本和最本原的内容,希望进一步挖掘蒙特卡洛方法在交互式计算中的巨大潜力。

实际应用中的许多计算问题都可以归结为决策问题,一个决策问题就是一个关于环境-策略的交互问题。对于当前的环境 s,选取一个策略 a,而 a 又进一步影响环境,使其演变为 s',从而又需要选取新的策略 a'。这种迭代往复的过程构成了典型的交互过程,通过这种"走一步看一步"的方式,逐步形成完整的计算链条,实现计算目标。从理论上说,如果能够把所有的环境变化都罗列出来,同时把相应的策略选取也考虑进来,那么整个决策过程是简单的,没有什么可以讨论的,但是由于环境-策略组合数是一个天文数字,甚至可能是无穷的,因此这种列表穷举的方式在现实中并不可行,这就需要在给定的环境下,以随机的方式选取一个策略,并通过某种原则,建立一个策略评价标准,使选取出来的策略具有较优性质或最优性质,以确保决策的质量,这个随机因素的引入就是蒙特卡洛方法的特点。

如果策略的选取只依赖于当前的环境和上一个决策(称为局

面),而与以前的环境和决策无关,则决策过程称为马尔可夫决策过程(Markov decision process)。马尔可夫决策过程具有一般性和代表性,这是本节讨论的主要内容,其应用实例许多,例如在许多博弈决策(不是所有的博弈过程)中,博弈双方构成了环境-策略组合;工业设计中设计方案的创意与评价、机器人算法中的行为和结果、社会治理问题中的政府决策与社会反应等都构成了环境-策略组合。从理论上说,最佳决策是使决策者与环境形成纳什均衡(Nash equilibrium),任何一方单独改变策略都可能引起利益下降。但是对于稍微复杂的情形,这种均衡尽管存在,在计算上却是不可行的。当然也有非马尔可夫条件下的决策过程,例如一些电子游戏、非同步多决策者的复杂决策以及国民经济中具有后续效应的决策过程等。

一个马尔可夫决策过程由以下部分组成:

(1)环境状态集合 S,其中 $s_0 \in S$ 是开始状态,$s_T \subseteq S$ 是终止状态;

(2)动作(即策略)集合 A;

(3)概率函数 $f: S \times A \times S \to P(s' \mid a, s)$,表示从当前环境状态 s 出发,实施策略 a,到达环境状态 s' 的概率;

(4)效用(奖赏)函数 $R(s): S \to \mathbf{R}^k$($\mathbf{R}$ 是实数集),表示环境状态 s 的效用评价值。

马尔可夫决策过程可以用一个序列表示,其中 s_i 是当前状态,a_i 是选取的策略,即状态转移函数 $T(s, a, s') \neq 0$ 的策略,s_q 是当前模拟停止的状态,在多个可选的策略序列中,挑选 $R(s)$ 最大的 s 作为当前输出策略。

随着人工智能的发展,蒙特卡洛方法在一些演化类型计算中备受重视,其中最有代表性的是蒙特卡洛树搜索(MCTS),这是一种集树搜索的全面性与随机抽样的高效性于一体的搜索方法,在围棋等领域取得了惊人的成功,近期一些研究也揭示了它在其他领域中的巨大应用潜力。

MCTS 过程在概念上比较简单,它以逐步添加节点的方式来构建一棵非对称的树。树的节点表示选择的策略,节点上的标记表示到目前为止该节点的评价得分(奖赏值)。对于算法的每次迭代,都使用树内策略来查找当前树中最可能的决策节点,采用探索-沿用策略来权衡未用策略(在当前局面下使用较少或未曾使用的策略)与已用策略(在当前局面下曾经使用过的最可能策略)并做出选择。一个通常采用的公式是所谓树的上限置信区间(upper confidence bound apply to tree),可表示

$$UCT = \bar{X}_j + 2C\sqrt{\frac{2\ln n}{n_j+1}}$$

其中 $\bar{X}_j$ 表示第 j 个策略的期望得分(奖赏值),用以评价以往应用该策略时的表现,这一项称为沿用项, $2C\sqrt{\frac{2\ln n}{n_j+1}}$ 表示探索项,其中 n 是当前已选择的策略总量, n_j 是第 j 个策略被选择的数量,显然第 j 个策略在以往被应用得越少,该策略在这一项的值就越大,因此在评价 UCT 时更具优势。因此 UCT 倾向于以往选择中被忽视的策略,因此这一项更有利于选择未被使用或者较少使用的策略, C 是调节因子, C 越大,表示探索因素比重越大,理论上其值为 $1/\sqrt{2}$ 。

在许多决策过程中,有些策略并不容易立即评价其价值,例如对于一些棋类博弈,一些走法并不能简单地说好或者不好,需要在以后的过程中(也依赖于对手的应对)逐步计算,有时需要等到棋局

终了才能予以判断。而 MCTS 的一个好处是,不必评估中间态的值,可以通过向下的深度搜索来模拟后续过程,直到达到终结状态,或者达到一个预设的计算格局(computational pattern),这些格局通常为已执行的计算步骤和存储或者已搜索的深度。这时计算评估当前的价值,用以获取初始策略的价值。

具体来说,每次搜索迭代采用以下四个步骤,如图 4.3 所示。其中节点中数据 m/n 表示得分,含义是该策略使用了 n 次,成功了 m 次。

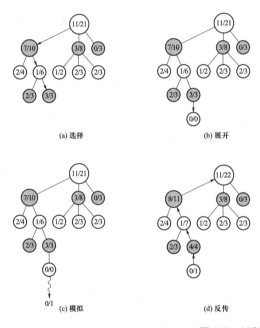

图 4.3 MCTS 的四个步骤

(1)选择:从当前根节点开始,递归地应用选择策略遍历整棵树,直到达到最可能的可扩展节点,即该节点非终结状态,并且是未访问过的节点。

(2)展开:如果节点表示非终结状态并且具有未访问(即未展

开)的子节点,根据既设策略对一个或者多个这样的节点进行展开,逐步添加子节点以展开一条模拟路径。

(3)模拟:根据既设策略递归形成模拟路径,逐步模拟策略-环境之间的交互影响,并对各种展开的路径根据效用函数进行评价。选择其中效用值最大的(或者其他原则)作为实际拟选择的新策略。

(4)反传:模拟结果的评估值通过反向传播更新树内各个节点的值。

MCTS 的搜索策略分为两个,一个是树内策略,用以确定节点的选择,兼顾已用策略和未用策略的权衡,树内策略可以使用 ε-贪婪策略,根据上限置信区间选择评分最大的策略。另一个是既设策略,当前节点根据树内策略选定后,通过既设策略对该节点进行展开模拟并进行效用(奖赏值)评估和比较。在搜索迭代的每一个环节,广泛使用深度学习以选择最优的策略,或者对当前局面进行判断计算。在当前一些成功应用中,例如用于围棋博弈的 AlphaGo Zero,它通过神经网络 φ_θ 进行策略预测和模拟(θ 是参数),对于当前得到的局面 s,经 $\varphi_\theta(s)$ 计算后输出 $(\boldsymbol{p},v)$,其中 $\boldsymbol{p}$ 表示落子的概率,$\boldsymbol{p}$ 是一个向量,每个分量 p_a 表示落子策略 a 的选择概率,即 $p_a=p(a|s)$,v 是当前局面走棋方获胜的概率(即局面评价分数),并且结合上限置信区间确定实际选择的落子。这些学习模型采用了很多技巧,以保证在选择和扩展步骤上能够尽可能达到最优,而避免许多不必要的或者无效的策略选择,这些学习模型和算法决定了蒙特卡洛树搜索的性质和效能。但是也正是因为有这些复杂的学习模型介入,蒙特卡洛树搜索方法的可解释性很弱,难以提供证据说明

策略选择的依据,这是当前对于 MCTS 方法的批评。

下面是 MCTS 算法的伪代码。

算法 4.2　蒙特卡洛树搜索算法伪代码

输入:环境状态集合,动作集合,概率函数,效用函数

输出:最优策略

Function UCTSearch (s_0)

    Create root v_0 and state s_0

    While within computational pattern do

        $v_t \leftarrow \text{TreePolicy}(v_0)$

        $u \leftarrow \text{DefaultPolicy}(s(v_t))$

        Backup (v_t, u)

    return Bestchild $(v_0, 0)$

Function TreePolicy (v)

    While v is nonterminal do

    if v not fully expanded then

        return Expand (v)

    else

        $v \leftarrow \text{Bestchild}(v, C_p)$

    return v

Function Expand (v)

    Choose an untried action $a \in A(s(v))$

    add a new child v' to v

$$\text{with } s(v') = f(s(v), a)$$

$$\text{and } a(v') = a$$

$$\text{return } v'$$

Function Bestchild(v, c)

$$\text{return } \operatorname*{argmax}_{v' \in \text{chidren of } v} \frac{Q(v')}{N(v')} + c\sqrt{\frac{2\ln N(v)}{N(v')}}$$

Function DefaultPolicy (s)

while s is nonterminal do

choose $a \in A(s)$ uniformly at random

$s \leftarrow f(s, a)$

return reward of s

Function Backup (v, u)

while v not null do

$N(v) \leftarrow N(v) + 1$

$Q(v) \leftarrow Q(v) + u(v, p)$

$v \leftarrow parent\ of\ v$

其中,$Q(v)$表示所有状态v下的得分(奖赏值),$N(v)$表示状态v经历的次数,因此$Q(v)/N(v)$是状态v的期望得分(奖赏值),$u(v,p)$表示在状态v下,决策者p的得分(奖赏值),在二人零和博弈中,对于不同的对手,$u(v,p)$是相反的。根据算法,MCTS 在以往被多次访问过的策略或者较少被访问的策略之间进行权衡,从而保证了决策

对于各种环境的适应性。

AlphaGo Zero[19]是用于围棋的算法,它主要采用了 MCTS 算法,并结合卷积神经网络组成深度残差网络用于训练对棋局的判断。它的损失函数 L 采用

$$L = (z-v)^2 - \boldsymbol{\pi}^{\mathrm{T}}\log \boldsymbol{p} + c\,\|\theta\|^2$$

损失函数由三部分组成,第一部分是通常的均方误差损失函数,用于评估神经网络预测的胜负结果 z 和真实结果 v 之间的差异。第二部分是交叉熵函数,它最大化了神经网络预测的当前落子概率 $\boldsymbol{p}$ 和 MCTS 的当前搜索概率 $\boldsymbol{\pi}$($\boldsymbol{\pi}$ 和 $\boldsymbol{p}$ 都是向量)的接近程度。第三部分是 L2 正则化项,θ 是神经网络的参数,c 是调节系数,防止过度拟合。每一次迭代结束,$\boldsymbol{\pi}$ 与 $\boldsymbol{p}$ 都需要被重新修改,神经网络也被重新训练。输入的棋局状态不仅是当前的棋局状态,还包括黑棋与白棋各自前 8 步对应的棋局状态,再加上一个单独的棋局状态用于标识当前行棋方,因此输入是一个 19×19×17 的数据。使用了 19 层或者 39 层的深度残差网络,这是残差网络(residual network,ResNet)的经典结构。具体的策略选择公式与上面说的略有不同,即

$$U(s,a) = c_{\mathrm{puct}}P(s,a)\frac{\sqrt{\sum_b N(s,b)}}{1+N(s,a)}$$

$$a_t = \operatorname*{argmax}_a(Q(s_t,a)+U(s_t,a))$$

其中,$Q(s_t,a)$ 是沿用项,$U(s_t,a)$ 是探索项。AlphaGo Zero 一共模拟了 4.9×10^7 个棋局,每一次搜索过程一般会进行约 1 600 次搜索,每次搜索向前大约 30 步,每一步大约花费 0.4 s,选择其中评估值(胜率)最大的作为实际落子策略。

MCTS 是当前研究的热点,充分体现了交互式计算的优势,能够很好地模拟人类决策的特点,因此在人工智能的许多领域得到了高度的关注[20]。

总起来说,MCTS 的特点如下。

(1) MCTS 的运行方式具有人类决策的特点,在人类决策中,根据经验沿用以往策略和根据创意采取新的策略是相互影响的,因此 MCTS 很好地模仿了人类决策的过程。因此,在那些需要考虑创新因素的决策场合(例如工业设计、对抗博弈)采用 MCTS 更合适。

(2) MCTS 最重要的优势之一是不需要特定领域的知识。在 MCTS 中采用深度搜索,并且及时评价策略的优劣,这在很多应用场合中,相比其他算法,MCTS 具有很大的优势,虽然在某些环节还需要启发式算法和机器学习的辅助,但是实际表现还是优秀的。例如在围棋对弈中,各种可能的搜索分支数量巨大,但是 MCTS 仍然足以胜任。在 AlphaGo Zero 中,甚至不需要任何领域知识,也可以很好地达到人类最高的博弈水平。当然如果有领域知识的介入,其效果和能力还会有更大的提高,这在一些 MCTS 新的应用中已经反映出来了。

(3) MCTS 及时反向传播每个决策过程的评价结果,这确保了算法每次迭代后所有的评估值始终是最新的。这也使算法继续迭代通常可以得到更好的结果,即算法具有持续的可改进性,可以在迭代搜索的深度和广度之间进行平衡和选择,具有很好的适应能力。

(4) 树的路径选择往往偏向于更有前途的节点,因此随着时间的推移很可能出现非对称树。这种非对称性为决策过程提供了重要的信息,容易揭示决策中优化策略所在的区域,甚至从树的形状就可以更好地理解决策过程的特点和关键。

参考文献

[1] 李航. 统计学习方法[M]. 北京:清华大学出版社,2012.

[2] HAUSSLER D. Part 1:Overview of the probably approximately correct(PAC) learning framework[J]. Information and Computation, 1992, 100(1):78-150.

[3] SHALEV-SHWARTZS, BEN-DAVID S. Understanding machine learning: From theory to algorithms[M]. [S.l.]:Cambridge University Press, 2014.

[4] 陈国良,毛睿,陆克中,等. 大数据计算理论基础:并行和交互式计算[M]. 北京:高等教育出版社, 2017.

[5] MITCHELLT M. 机器学习[M].曾华军,张银奎,译. 北京:机械工业出版社, 2003.

[6] 陈希孺. 高等数理统计学[M]. 合肥:中国科学技术大学出版社,2009.

[7] JOHNSON R, WICHERN D. Applied multivariate statistical analysis[M]. 6th ed. [S.l.]:Pearson, 2018.

[8] SHU J, XU Z, MENG D. Small sample learning in big data era[J]. arXiv preprint:arXiv.1808.04572, 2018.

[9] WANG Y, YAO Q, KWOK J T, et al. Generalizing from a few examples:a survey on few-shot learning [J]. ACM Computing Surveys (CSUR), 2020, 53(3):1-34.

[10] PEARL J, GLYMOUR M, JEWELL N P. Causal inference in statistics:a primer[M]. [S.l.]:Wiley, 2016.

[11] HUBER P J,RONCHETTI E. Robust statistical procedures [M]. 2nd ed. [S.

l.]: Wiley, 2009.

[12] 周志华. 机器学习[M]. 北京:清华大学出版社, 2016.

[13] YUE Z, ZHANG H, SUN Q, et al. Interventional few-shot learning[J]. Advances in Neural Information Processing Systems, 2020, 33.

[14] HINTON G E, SALAKHUTDINOV R R. Reducing the dimensionality of data with neural networks[J]. Science, 2006, 313(5786): 504-507.

[15] 程学旗, 梅宏, 赵伟, 等. 数据科学与计算智能:内涵, 范式与机遇[J]. 中国科学院院刊, 2020, 35(12): 1470-1481.

[16] VALIANT L. Probably approximately correct: nature's algorithms for learning and prospering in a complex world[M]. [S.l.]: Basic Books, 2014.

[17] FREUND Y, SCHAPIRE R E. A decision-theoretic generalization of on-line learning and an application to boosting[J]. Journal of Computer and System Sciences, 1997, 55(1): 119-139.

[18] BROWNE C B, POWLEY E, WHITEHOUSE D, et al. A survey of monte carlo tree search methods[J]. IEEE Transactions on Computational Intelligence and AI in games, 2012, 4(1): 1-43.

[19] SILVER D, SCHRITTWIESER J, SIMONYAN K, et al. Mastering the game of go without human knowledge[J]. Nature, 2017, 550(7676): 354-359.

[20] SCHRITTWIESER J, ANTONOGLOU I, HUBERT T, et al. Mastering atari, go, chess and shogi by planning with a learned model[J]. Nature, 2020, 588 (7839): 604-609.

第五章　大数据计算平台

5.1　主流大数据计算框架

伴随着互联网发展以及移动终端的普及,人类社会产生的数据量呈现爆炸性增长。本章介绍主流的大数据计算框架,包括 Hadoop、Spark、Storm。我们首先介绍支持数据密集型分布式应用程序的开源软件框架 Hadoop,并着重介绍 Hadoop 的两个主要功能部件——HDFS 和 MapReduce。然后介绍基于内存的分布式大数据处理框架 Spark,着重介绍 Spark 的工作原理和核心技术。最后介绍分布式实时大数据处理框架 Storm。

5.1.1　Hadoop

Hadoop 是一款支持数据密集型分布式应用程序的开源软件框架,它支持在商用硬件构建的大型集群上运行应用程序,其核心是 YARN、HDFS(Hadoop distributed file system)、MapReduce。用户可以在不了解分布式底层原理的情况下,开发分布式程序并充分利用计算机集群的能力实现大数据存储和高速计算。

Hadoop 最早起源于一个名为 Nutch 的项目。Nutch 的目标是构建一个大型的 Web 搜索引擎,包括收集网页数据并对其进行分析、建立索引以及提供相应接口、对网页数据进行查询等功能。随着抓取网页数量的增加,Nutch 遇到了严重的拓展性问题——如何解决十几亿网页的存储和索引问题。2003 和 2004 年先后有两篇论文为该问题的解决提供了可行的方案:一篇论述了分布式计算框架 MapReduce[1],可用于处理网页的索引计算问题;另一篇论述了分布式文件系统 GFS[2],可用于处理海量网页的存储,Nutch 的开发人员实现了相应的开源项目——MapReduce 和 HDFS,并将它们结合用以支持 Nutch 引擎的主要算法,在 2006 年 2 月 Nutch 的这个分布式计算模块被剥离出来,被称为"Hadoop"。

Hadoop 技术因为其本地化计算理念、多层级架构以及高效的分布式计算框架等优点在大数据领域得到了广泛运用。自 2006 年问世以来,Hadoop 生态圈日益壮大,从最初只有 MapReduce 和 HDFS 这两个部件,发展到目前覆盖了从数据存储到计算框架和数据处理工具等各个层面的几十个部件。

1. 核心思想

Hadoop 不是第一个用于存储数据并分析的分布式系统,但是它却是第一个得到广泛应用的分布式系统。Hadoop 对大数据领域的发展起到了重要作用,这得益于它具有一些其他系统没有的特性。

1) 数据本地化

本地磁盘 I/O 相较于网络附接存储(network attached storage, NAS)这类网络 I/O 有着更快的速度,使用网络 I/O 的应用程序,当需要访问的数据量很庞大时,许多计算节点就会因为网络带宽的瓶

颈问题而不得不暂停下来等待数据。为了获得良好的性能，Hadoop
尽量在计算节点上存储数据以实现数据的本地快速访问。数据被
分发到各个计算节点，程序运行依赖库等也被移至数据所在节点，
计算节点就地处理数据的条件就完备了。Hadoop 系统中也有一些
特定的处理任务需要跨节点获取数据，比如分布在各个计算节点中
的计算结果，最终要汇聚到一个计算节点（MapReduce 框架的 Re-
duce 阶段）。

2）计算程序离数据更近

在传统观念中，任务数据应该是分散的，而程序应该是集中的。
然而，大数据应用无法处理网络过载的问题，而传输的数据量之大
又很容易使网络带宽耗尽并可能导致系统故障。因此 Hadoop 专注
于将计算逻辑移动到数据附近，即将处理数据的程序及其依赖的函
数库等移至存储数据的节点，同时 Hadoop 支持集中式部署程序代
码，大大降低了技术门槛。

2. 应用场景

Hadoop 是一个能够对大量数据进行分布式处理的软件框架，适
合那些有着超大数据集的应用程序。单台计算机理论上可以处理
任意规模的数据，但是受从持久性存储设备中读取数据的速度限
制，处理数据所花费的时间往往会大大超过实际应用场景，因此需
要 Hadoop 这样的软件框架来处理那些具有超大数据集的应用
程序。

例如，某个任务需要处理 200 GB 的数据并且要求在 5 min 之
内完成。假设单台设备读取速度是 50 MBps，那么顺序读取全部
200 GB 的数据就需要 1 h。如果这个任务可以被均匀地划分到 100

个相同的设备上,每个设备仅需处理分配给自己的数据,那么完全读取这 200 GB 数据会在 1 min 之内完成。

Hadoop 当前在商业、医疗、生命科学、计算机科学等领域都有着广泛的应用,如 Nutch 构建 Web 搜索引擎、医疗公司为大量医疗记录提供搜索索引、基因学对基因组数据进行分析等。

3. 发行版本

目前 Hadoop 有三个发行版本。

1)Apache 免费开源版本

Apache 软件基金会是专门为支持开源软件项目而创办的一个非营利性质的组织,Hahoop 最初从 Nutch 剥离出来以后就成为 Apache 的开源项目。Apache 软件基金会的 Hadoop 拥有全世界的开源贡献者,代码更新迭代比较快,但版本的升级、维护、兼容性以及补丁可能考虑不太周到。

2)Hortonworks 免费开源版本

Hortonworks 核心产品软件是 HDP,HDP 免费开源并且提供一整套 Web 管理界面,方便用户管理自己的集群状态。

3)Cloudera Manager 收费版本

Cloudera 在 Apache 开源 Hadoop 版本上,通过自己公司内部的各种补丁,实现了版本之间的稳定运行,大数据生态圈中各版本的软件都提供了对应的版本,解决了版本升级困难、版本兼容性等各种问题。

4. 核心项目

1)Hadoop 框架

Hadoop 框架如图 5.1 所示,它分为上下两层,分别是 MapReduce

和 HDFS。MapReduce 引擎可以是 MapReduce/MR1 或 YARN/MR2。一个 Hadoop 集群由一个主节点（master node）和多个从节点（slave node）组成。主节点包括 Job Tracker、Task Tracker、NameNode 和 DataNode，从节点包括 DataNode 和 Task Tracker。Job Tracker 的作用是接收来自客户端的 MapReduce 作业并使用 NameNode 处理数据。Task Tracker 负责从 Job Tracker 接收任务和代码，并将该代码应用于文件。接下来进一步介绍 HDFS 和 MapReduce。

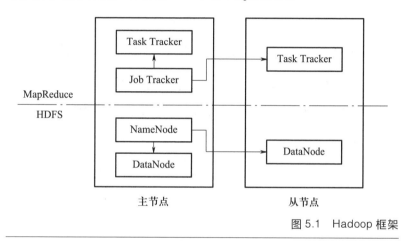

图 5.1　Hadoop 框架

2）HDFS

由于大数据应用中的数据集规模超过一台独立的计算机的存储能力，因此有必要将数据按照一定标准进行划分并存储到若干台独立的计算机上。Hadoop 的部件 HDFS 正是提供这项功能的分布式文件系统，但因它架构于网络之上而引入了网络编程的复杂性，因此它比普通的磁盘文件系统更为复杂。

HDFS 是运行在商用硬件集群上，以流式数据访问模式来管理大文件的分布式文件系统。流式数据访问模式的特点是一次写入、多次读取。HDFS 认为这是最高效的访问模式。

HDFS 由 NameNode、Secondary NameNode 和 DataNode 进程协调合作来提供服务。HDFS 集群是以管理节点-工作节点模式运行,即一个 NameNode(作为管理节点)和多个 DataNode(作为工作节点),Secondary NameNode 则用于备份 NameNode 以防系统损坏。HDFS 提供一个统一的文件系统命名空间,用户可以像使用本机上的文件系统一样来存取集群节点上的数据,NameNode 负责管理集群中文件的元数据,而 DataNode 则用于存储文件。

接下来具体介绍 HDFS 的几个概念。

(1) 数据块:每个磁盘都有设置好的数据块,这是磁盘读写的最小单位。HDFS 同样有块的概念,而且它的块比一般的文件系统大得多(为了最小化寻址开销),默认为 64 MB 或 128 MB。HDFS 中的文件被划分成多个块大小的分块,如果一个文件的大小不是块的整数倍,则最后一个块只会占用其实际大小空间(如一个 10 MB 的文件存储在块大小为 128 MB 的系统中,则文件只使用 10 MB 的存储空间)。每个数据块作为一个独立的存储单元,存储在 DataNode 上。

HDFS 使用数据块而非文件作为存储单元有多种好处。第一个明显的益处是简化了存储系统的设计。将存储系统的管理对象设置为数据块,可以简化存储管理。文件被划分为多个数据块以后,仅需对大小一致的数据块进行管理。同时元数据并不需要与块一起存储,甚至可以单独用其他系统存储元数据,从而提高了灵活性。

另一个好处是,存储在集群中的文件大小可以不受限制,只要其大小小于集群中所有节点容量总和即可。由于分块的设置,文件可以利用集群上的任意一个磁盘进行存储,同时分块也可以提高磁盘的利用率。

　　除此之外,分块的设置还非常有利于提高数据容错能力。HDFS默认将文件的数据块复制多份(默认设置为3)并存储到其他节点上以达到冗余备份的目的。这保证了当某个节点无法正常使用时,不会影响该节点上存储的文件的读写,如果某个数据块不可用,HDFS会从其他地方读取另一个副本。一个数据块丢失时可以从其他副本存储节点复制该数据块到另一台可以正常运行的节点上,从而保证了副本的数量保持为设置值。

　　(2) NameNode 和 DataNode:HDFS 集群中含有一个 NameNode和若干个 DataNode。NameNode 负责管理整个文件系统的命名空间,它维护着整个文件系统内的所有文件和目录,这些信息以命名空间镜像、编辑日志这两个文件保存在 NameNode 上。NameNode 还存储着所有文件和目录的元数据信息,其中包括文件/目录的权限信息以及所有权、文件/目录的名称及其相对位置、所有数据的文件名(组成文件的数据块以文件的形式存储在 DataNode 中)。

　　值得注意的是,NameNode 并不以文件的形式永久保存数据块的位置信息,这些信息在 HDFS 系统初始化时会根据 DataNode 提交的信息自动重建。而 DataNode 负责存储实际的文件数据,它们接收来自 NameNode/客户端的命令进行存储或检索数据块,并且定期向NameNode 发送它们所存储的块表以维护文件系统。NameNode 对整个文件系统而言至关重要,当运行 NameNode 进程的节点无法提供服务时,系统将无法提供服务,因为此时无法得知某文件是由哪些 DataNode 中的数据块组成的。因此增强 NameNode 的容错率十分重要,Hadoop 对此提供了两种机制。第一种机制就是备份那些与文件元数据相关的文件,第二种机制就是运行一个之前提到过的 Secondary NameNode。它会定期合并命名空间镜像以及编辑日志,当NameNode 节点出错时就会启用 Secondary NameNode。

3) MapReduce

Hadoop 支持 MapReduce 编程模型,这个模型可以利用由若干商用硬件组成的大规模集群来解决大数据问题。在 MapReduce 中作业(job)是客户端需要执行的一个工作单元,它包括输入数据、Map-Reduce 程序以及相关配置信息。Hadoop 将作业分为两个独立的步骤:Map 与 Reduce。

- Map:对输入的部分数据进行初始读取和转换。
- Reduce:对相关联的数据进行整合。

Hadoop 系统会对求解问题的数据进行划分,将输入数据划分成等长的输入分片(input split),随后为每一个分片创建一个 Map 任务。Map 任务会对其分配的分片执行用户自己设定的、具有特定功能的 Map 函数,将分片中的数据转换成键值对(key-value pair)。分片处理完以后的结果会根据用户给定的标准划分到不同的数据集中,数据集中还需要进行混洗和排序(shuffle and sort)处理。经过处理后的数据集会被传输给 Reduce 任务,Reduce 任务将执行用户设定的 Reduce 函数对数据进行整合,最终结果以键值对形式输出。

将输入数据划分成输入分片,是因为划分后处理每个分片所需要的时间少于处理完整输入数据所用时间。因此,系统并行地执行多个 Map 任务将会大大加速求解问题的速度。对于分片的大小,较小的分片可以实现较好的负载均衡且失败的进程可以更快地重新执行。当然,如果分片切的太小也会导致管理分片以及构建 Map 任务所需的时间消耗剧增。对于大多数任务,合理的分片大小应与 HDFS 中数据块大小接近(可以确保所需要的数据在同一个节点上,不需要额外的网络数据传输)。

为了节约宝贵的集群网络带宽,充分利用数据本地化特点以提高性能,Hadoop 仅在存储有待求解问题数据的节点上运行 Map 任务。若出现了某个输入分片所在数据块所有副本所在节点都有正在运行的 Map 任务这种情况,Hadoop 将会通过作业调度在其中一个数据块所在机架中寻找一个空闲的节点(称之为 Map slot)来运行该 Map 任务分片。

值得一提的是,Map 任务处理得到的结果将存储在节点的本地磁盘上,而非 HDFS 中。因为 Map 处理得到的结果是中间结果,还需要经过 Reduce 任务处理后才能得到最终结果。

Map 任务得到的结果是若干个键值对,这个结果会经过混洗和排序处理,这一阶段的目的是将一个键对应一个值变换成一个键对应一组值。由 Map 任务得到的所有键值在到达 Reduce 时都已经按键排好序了,如果有多个 Reduce 任务,那么每个 Reduce 任务将会负责处理 Map 任务输出的键值对集合的某个子集,其中排序过程保证了同一个键对应的值会由同一个 Reduce 任务来处理。

最后以词频计数应用 word-count 为例子讲解整个流程,word-count 的目的是统计输入数据集中各个单词出现的频次(假设输入数据为文本,且单词之间用一个空格分隔)。首先,将输入的文本按照数据块大小划分为多个输入分片,然后尽量在分片所在节点创建 Map 任务以处理分片数据,这里 Map 任务的功能就是将该分片中包括的各个单词识别出来并统计其出现的频率。Map 任务的输出将会是类似"Hadoop：2""HDFS：1"这样的键值对，在混洗和排序阶段系统将会根据键（此处例子是指单词）来划分各个 Map 任务的值，一个单词的所有统计的频次键值对都会集合在一起，之后系统再根据某种排序规则将各个数据集进行排序。最后各个单词对应的数据集将会分别送入各个 Reduce 任务，Reduce 任务得到的数据是一个单词及其在所有分片上出现的频次，Reduce 将这些值累加，最后输出一个类似"Hadoop：103""HDFS：256"的结果，它们分别意味着 Hadoop 出现了 103 次、HDFS 出现了 256 次等。到此，一个典型的 MapReduce 作业就完成了。

5. 技术生态圈相关项目

Hadoop 最初只有 HDFS、MapReduce 这两个部件，随着其不断发展，Hadoop 技术生态已经覆盖了数据存储、计算框架和数据处理工具等各个层面的几十个部件，下面主要介绍几个应用较广的部件。

1）YARN

YARN(Yet Another Resource Negotiator)是在 Hadoop 2.X 版本引入的集群资源管理系统。YARN 通过两个守护进程来替代 Hadoop 1.X 中作业调度器的两个主要功能，即资源管理和作业调度/作业监控，这两个守护进程分别是管理集群上资源使用情况的资源管理器(Resource Manager)和运行在集群中各节点上的节点管理器(Node Manager)。

YRAN 具有很强的通用性，除了 Hadoop 外还支持其他的分布式计算框架。YARN 为应用请求和使用集群的资源提供了应用程序接口(application program interface，API)，因此 YARN 可以看作是计算框架和集群存储层的中间层。YARN 的引入为集群在资源管理、数据共享等方面的性能带来了很大的提升。

2）HBase

HBase 源自"Bigtable：a distributed storage system for structured data"[3]，发表于 2006 年。HBase 是一个建立在 HDFS 之上，针对结构化数据的可伸缩、高可靠、高性能、分布式和面向列的动态模式数据库。HBase 采用了 Bigtable 的数据模型，即增强的稀疏排序映射表（key/value），其中，键由行关键字、列关键字和时间戳构成。HBase 提供了对大规模数据的随机、实时读写访问，同时，HBase 中保存的数据可以使用 MapReduce 来处理，它将数据存储和并行计算完美地结合在一起。

3）Hive

Hive 是基于 Hadoop 的开源数据库工具，最初用于解决海量结构化的日志数据统计问题。Hive 定义了一种类似 SQL 的查询语言——HQL，将 SQL 转化为 MapReduce 任务在 Hadoop 上执行，通常用于离线分析。HQL 用于运行存储在 Hadoop 上的查询语句，Hive 让不熟悉 MapReduce 的开发人员也能编写数据查询语句，然后这些语句被翻译为 Hadoop 上的 MapReduce 任务。

4）ZooKeeper

ZooKeeper 是一个开源的分布式应用程序协调服务，是对 Chubby 的一个开源实现。ZooKeeper 解决了分布式环境下的数据管理问题，包括统一命名、状态同步、集群管理、配置同步等。Hadoop 的许多组件都依赖于 ZooKeeper，它运行在计算机集群之上，用于管理 Hadoop 的操作。

5）Sqoop

Sqoop 是 SQL-to-Hadoop 的缩写，主要用于在传统数据库和 Hadoop 之间实现数据传输。数据的导入和导出本质上是 MapReduce 程序，充分利用了 MapReduce 的并行化和容错性。Sqoop 利用数据库技术描述数据架构，用于在关系数据库、数据仓库和 Hadoop 之间转移数据。

6）Pig

Pig 的设计动机是提供一种基于 MapReduce 的 Ad-Hoc（在实施查询操作时产生计算需求）开源数据分析工具。Pig 定义了一种数据流语言——PigLatin，它是对 MapReduce 编程复杂性的抽象，Pig 平台包括运行环境和用于分析 Hadoop 数据集的脚本语言（PigLatin）。其编译器将 PigLatin 翻译成 MapReduce 程序序列，将脚本转换为 MapReduce 任务并在 Hadoop 上执行。Pig 通常用于进行离线分析。

7）Kafka

Kafka 是由 Apache 软件基金会开发的一个开源流处理平台，是利用 Scala 和 Java 编程实现的。Kafka 是一个高吞吐量的分布式发布订阅消息系统，它可以处理消费者规模的网站中所有动作数据流。这种动作（如网页浏览、搜索和其他用户的行动）是现代网络中许多社会功能的一个关键因素。由于系统吞吐量的限制，这些消息数据通常以类似日志处理的方式进行计算。对于像 Hadoop 这样的日志数据和离线分析系统，同时又有实时处理需求，Kafka 是一个可行的解决方案。Kafka 的目的是利用 Hadoop 的并行加载机制来统一线上和离线的消息处理，同时通过集群来提供实时消息。

5.1.2　Spark

Spark 是加利福尼亚大学伯克利分校 AMP 实验室开发的一种基于内存的分布式大数据处理框架。Spark 配备了多种计算组件以应对不同类型的计算任务,包括数据库查询、流处理、机器学习和图计算等任务,Spark 提供了一站式的大数据处理平台。

基于 MapReduce 的分布式计算框架,例如 Hadoop,在处理大规模数据密集型应用方面非常成功。然而,面对迭代式应用或交互式数据分析应用,这些框架每次迭代或交互都需要从磁盘中重新加载数据,从而导致性能显著下降。此外,传统的 MapReduce 计算框架只支持 Map 和 Reduce 这两种类型的操作。而复杂的数据计算任务需要大量的操作来实现,而且操作之间具有复杂的依赖关系,这不仅增大了应用程序编写的难度,还降低了应用的处理效率。所以 Spark 应运而生,Spark 具有以下特点。

（1）运行速度快。Spark 允许应用将中间计算数据缓存到内存中,它可以通过数据复用（reuse）等技术来缩短数据处理时间。同时,Spark 支持基于有向无环图（directed acyclic graph,DAG）的分布式并行计算。这种计算模式可以实现任务的高效调度,减少磁盘的 I/O 读取操作,提高处理效率。

（2）表达能力强。不同于只支持 Map 和 Reduce 操作的 Hadoop,Spark 支持多种类型的数据操作。Spark 的数据主要分为转换（transformation）操作和行动（action）操作两大类。转换操作包括 Map、FlatMap、Sample、MapPartitions、GroupByKey、Union、Join 和 Sort

等操作,行动操作包括 Collect、Foreach、Reduce 等操作。

(3)通用性强。Spark 软件栈包括 Spark SQL、Spark Streaming、MLlib 和 GraphX 等组件,它们分别对应数据库查询、实时流处理、机器学习和图计算应用,这使开发者可以进行无缝的应用程序开发,提供一站式解决平台。

(4)可扩展性。Spark 可以和不同类型的文件系统或数据库以及资源管理器搭配使用。Spark 支持多种类型数据资源的访问,包括 HDFS、Alluxio、Apache Casandra、Apache HBase、Apache Hive 在内的上百种数据资源。同时,Spark 可以和 Hadoop YARN、Apache Me-sos、Kubernetes 以及自带的独立模式等资源管理器搭配使用。

1. 工作原理

Spark 支持多种资源管理和任务调度器,包括 Hadoop YARN、Apache Mesos、Kubernetes 以及自带的独立模式。我们将独立模式作为默认的调度器,重点介绍 Spark 的系统架构以及基本的运行流程。

1)系统框架

Spark 采用主从(master-slave)结构,其中主节点(Master)负责管理任务,工作节点(Worker)负责执行任务。Spark 应用程序(Application)在集群上作为独立的进程运行,由驱动程序(Driver)协调运行。驱动程序可以位于主节点上,也可以位于独立的客户端上。

图 5.2 显示了 Spark 基于主从模式的系统框架。更具体地,主节点中具有 Master 进程,Master 进程是独立模式 Spark 的集群管理器(cluster manager)。它是整个 Spark 集群的核心,负责管理整个集群的计算资源。Master 进程与各个工作节点通过通信协调进而完成 Driver 进程向 Master 进程发起资源申请、任务分配和任务监控等工

作。类似地,工作节点具有 Worker 进程,它会同主节点进行通信,实现任务接收、信息汇报等功能。与此同时,工作节点还具有多个执行器(Executor)进程来执行任务并进行任务监控。

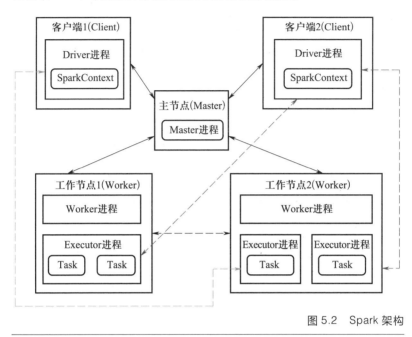

图 5.2　Spark 架构

为了具体介绍客户端、主节点、工作节点之间的作用及关系,下面介绍几个相关概念。

(1) Application:Spark 应用,即用户编写的 Spark 应用程序。它包括主节点中的 Driver 代码以及分布在各个工作节点的 Executor 代码。

(2) Driver:Spark 驱动程序,即运行用户编写的 Spark 应用主函数(main 函数)的进程,它负责创建 SparkContext 对象。SparkContext 对象是 Spark 应用的运行上下文。SparkContext 同集群管理器(Master 进程)进行通信,完成资源申请、任务调度等功能。当用户应用提交到 Spark 集群后,Driver 进程会向集群管理器申请计算资源,接着资源管理器会在工作节点创建执行器 Executor 以响应 Spark 应用任务。

（3）Executor：Spark 执行器是运行在工作节点的进程，它是由集群管理器分配给 Driver 进程来执行特定用户应用的。一个工作节点可以同时拥有多个 Executor。Executor 进程具有多个线程以处理多个任务（Task），且同一 Executor 进程中的任务可以共享内存空间。工作节点中的 Worker 进程负责 Executor 的启动/暂停并监视其执行情况。在独立模式 Spark 中，Executor 进程的全称为 Corase Grained Executor Backend。

（4）Task：Spark 的计算任务。Spark 应用程序经过 Driver 进程调度器的拆分后最终形成若干个 Task。它是 Spark 中最小的计算单位。Task 在工作节点中的 Executor 进程中执行处理任务。

2）数据表示

Spark 使用弹性分布式数据集（resilient distributed dataset，RDD）对数据进行统一抽象表示，以兼容多种数据来源。Spark 应用程序的输入、输出和中间数据都采用 RDD 来表示，但实际上数据是以数据块（block）的形式存储的，由数据块管理器（block manager）统一管理和维护。RDD 可以进一步拆分成多个分区（partition），RDD 分区以分布式形式存储在不同的物理服务器上。RDD 分区是逻辑上的数据划分，它和物理划分的数据块是一一对应的，即一个 RDD 分区对应着一个数据块。

Spark 应用通过操作 RDD 来实现数据计算处理。RDD 操作具体可以分为四类。

（1）创建操作（Create）：根据内存中的数据或者外部存储系统

中的文件创建 RDD 对象。

（2）转换操作（Transformation）：根据已有的 RDD 对象生成新的 RDD 对象。RDD 转换操作是惰性操作，它只是定义了新的 RDD 对象，并不会立即执行对应的数据操作。

（3）控制操作（Cache）：将 RDD 对象缓存到内存中或者持久化到外部磁盘中，以便后续操作重复使用。

（4）行动操作（Action）：触发 Spark 应用执行的操作，执行结果为 RDD 对象并保存到内存中或者外部文件系统中。

3）运行流程

在讲述了 Spark 中各个节点的功能以及 Spark 的数据表示形式后，下面进一步介绍 Spark 应用程序提交到 Spark 集群后，各个节点是如何协调运行完成工作的。

首先，用户编写 Spark 应用程序，并将程序提交给 Spark 集群。Spark 集群收到用户提交的程序后，会创建对应的 Driver 进程来响应用户任务。Driver 进程执行用户定义的主函数。为了完成用户任务，主函数中调用多个 RDD 操作，包括 RDD 的创建、转换、控制和行动操作，以生成最终处理结果。这些操作需要由集群中的工作节点共同完成，所以 Driver 进程会向集群控制器申请计算资源以响应用户任务。

其次，收到 Drive 进程的资源请求后，集群管理器会在工作节点中创建 Executor 进程。一个工作节点可以拥有多个 Executor 进程，且能够处理多个用户应用。但一个 Executor 进程只与一个 Driver 进程通信来完成特定用户任务。Executor 进程创建成功后，集群管理器会通知 Driver 进程利用所分配的计算资源来执行用户任务。

再次,Driver 进程会根据用户程序创建 RDD,并基于 RDD 操作流程生成有向无环图。接着 Driver 进程会对有向无环图进行分割,将 RDD 拆分成若干个 RDD 集合。RDD 集合会继续拆分以生成更小粒度的任务,并将拆分后的任务发送给对应的 Executor 进程执行。最后 Executor 进程会将任务结果发送给 Driver 进程。Driver 进程负责跟踪每个任务的执行情况,并协调控制整个 Spark 应用的完成。

最后,每个分割后的任务会由 Executor 进程中的各个子线程来处理,不同的工作节点之间通过远程节点访问来交换数据以协同完成 Spark 应用。

2. 核心技术

不同于 Hadoop,Spark 支持基于有向无环图的分布式计算模式及数据的缓存复用。下面将重点介绍 Spark 任务分配机制与缓存机制,这是 Spark 实现高性能计算的核心技术。一方面,Spark 根据数据之间的依赖关系确定有向无环图,以实现高效的任务分配。另一方面,Spark 利用数据缓存复用来减少磁盘 I/O 次数,提高系统性能。

1)任务分配

Spark 应用从提交到最后交给执行器处理大致可以分为三个步骤,即作业生成、作业拆分和任务执行。

(1)作业生成。Spark 应用提交后,Driver 进程会根据应用的代码逻辑创建一系列 RDD 对象。RDD 操作以及操作之间的依赖关系(也称为血统,lineage)可以建模成有向无环图(DAG),以方便后续调度与执行。Spark RDD 操作是惰性操作,所以 RDD 对象被创建后,系统并不会立刻实施相应的数据操作。只有当遇到行动操作(Action)时,系统才会触发整个 RDD 操作序列,该序列也能够以 DAG 的形式表示。Spark 应用中可能存在多个包含行动操作的序列,这种操作序列在 Spark 中称为作业。

通过作业中操作之间的依赖关系(血统),系统可以在抛出异常时快速定位问题并进行重新计算来容忍错误。当错误发生时,Spark 会依据作业的血统关系来回溯当前 RDD 操作的上游操作,找到计算当前 RDD 操作所需的数据以及操作。如果所需的数据被缓存到内存中则直接读取缓存数据,否则就按血统关系递归地回溯前驱操作,并进行重新计算。

Spark 作业的执行模式为惰性计算,该机制可以避免重复的计算操作并节省内存空间,同时提供丰富的操作以优化空间。例如,一个 RDD 对象如果被多个作业所依赖,那么可以通过缓存和数据持久化等方式实现数据复用,而不需要重复执行 RDD 操作来生产所需的数据。同时,作业的操作序列可以实施连续运算,而不用对每次操作的中间数据结果进行持久化存储,这样可以有效节省存储空间。

(2)作业拆分。Spark 作业可以进一步拆分生成更小粒度的处理单位,即任务。将作业拆分成任务,需要经历多个步骤。在介绍作业拆分之前,先介绍 RDD 分区的划分以及 RDD 之间依赖关系的类型,因为它们是作业拆分的依据。

我们知道,RDD 对象中存在多个 RDD 分区,它和实际数据块是一一对应的。RDD 分区的数量或大小是可以设置的。每个 RDD 分区的数量可以在调用 RDD 操作接口时单独定义。RDD 分区的数量也可以通过输入数据的大小除以每个数据块的大小来确定。例如，HDFS 默认的数据块大小为 128 MB，对于 1 024 MB 大小的输入文件，RDD 对象会被划分成 8 个 RDD 分区。此外，默认情况下，RDD 分区的数量还可以取前驱 RDD 分区个数的最大值。

RDD 之间的数据依赖关系有窄依赖（narrow dependency）和宽依赖（shuffle dependency）两种类型，这主要取决于 RDD 之间分区的依赖关系。被调用者称为父 RDD，调用者称为子 RDD。具体来说，窄依赖是指在 RDD 操作中，父 RDD 的每个分区的全部数据被子 RDD 对象的一个分区或多个分区所使用。宽依赖是指在 RDD 操作中，父 RDD 的每个分区只有部分数据被一个或多个子 RDD 分区所使用。对 RDD 之间的数据依赖进行划分，可以明确 RDD 分区之间的数据依赖关系，即数据从哪来、到哪去。进一步地，对数据依赖进行划分有利于生成任务调度优化，窄依赖可以在同一个阶段进行流水线操作，不需要进行混洗操作。而宽依赖需要进行混洗，混洗过程是将数据进行重新组织的过程，使数据能够在上游 RDD 和下游 RDD 之间传递和计算。混洗过程中常用的数据划分方式有水平划分、哈希划分和范围划分。

在拆分作业时，Spark 先将作业拆分成多个阶段。对于每个作业，从终点 RDD 开始回溯整个操作序列。如果遇到窄依赖关系，则将该前驱 RDD 纳入当前阶段，并继续往前回溯。当遇到宽依赖关系时，则不对该前驱 RDD 继续回溯。最后回溯停止时，将该阶段纳入的所有 RDD 作为一个执行阶段。如果此时作业中还有未划分的 RDD，则按上述步骤继续回溯，直到所有的 RDD 都被划分成阶段。至此，每个作业被划拆分成多个阶段，每个阶段内都包含一组相互关联但不存在宽依赖关系的任务集合,称为任务集(task set)。

最后,对任务集进行拆分得到多个任务。由于任务集中 RDD 间的关系都为窄依赖,RDD 分区之间相对独立,每个分区上的计算都可以独立成一个任务,即对每个分区进行流水线计算。任务的数量取决于每个阶段中最后一个 RDD 对象的分区数量。接着按 RDD 分区的依赖关系进行回溯可以得到一条任务链,即一个完整的任务。

(3)任务执行。Spark 应用程序经过 Driver 进程调度器的拆分后最终形成若干个任务,它是 Spark 中最小的计算单位。每个任务由工作节点上的执行器处理,执行器可以使用多线程技术并行地处理多个任务。

任务间的执行顺序服从依赖关系,作业中 RDD 对象的逻辑处理流程可以建模成有向无环图。所以作业被拆分成多个阶段,其内部处理流程依旧可以建模成有向无环图。每个阶段的输入数据要么是作业的输入数据,要么是前驱阶段的输出结果。因此,需要优先处理包含作业输入的阶段,接着从前往后依次处理各个阶段,只有当前驱阶段处理完毕后才能处理后续阶段。每个阶段内部的任务都是独立的,所以同一阶段内的任务可以在执行器内部并行处理。

2)数据缓存

数据缓存机制将重复使用的数据缓存到内存或持久化到磁盘中,以加速应用处理速度。该机制的主要思想是"用空间换时间",它将需要重复读取的数据缓存起来,当需要使用这些数据时,直接从缓存中读取以避免重复计算,从而减少应用处理时间。

Spark 的数据缓存需要用户显式调用缓存接口。数据缓存机制主要针对迭代型应用和交互型应用,例如神经网络的训练和交互式的 SQL。Spark 默认是不对任何数据进行缓存的,因为缓存数据需要占用内存或磁盘空间,从而减少计算时的可用内存,同时带来一定的磁盘 I/O 以及垃圾回收等成本。对于传统的应用来说,它们并不能从数据缓存中获得收益。

基于上述数据缓存机制的特点,接下来介绍数据缓存的原则和缓存机制的设计原理。

(1) 数据缓存原则:对哪些数据进行缓存需要考虑数据的计算成本以及存储代价。存储的代价主要是可用内存的减少,以及磁盘 I/O 和垃圾回收等开销。只有当计算成本大于存储代价时,才对数据进行缓存。具体来说,如果数据满足以下条件则可以对数据进行缓存。

① 数据被重复使用。如果一个 RDD 对象被作业内多个 RDD 对象所依赖,或者被多个不同的作业所共享,那么可以缓存该 RDD 对象。且该数据被使用的次数越多,存储的平摊成本越低。

② 数据量在一定范围内。如果缓存数据占用了大量的内存空间,那么会导致计算过程中内存不足,降低系统的计算效率。当然,也可以将数据持久化到磁盘中,但是磁盘的 I/O 以及垃圾回收往往有较高的时间开销。所以这时候还需要权衡计算成本和缓存代价。

(2) 缓存机制的设计原理:为了满足不同应用的需求,Spark 设计了多种缓存策略(或者称为缓存级别,storage level),并以此为基础设计了相应的用户缓存接口以及缓存淘汰策略。

　　缓存级别依据缓存的位置、是否为序列化数据、是否允许缓存淘汰到磁盘中等来划分。根据存储器的金字塔结构可知,内存存取速度快但容量小,磁盘容量大但存取速度慢,所以实际应用中要根据需求来选择缓存的位置。Spark 支持对数据进行序列化操作来减小存储空间和数据传输压力,但序列化和反序列化会带来一定的时间开销,所以用户需要权衡以决定是否对数据进行序列化。最后,还需要考虑当内存不足时,是否要将缓存数据持久化到硬盘中。为此 Spark 提供了多种缓存策略选项,表 5.1 列出了部分缓存级别。

表 5.1　Spark 的数据缓存级别

缓存级别	缓存位置	序列化	缓存迁移到磁盘
NONE(默认)	—	—	—
MEMORY_ONLY	内存	否	是
DISK_ONLY	磁盘	是	—
MEMORY_AND_DISK	内存和磁盘	否	是
MEMORY_ONLY_SER	内存	是	否
MEMORY_AND_DISK_SER	内存和磁盘	是	是

　　与此同时,Spark 为用户提供了 RDD.persist 和 RDD.unpersist 接口,以对 RDD 对象进行缓存以及回收缓存。其中缓存接口 persist 具有缓存级别参数,该参数默认为 NONE,即不对 RDD 对象进行缓存。Spark 采用最近最少使用(least recently used,LRU)缓存替换策略来淘汰缓存数据。当内存空间不足时,最近最少使用的若干个 RDD 会被淘汰到磁盘中来为新的 RDD 对象腾出内存空间。

5.1.3　Storm

Storm 是一个分布式实时大数据处理框架,最早开源于 GitHub 社区[1],现在归于 Apache 社区,是实时版 Hadoop 的主要解决方案之一。Storm 是一种基于流计算基本模型的分布式流处理系统,主要用于处理无边界的数据流。在分布式远程过程调用、实时分析等大数据场景中,Storm 有着广泛的应用场景。数据传输系统指的是收集数据并能够将数据传入数据处理系统,数据的格式不限,但是目的相同,一般使用消息队列,如 Kafka。数据存储系统指的是提供存储服务、存储处理前和处理后的系统,如分布式文件系统 HDFS。如果把数据传输系统和数据存储系统结合起来,就能实现一个处理数据和转换数据的系统。

Hadoop 等大数据平台的优点是能够快速处理数据,但是 Hadoop 的缺点也是显而易见的,就是延迟高,而这对某些场景是不适用的,比如实时推荐系统、高频交易的股票金融系统等。Hadoop 不能实时处理这些运算,所以大数据流计算应运而生,成为一种实时处理解决方案。目前 Storm 是流计算技术中具有代表性的典型系统。

数据处理一般有两个层级:批处理(batch)和流处理(stream)。批处理指的是需要将所有数据一起执行处理操作,在所有数据被处理完成之前,无法得到一个最终答案。而流处理则是指在无穷无尽的数据流中,在消息总线(或者称消息队列)的引导下直接实时进行处理,实时得到处理结果。和批处理的主要不同之处是,流处理没有一个明确的开始或者结束的符号,只是数据的持续传输过程与持续计算过程。

　　总结来说,Storm 就是一个分布式实时计算系统,能够不断地接收数据流,没有明确的开始或者结束点,能不断地对数据流进行处理和计算。Storm 应用场景十分广泛,并且有很好的可扩展性、容错性,对于输入的数据流能够实时处理,支持多种语言,代码实现和维护方面也非常简单、快捷。

　　Storm 可以广泛应用于推荐系统(实时推荐,根据当前浏览数据、搜索数据、下单商品等推荐相关商品)、交通路况实时系统(高峰时段车辆拥堵情况)、金融系统(股票实时交易)、预警系统(地震、火灾、海啸等)、网站统计(实时销量、实时访问量、实时搜索量)等。

1. 核心概念

　　(1)拓扑。Storm 拓扑是一个计算图,能够实施数据计算,再将计算结果向下传递。每一个节点代表 Storm 所做的计算,边代表节点之间的数据传递。

　　(2)元组。在数据传输过程中,数据的传输格式是元组。元组一般是由计算节点创建,然后将计算结果发送到下一个节点。其中将计算结果发送到下一个节点的过程称为发射元组。元组本质上是一个有序的数值序列,并对其中的数值进行命名。

　　(3)流。可以把流理解为一种无边界的元组序列。在拓扑中存在很多元组序列,这就是流。在拓扑中,每一个节点都可以接收不同数量的流,并计算和处理这些流中的元组,然后发射新的元组,发射新的元组即创建新的输出流。

　　(4)数据源(Spout)。Spout 是拓扑中数据流的来源。一般来说,Spout 会从一个外部数据源读取元组,然后将这些元组发送到拓扑中。Spout 的数据来源可以是消息队列,也可以是数据库,或者是其他可以输入数据的数据源。一个 Spout 可以发送多个数据流,而且 Spout 仅仅是数据流的源头,只是读取数据并向后发射,并不会对数据进行处理。

(5)数据闩(Bolt)。Bolt 主要用于处理拓扑中的数据,它先读取数据,接收所需要的元组,然后对元组进行计算和处理,再将处理后的数据形成新的元组,发射到下一个处理单元。对于简单的操作,只需要一个 Bolt 即可完成。对于复杂的数据处理,则需要多个 Bolt 协同操作。

(6)流分组。Storm 有很多种流分组,这里主要说明其中的随机分组和字段分组。随机分组主要用于 Spout 和第一个 Bolt 的数据传输,是一种将元组随机发射到 Bolt 的分组形式。在发射的时候,如果有多个元组,尽量使用负载均衡的方法,以使发射到每个 Bolt 的实例数量相同。如果对于数据分发有要求,或者随机分发不能满足应用的要求,则可以使用字段分组。字段分组能够让特定字段中值相同的元组发射到同一个 Bolt 实例中。

2. 特性

(1)应用场景广泛。Storm 可以实时处理消息,可以将实时的计算结果或者数据写入数据库;没有一个绝对的开始或者结束符号,可以持续地运行;可以并行处理耗费资源较多的查询,以加快查询速度。

(2)可扩展性好。Storm 使用 ZooKeeper 来完成主节点和工作节点之间的通信。协调集群内不同节点的任务,使 Storm 集群的可扩展性较好。如果需要扩展一个实时的数据计算任务,可通过提高计算任务的并行度来实现。

(3)健壮性。Storm 集群易管理,各个节点互不影响。

(4)容错性好。在数据处理过程中出现意外导致崩溃时不会丢失数据,重新启动后,Storm 能够恢复数据并重新开始处理。

(5)语言无关性。Storm 的 Spout 组件和 Bolt 组件可以用任何语言来实现,没有编程语言的限制。

3. 拓扑设计方法

(1)对于需要处理的问题进行建模,分析现有的需求和潜在的需求,给出问题的解决方案。

(2)将解决方案在 Storm 中实现,将所需的数据映射到 Bolt、Spout 等实例中。

(3)根据运行状态进行优化,对于需求的变化,也将其加入进来,并进行进一步的调试与优化。

(4)拓展拓扑,使其可以处理更多的数据。

4. 集群

一般来说,Storm 有两种模式,一种是本地模式,另一种是生产模式。本地模式主要用于本地开发、测试和调试。在本地模式中,Storm 拓扑在单个 Java 虚拟机(JVM)中运行,实现拓扑、查看拓扑中的组件会相对容易一些。同时也可以按照需要调整不同的参数,让拓扑在不同的 Storm 配置环境中运行,以实现最优的配置。

Storm 除了可以在本地运行之外,还可以将 Storm 部署在有大量数据的环境中,即部署到生产环境中。如图 5.3 所示,这是一个 Storm 部署于生产环境的例子。在这种模式下,将在本地模式实现的拓扑提交到 Storm 集群中,该集群由许多进程组成,通常运行在不同的机器上。Storm 集群主要包含两种类型的节点,即主节点和工作节点。其中主节点运行守护进程 Nimbus,工作节点运行守护进程 Supervisor。单套 Storm 只支持一个独立主节点,但是可以有多个工作节点。

图 5.3　Nimbus 和 Supervisor 及其在 Storm 集群中的位置

首先 Storm 集群中有一个主节点,这个节点运行守护进程 Nimbus。Nimbus 会围绕着集群发布代码,并向工作节点派发任务。其他节点都工作节点。每一个节点都运行一个 Supervisor 守护进程。同时,集群可以有多个工作节点。每个工作节点接收主节点的任务,并对数据进行处理,也是 Spout 和 Bolt 处理逻辑的地方。主节点可以看作是控制中心,可以向工作节点发布任务和指令,比如激活、再次平衡、终止等命令。

ZooKeeper(Apache ZooKeeper)是主节点 Nimbus 和工作节点 Supervisor 通信的工具。图 5.4 给出了 ZooKeeper 的工作方式。两种类

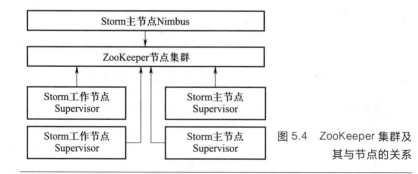

图 5.4　ZooKeeper 集群及其与节点的关系

型的节点之间的通信都存放在 ZooKeeper 中。同时 ZooKeeper 还起到意外数据恢复的作用。当主节点或者工作节点因意外导致崩溃时，可以从 ZooKeeper 中读取之前的状态，恢复数据。

5. Trident

Trident 是基于 Storm 实现的、更高层的抽象系统。Trident 重新定义了一些新的操作，例如，连接、聚合、分组、函数和过滤等。连接指的是合并多个流，聚合是将输入的数据流重新组合分区，分组是将组字段相等的元组组合在一起，函数是对元组对象执行操作，过滤是对于某些输入数据进行验证。

一般来说，面向 Storm 的编程需要人为地为拓扑分配 Spout 来监听提交的消息，然后定义 Bolt 如何从每个数据流中提取信息，再设定如何将 Storm 元组从 Spout 发送到第一个 Bolt，以及后续的 Storm 元组如何在两个 Blot 间传递。而对于 Trident，则不需要直接调用 Storm 原语，而更像是实现一个业务逻辑。一般来说，面向 Trident 的编程首先需要创建一个 Spout 的数据流；然后根据传入的数据流，直接拆解所需保留和处理的数据；最后返回结果。所以，Trident 是由基于 Storm 底层的 Spout 和 Bolt 等原语实现的，通过封装，得到一个更易读、易写、易应用的系统。

Trident 将流处理进行打包，这一系列的流处理称为事务。通常来说，根据输入数据的不同，一个事务会处理大约数万或数百万个元组，并且每个事务都被分配一个序号。Trident 的事务概念类似于数据库事务。如果一个事务中有一个元组处理失败，整个事务将重新传输、重新处理。

6. Storm 与 Hadoop 对比

表 5.2 比较了 Storm 和 Hadoop 的属性。两个大数据框架的主要功能都是分析大数据,Storm 在实时计算上会比 Hadoop 更好一些。

表 5.2　Storm 与 Hadoop 属性对比

对比项	Storm	Hadoop
处理方式	实时流处理	批处理
状态	无状态	有状态
工作方式	主节点和工作节点基于 Zoo-Keeper 协调完成	主节点是作业跟踪器,从节点是任务跟踪器
数据	Storm 是处理数据流。在集群上每秒可以访问数万条消息	Hadoop 使用分布式文件系统 MapReduce 框架来处理大量的数据,需要几分钟或几小时
终止方式	Storm 拓扑运行直到用户关闭或因意外产生不可恢复故障。没有一个明确的开始或者结束符号	MapReduce 作业按顺序执行并最终完成
是否分布式	两者都是分布式和容错的	
断点恢复能力	如果节点因意外而崩溃,重新启动时可以进行数据恢复,不会丢失数据	如果节点因意外而崩溃,所有正在运行的作业都会丢失

目前很多公司都在使用 Storm,也有很多学者构建了很多基于 Storm 的项目。Storm 在后续版本中也尝试加入 State 等组件,使其不仅是一个大数据计算框架,更是一个包含数据存储和数据计算功能的实时计算系统。例如 Trident,Trident 重新包装 Storm 的原语,提供了更加友好的接口,更易于编程与业务实现。

5.2　常用大数据集

本节介绍常用的大数据集,包括 Hibench 等通用数据集以及通过国家数据、中国统计信息网与 CEIC 经济数据等平台获得的经济及统计数据集。

5.2.1　通用数据集

1. Hibench

HiBench 是由 Intel 推出的一个开源大数据基准测试套件,可以用来评估不同大数据框架的速度、吞吐量和系统资源利用率。HiBench 还可作为非大数据专业人士学习大数据、检验自己所使用的大数据平台的性能的工具。利用 HiBench 对不同大数据平台进行基准测试,可以了解不同平台在不同场景下各自的优缺点,从而选出适合自己应用场景的大数据平台。

HiBench 包含一组 Hadoop、Spark 和流工作负载模块,包括排序、词频统计、TeraSort、休眠、增强型 DFSIO、PageRank、Nutch 索引、NWeight 等,还包含一些用于 Spark Streaming、Flink、Storm 与 Gearpump 的流工作负载模块。

1) 工作负载模块

HiBench 共有 29 种工作负载模块,分为微基准测试、机器学习、SQL、网页搜索基准测试、图基准测试和流基准测试 6 类。

(1) 微基准测试:微基准测试的工作负载模块包含排序、词频统计、TeraSort、重分区、休眠和增强型 DFSIO。

① 排序:对由 RandomTextWriter 生成的文本输入数据进行排序。

② 词频统计:统计由 RandomTextWriter 生成的输入数据中每个

单词的出现次数。MapReduce 用于从一个大数据集中提取出小部分需要的数据。

③ TeraSort:TeraSort 是由吉姆·格雷(Jim Gray)提出的标准基准测试,输入数据由 Hadoop TeraGen 示例程序生成。

④ 重分区:用于测试随机运行性能,输入数据由 Hadoop Tera-Gen 生成。此工作负载为每条记录随机选取混洗后的分区,执行随机读写,均匀地重新划分记录。

⑤ 休眠:休眠数秒以测试框架的调度器。

⑥ 增强型 DFSIO(enhanced DFSIO):通过生成大量同时读写的任务来测试 Hadoop 集群的 HDFS 的吞吐量。测量每个 Map 任务的平均 I/O 比、每个 Map 任务的平均吞吐量,以及 HDFS 集群的聚合吞吐量。注意,本基准测试没有关于 Spark 的实现版本。

(2)机器学习:机器学习的工作负载模块包含朴素贝叶斯分类、k 均值聚类、高斯混合模型、逻辑回归、交替最小二乘法、梯度提升树、极端梯度提升、线性回归、潜在狄利克雷分布、主成分分析、随机森林、支持向量机和奇异值分解。

① 朴素贝叶斯分类:一种简单的多分类算法,在每对特征之间都有独立性假设。此工作负载在 spark.mllib 中实现,使用单词服从 Zipfian 分布的、自动生成的文档。用于生成文本的字典来自默认的 Linux 文件/usr/share/dict/linux.words.ords。

② k 均值聚类:k 均值聚类是用于知识发现和数据挖掘的一种著名的算法,可在 spark.mllib 中测试,输入数据集由基于均匀分布和高斯分布的 GenKMeansDataset 生成。目前已有一种基于 DAL(Intel Data Analytics Library)优化的 k 均值实现,在 SparkBench 的 DAL 模

块中可用。

③ 高斯混合模型：高斯混合模型是一种复合分布，它的点取自多个子高斯分布，每个子分布有着各自的概率。此工作负载在 spark.mllib 中实现，输入数据集由基于均匀分布和高斯分布的 GenKMeansDataset 生成。

④ 逻辑回归：一种用于预测分类响应的方法。此工作负载在 spark.mllib 中实现，使用 LBFGS 优化器，输入数据集由基于随机平衡决策树的 LogisticRegressionDataGenerator 生成，包含分类数据、连续数据、二进制数据这三种不同的数据类型。

⑤ 交替最小二乘法：这是用于协同过滤的一种著名的算法。此工作负载模块在 spark.mllib 中实现，输入数据集由 RatingDataGenerator 生成，用于产品推荐系统。

⑥ 梯度提升树：梯度提升树是使用多棵决策树的一种回归方法。此工作负载模块在 spark.mllib 中实现，输入数据集由 GradientBoostedTreeDataGenerator 生成。

⑦ 极端梯度提升：这是一个优化的分布式梯度提升库，具有高效、灵活和便携的特点。此工作负载模块在 spark.mllib 中使用 XGBoost4J-Spark API 实现，输入数据集由 GradientBoostedTreeDataGenerator 生成。

⑧ 线性回归：此工作负载模块在 spark.ml 中使用 ElasticNet 实现，输入数据集由 LinearRegressionDataGenerator 生成。

⑨ 潜在狄利克雷分布：一种主题模型，用于从一个文档集中推断出主题。此工作负载模块在 spark.mllib 中实现，输入数据集由 LDADataGenerator 生成。

⑩ 主成分分析:一种统计方法,通过正交变换将一组可能存在相关性的变量,转换成一组线性不相关的变量,广泛用于降维等处理中。此工作负载模块在 spark.mllib 中实现,输入数据集由 PCADataGenerator 生成。

⑪ 随机森林:多棵决策树的集合,是用于分类和回归的、最成功的机器学习模型之一。为减小过度拟合的风险,随机森林组合了多棵决策树。此工作负载模块在 spark.mllib 中实现,输入数据集由 RandomForestDataGenerator 生成。

⑫ 支持向量机:这是一种用于大规模分类任务的标准方法。此工作负载模块在 spark.mllib 中实现,输入数据集由 SVMDataGenerator 生成。

⑬ 奇异值分解:奇异值分解将一个矩阵因式分解成三个矩阵。此工作负载模块在 spark.mllib 中实现,输入数据集由 SVDDataGenerator 生成。

(3) SQL:SQL 的工作负载模块包含扫描、连接、聚合。这些工作负载模块都基于 SIGMOG'09 的论文"A Comparison of Approaches to Large-Scale Data Analysis"和 HIVE-396 开发,它们包含 Hive 查询(聚合和连接),Hive 查询执行了论文中描述的、典型的 OLAP 查询。输入数据由服从 Zipfian 分布的网页数据生成。

(4) 网页搜索基准测试:网页搜索基准测试的工作负载模块包含 PageRank、Nutch 索引。

① PageRank:此工作负载模块用于测试基于 Spark-MLLib/Hadoop 实现的 PageRank 算法,输入数据由超链接服从 Zipfian 分布的网页数据生成。

② Nutch 索引:大规模搜索索引是 MapReduce 中最重要的一个应用,此工作负载模块测试 Nutch 中的索引子系统,Nutch 是 Apache 开源项目的一个搜索引擎。此工作负载使用自动生成的网页数据,该数据的超链接和词语都服从指定参数的 Zipfian 分布,使用默认 Linux 字典文件生成网页文本的字典。

(5)图基准测试:图基准测试的工作负载模块包含 NWeight。NWeight 是一种迭代的图平行算法,由 Spark GraphX 和 Pregel 实现,用于计算距离 n 跳的两个顶点之间的关联性。

(6)流基准测试:流基准测试的工作负载模块包含一致、重分区、有状态词频统计、Fixwindow。

① 一致:此工作负载模块从 Kafka 中读入数据后立刻又写回 Kafka 中,没有复杂的工作逻辑。

② 重分区:此工作负载模块从 Kafka 中读入数据,用创建更多或更少分区的方式来改变平行级别,用于测试流式处理框架的数据置乱效率。

③ 有状态词频统计:此工作负载模块统计每隔数秒从 Kafka 收到的累积单词数,用于测试流式处理框架中状态算子的性能,以及 Checkpoint/Acker 的开销。

④ Fixwindow:此工作负载模块执行基于窗口的聚合,用于测试流式处理框架的窗口操作性能。

2)使用方法

可参考 HiBench 开源项目的最新官方文档构建 HiBench,运行 HadoopBench、SparkBench 或 StreamingBench(其中 StreamingBench 包含 Spark Streaming、Flink、Storm 和 Gearpump)。

2. Big Data Benchmark

Big Data Benchmark 是由加利福尼亚大学伯克利分校的 AMP 实验室提供的,用于对 Redshift、Hive、Shark、Impala、Stinger/Tez 这五个系统做定量和定性比较。Big Data Benchmark 可测量多种关系查询的响应时间,其中包括扫描、聚合、连接和 UDF,可跨不同的数据大小实现。需要注意这些系统具有不同的功能集。MapReduce 类系统(Shark/Hive)以灵活、大规模的计算为目标,可容忍故障,扩展规模可达数千个节点。传统 MPP 数据库严格符合 SQL 标准,并且针对关系查询进行了大量优化。

Big Data Benchmark 包含 4 个工作负载模块,分别是 Scan Query、Aggregation Query、Join Query、External Script Query。

(1)Scan Query:此查询扫描和过滤数据集并保存结果。

(2)Aggregation Query:此查询将字符串解析应用到每个输入元组并执行高基数聚合。

(3)Join Query:此查询将较小的表连接成较大的表并保存结果,涉及经典的优化方式 Map Side Join,可以避免混洗阶段的网络开销。

(4)External Script Query:此查询调用了外部 Python 函数,从网页爬取的数据集中提取并聚合 URL 信息,再分组聚合每个 URL 的总数等数据。

3. Hadoop GridMix

Hadoop GridMix 是 Hadoop 集群中的一种基准测试,它会生成一系列的 MapReduce 合成作业以及通过数据分析建立相关的模型。使用 Hadoop GridMix 的目的是尝试对生产作业的资源档案进行建模,以识别瓶颈,指导下一步的开发。

使用 Hadoop GridMix,需要建立一个 MapReduce 作业跟踪,该跟踪描述了给定集群的作业组合。通常这些跟踪需要由 Rumen(一种 Apache Hadoop 数据构建、提取与分析工具)产生。Hadoop GridMix 还需要输入数据,合成作业会从中读取字节。合成作业的读取方式是实施二进制的直接读取,所以输入数据不需要采取任何特定的格式。

为了模拟来自相同或者不同的 Hadoop 集群中的生产作业负载,通常需要按照以下步骤执行。

(1)从生产集群中找到作业历史记录文件,其位置由集群中 mapreduce.jobhistory.done-dir 或 mapreduce.jobhistory.intermediate-done-dir 配置属性指定(MapReduce HistoryServer 将作业历史记录文件从 mapreduce.jobhistory.done-dir 移动到 mapreduce.jobhistory.interme-diate-done-dir)。

(2)运行 Rumen 为所有或选择的作业构建 JSON 格式的作业跟踪。

(3)将 GridMix 与基准群集上的作业跟踪配合使用。

Hadoop GridMix 作为 Hadoop 的子命令,可以直接执行。以下是执行 Hadoop GridMix 的基本命令:

$ hadoop gridmix[-generate<size>][-users<users-list>]<iopath><trace>

其中,-generate<size>以及-user<user-list>为可选,<iopath>与<trace>为必选。

<iopath>参数用于指定 Hadoop GridMix 的工作目录。注意,它

既可以位于本地文件系统上，也可以位于 HDFS 上，但是为了方便，Hadoop GridMix 分别对本地文件系统和 HDFS 施加相同的负载，最好使工作目录与原始作业混合文件位于相同的文件系统中。

<trace>参数是由 Rumen 产生的作业跟踪路径，可对其进行压缩（必须为该集群支持的压缩方式）或者不对其进行压缩。如果要通过 Hadoop GridMix 的标准输入流传递未压缩的跟踪路径，可使用"-"作为此参数的值。

-generate 选项用于指示生成合成作业输入数据和分布式缓存文件的大小。

-users 选项用来指向一个用户表文件。

该命令还可以使用-D 参数对 Hadoop GridMix 进行配置。

4. DataBench

DataBench 提供一套方法论与一套工具包来解决当前单一大数据架构基准测试无法解决的问题，即它能提供合适、统一的指标并给出业务建议。实际上，DataBench 属于各种大数据基准测试工具的集合，可以在 DataBench 中选择一个大数据基准测试工具，使用它进行分析。

（1）DataBench 工具箱会提供一个表，并可以通过工具箱菜单访问各个基准测试。不仅如此，还能通过搜索基准测试的标签来查询需要的基准测试。

（2）选择合适的基准测试后，就需要配置相应的基准测试。配置因不同的基准测试而异，如主机名、要比较的数据库、用户访问所选数据库、检索结果的路径等。用户需要在文件中定制变量。

（3）完成这些步骤后，应单击页面底部的"启动作业"按钮，系统将自动部署和运行基准测试。

（4）将基准测试结果导入 DataBench 平台，用户可以将运行结果上传到 DataBench。上传后用户可方便地访问历史记录。结果的可视化通过工具箱的"结果"选项实现。

5. YCSB

YCSB 提供了一个标准的性能测试框架和工作负载模块集，可以很容易去评估键值数据库和云数据库的性能。YCSB 由客户端和核心负载组成。客户端是一个可拓展的负载生成器。核心负载是一组工作负载场景，由负载生成器执行。YCSB 提供了数据层接口、工作负载接口。用户通过继承数据层接口实现某数据库的增删查改等逻辑，即可让 YCSB 来评测该数据库。用户通过工作负载接口可以指定需要评测的数据以及参数。

使用 YCSB 评测数据库需要 7 个步骤，下面以评测 HBase 1.x 为例子做详细说明。

（1）安装。命令如下：

curl － O － － location https://.../brianfrankcooper/YCSB/releases/download/0.17.0/ycsb －0.17.0.tar.gz

tar xfvz ycsb－0.17.0.tar.gz

cd ycsb－0.17.0

（2）设置需要测试的数据库。YCSB 不负责创建表，用户需根据数据库类型手动创建测试所需的表。

hbase(main) : 001 : 0>n_ splits = 200 # HBase recommends(10 ＊ number of regionservers)

hbase(main) :002:0>create ' usertable ',' family ', | SPLITS = >(1..n_ splits).map{|i|"user#{1000+i * (9999-1000)/n_splits}"}}

（3）选择合适的数据库接口层。数据库接口层是一个用户自定义的 Java 类。该类继承自 com.yahoo.ycsb.DB，用户需根据评测目标数据库来实现父类的增删查改等接口。YCSB 提供了一些数据库的接口层，其中包含 HBase。由于这里的 HBase 版本是 1.x，故数据库接口层选择使用 YCSB 提供的 HBase1。

（4）选择合适的工作负载模块。工作负载模块定义了加载阶段需要加载到数据库中的数据，以及事务阶段对数据库执行的操作。它由一个工作负载模块 Java 类和一个参数文件组成。工作负载模块 Java 类使用参数文件指定的参数执行指定次数的增删查改等工作。

YCSB 的 CoreWorkLoad 提供了 6 个标准测试数据，可以根据测试需求选择合适的执行工作负载 WorkLoad，也可以自定义新的执行工作负载 WorkLoad。

（5）选择合适的运行时参数。除了在工作负载模块中指定相关参数外，用户还可以在命令行额外设置以下参数：

① -threads：客户端线程数，默认为 1；

② -target：每秒执行的目标操作数；

③ -s：每间隔 10 s 输出一次客户端状态。

（6）加载数据。这是上述提到的加载阶段，通过命令行加载工作负载指定的数据到数据库。

bin/ycsb load hbase1-P workloads/workloada -cp/HBASE-HOME-DIR/conf -p table=usertable -p columnfamily=family -s

（7）执行工作负载。这是上述提到的事务阶段，通过命令行执行工作负载指定的事务。

bin/ycsb run hbase1－P workloads/workloada －cp/HBASE－HOME－DIR/conf －p table＝usertable －p columnfamily＝family －p clientbuffering＝true －s

6. AWS

AWS 收集了几百种数据集,涉及生物学、自然语言、自然生态等多个类别,这些数据集由政府、研究人员、企业或个人拥有和维护。任何人都可以使用包括 Amazon EC2、Amazon Athena、AWS Lambda 和 Amazon EMR 在内的各种计算和数据分析产品进行分析并在其之上构建服务。当使用 AWS 的共享数据时,用户可以将更多时间花在数据分析而不是数据获取上。值得注意的是,这些数据集只能通过 AWS 工具来访问。

下面以使用 The Cancer Genome Atlas(TCGA)数据集为例,讲解 AWS 使用步骤。TCGA 数据库存储了 20 多种癌症的基因组数据,其资源名称为 arn:aws:s3:::tcga－2－open。对它进行读取的命令如下。

(1)列出数据集目录:

aws s3 ls s3://tcga－2－open/－－no－sign－request

(2)同步数据集到指定文件夹:

aws s3 sync s3://tcga－2－open/~/tcga－dataset/

(3)复制数据集到指定文件夹:

aws s3 cp s3://tcga－2－open/.－－recursive

7. Awesome Public Datasets

Awesome Public Datasets 是一个汇总各大领域数据集的 GitHub 开源项目,目前收集了 32 个类别的数据集,涉及地球科学、网络科

学、教育、能源、图像处理、机器学习等,其中每个数据集都给出了对
应的获取链接。Awesome Public Datasets 为各个领域的研究者们提
供了多样的、全面的和丰富的选择,研究者们可以通过这些链接获
取试验需要的数据集。表 5.3 展示了 Awesome Public Datasets 当前
涵盖的部分数据集分类。

表 5.3 Awesome Public Datasets 当前所涵盖的数据集的分类

序号	类别	数据集举例
0	Agriculture	Hyperspectral Benchmark Dataset on Soil Moisture
1	Biology	1 000 Genomes
2	Climate+Weather	Actuaries Climate Index
3	Complex Networks	DBLP Citation Dataset
4	Data Challenges	Bruteforce Database
5	Earth Science	38-Cloud(Cloud Detection)
6	Economics	American Economic Association(AEA)
7	Education	College Scorecard Data
8	Energy	AMPds-The Almanac of Minutely Power dataset
9	Finance	BIS Statistics
10	GIS	ArcGIS Open Data Portal
11	Government	Alberta
12	Healthcare	AWS COVID-19 Datasets
13	Image Processing	10k US Adult Faces Database
14	Machine Learning	Million Song Dataset

序号	类别	数据集举例
15	Museums	The Getty vocabularies
16	Natural Language	Automatic Keyphrase Extraction
17	Neuroscience	Allen Institute Datasets
18	Physics	CERN Open Data Portal
19	Prostate Cancer	GENIE
20	Psychology+Cognition	OSU Cognitive Modeling Repository Datasets
21	Public Domains	Amazon
22	Search Engines	Academic Torrents of Data Sharing from UMB
23	Social Networks	CMU Enron Email of 150 Users
24	Social Sciences	Authoritarian Ruling Elites Databas
25	Software	GHTorrent
26	Sports	Football Soccer Resources
27	Time Series	3W dataset
28	Transportation	Airlines OD Data 1987—2008
29	eSports	FIFA-2021 Complete Player Dataset
30	Complementary Collections	Data Packaged Core Datasets
31	Computer Networks	CAIDA Internet Datasets

8. UCI 数据集

UCI(University of California, Irvine)数据集是一个免费、开源、面向机器学习的数据库,由加利福尼亚大学尔湾分校的机器学习和智能系统中心(Center for Machine Learning and Intelligent Systems)管理

和维护,目前收录、整理了 559 个数据集。UCI 数据集给出了每个数据集收录的年份、类别(如单变量、多变量、关系型、时间序列等)、适用的机器学习任务种类(如回归、分类、推荐、聚类等)、包含的属性个数以及属性对应的数据类型。目前,UCI 数据集被引次数超过1 000 次,挤进计算机科学引用次数 Top 100 榜单。UCI 数据集涵盖领域广泛,数据规模较小,掺杂的噪声较少,适用于入门级自学习系统的搭建和探索。

根据不同分类标准(如机器学习的任务、属性类型、数据类型等)对 UCI 中涵盖的数据集进行分类,如表 5.4 所示。

表 5.4　根据不同分类标准对 UCI 中涵盖的数据集进行分类

分类标准	类别	数据集举例
Default Task	Classification	3W Dataset
	Regression	3D Road Network(North Jutland,Denmark)
	Clustering	3W Dataset
	Other	Abscisic Acid Signaling Network
Attribute Type	Categorical	Anonymous Microsoft Web Data
	Numerical	Abscisic Acid Signaling Network
	Mixed	Bach Chorales
Data Type	Multivariate	CalIt2 Building People Counts
	Univariate	Bach Chorales
	Sequential	3D Road Network(North Jutland,Denmark)
	Time-Series	3W Dataset
	Text	3D Road Network(North Jutland,Denmark)
	Domain-Theory	Amazon Access Samples
	Other	Anonymous Microsoft Web Data

分类标准	类别	数据集举例
Area	Life Sciences	Abalone
	Physical Sciences	Airfoil Self-Noise
	CS/Engineering	3W Dataset
	Social Sciences	Wikipedia Math Essentials
	Business	Absenteeism at Work
	Game	Chess (Domain Theories)
	Other	Air Quality
# Attributes	Less than 10	3W Dataset
	10 to 100	Absenteeism at work
	Greater than 100	Anonymous Microsoft Web Data
# Instances	Less than 100	Balloons
	100 to 1000	Breath Metabolomics
	Greater than 1000	3W Dataset
Format Type	Matrix	2.4 GHz Indoor Channel Measurements
	Non-Matrix	3D Road Network (North Jutland, Denmark)

5.2.2　经济及统计数据集

常用的经济及统计数据集可以从国家数据、中国统计信息网与 CEIC 经济数据三个平台获取。

1. 国家数据

国家数据平台提供翔实的月度、季度、年度数据以及普查、地区、部门、国际数据；提供多种文件输出、制表、绘图、指标解释、表格转置、可视化图表、数据地理信息系统等多种功能,且支持 Excel、CSV、XML、PDF 等格式的下载。

2. 中国统计信息网

中国统计信息网可用于下载统计年鉴和查看统计公报。在该网站所下载的所有资料均为 RAR 压缩文件,下载后需要用 WinRAR 解压。

3. CEIC 经济数据

CEIC 经济数据平台覆盖 20 个行业以及 18 个主要宏观经济方面的数据库,覆盖超过 200 个国家,超过 660 万条时间序列数据。CEIC 经济数据平台由专业公司管理。管理团队由经济学家和分析师组成,提供广泛、精准的经济数据与行业数据。CEIC 为世界各地经济学家、分析师、投资者、企业以及院校进行宏观经济分析与投资研究提供了有力支撑。

5.2.3 基因数据集

随着基因组测序技术的飞速发展以及测序成本的大幅下降,生命科学研究已经进入了以高通量、多组学技术为基础的大数据时代[4]。为了解决人类生存面临的诸多问题,在过去的 20 多年里,世界各国相继实施了包括人类、动植物和微生物在内的一些大规模基因组测序项目,如国际千人基因组计划[5]、国际癌症基因组计划[6]、国际水稻基因组计划[7,8]、全球 3 000 份水稻核心种质资源重测序计划[9]、全球超过 2 万份大麦种质资源测序计划[10]等。这些项目的实施促进了生命科学相关领域研究的快速发展,特别是在人类遗传疾病致病机制的发现和动植物分子育种应用等领域取得了一系列成果。迄今,世界范围内有多达 11 508 种真核生物,245 875 种原核生物和35 746种病毒样本完成了测序(依据 2020 年 4 月 17 日的 NCBI 已测序物种统计)。同时,还有大量正在进行或即将开始的大型基因组测序项目,将引发基因组数据的爆炸式增长。

为了实现这些数据的安全保存和开放共享,全球生命科学研究组织相继建立了三个国际生物数据库,分别依托于美国国家生物技术信息中心(National Centre of Biotechnology Information,NCBI)的相关数据库[11]、欧洲生物信息研究所(European Bioinformatics Institute,EMBL-EBI)系列数据库[12]和日本国立遗传学研究所的 DNA 数据库(the DNA Database of Japan,DDBJ)[13]。这三个数据库的主要功能包括:① 接收生物学领域研究人员提交的、在研究项目过程中生成的基因组测序数据,如测序仪下机数据以及后续生物信息分析结果数据,如组装的基因组序列和基因注释结果等;② 维护覆盖人类、动植物及微生物的物种参考基因组及基因注释信息,方便生物研究人员交流和使用。另外,还有大量由生物信息领域研究人员维护,同时由分子生物学领域研究人员逐一审核的高质量生物大分子知识数据库[14],如依托于瑞士生物信息研究所(Swiss Institute of Bioin format-ics,SIB)的系列生物数据库[15]以及由日本京都大学和东京大学联合开发的代谢途径/通路相关数据库(Kyoto Encyclopedia of Genes and Genomes,KEGG)[16]。其中,NCBI、EMBL-EBI 和 DDBJ 的核酸数据库组成了国际核苷酸序列数据库联盟(International Nucleotide Sequence Database Collaboration,INSDC)[17],这三个核苷酸数据库之间每日进行数据交换,因此三个库的数据实际上是相同的。而且这三个数据库目前也是开放的,在促进国际生物学数据的共享和利用方面发挥了重要作用。但是这三个核酸数据库主要还是服务于其本国生物研究机构之间生命大数据的共享和合作。当其他国家人员使用这些数据库时,还是存在诸多不方便的地方,如网络基础设施、国家与国家之间合作态度的倾向,以及数据库维护人员与科研人员在语言和沟通方式等方面的限制。

近年来,我国经济快速发展,国家对科学研究的投入力度逐年增大,特别是在生物医学和现代农业领域。在过去的 20 年里,我国也相继实施了一些重大的基因组学研究项目,如炎黄计划[18]和大熊猫基因组研究[19]等项目,生成了海量的基因组测序数据和大量珍贵的项目研究成果。为了更好地服务于我国科研人员,管理好我国在基因组学领域重大项目实施过程中生成的数据,我国相关管理部门和研究机构近几年布局并建设了国家级的生命大数据平台或大数据中心,以解决我国生命科学大数据面临的实际问题,促进基因组学数据的开放与共享。

建设属于我国自己的大型基因组数据库的基础设施,不仅可以更好地服务于我国科研人员,还可以在符合国家利益和法律的前提下,促进与国际同行的信息数据合作与共享。目前,国内已经建成的、具有一定规模的生命科学数据中心主要有依托于中国科学院北京基因组研究所的国家基因组科学数据中心(National Genomics Data Center,NGDC)[21]、依托于中国科学院微生物研究所的国家微生物科学数据中心(National Microbiology Data Center,NMDC)和依托于国家基因库的国家基因库生命大数据平台 CNGBdb 等。NGDC 平台除了支持组学原始数据归档、参考基因组及基因注释信息存储和查询外,还建立了甲基化数据库、单核苷酸多态性数据库等多组学数据库系统以及以表观基因组关联分析为代表的综合数据系统[22-24]。NMDC 平台主要致力于微生物资源信息、微生物基因组数据的存储和共享,其整合的数据资源总量超过 1 PB,数据记录超过 40 亿条。由 NMDC 平台维护的、具有代表性的数据库资源主要有微生物宏基因组数据库[25]、全球微生物菌种目录数据库[26]和全球流感共享数据库。

为提供便捷的测序数据归档和数据管理服务,CNGBdb 构建了国家基因库序列归档系统(CNSA)。CNSA 可以接收全球用户在线提交的生物研究项目、样本、试验、测序数据及后期项目研究结果等信息。CNSA 系统采用了项目、样本、试验和测序 4 个元数据结构进行原始测序数据的组织和归档。除原始数据归档外,CNSA 还支持组装数据、变异数据的在线批量归档。为了提高数据的通用性,CNSA 支持各种常用格式的数据文件的提交,例如,原始数据格式包括 FASTQ、BAM、SFF 和 PacBio_HDF5,组装数据格式有 FASTA,变异数据格式有 VCF 等。为了确保归档数据的完整性并提高可用性,CNSA 对用户提交的数据进行校验和质量控制。对 CNSA 中的归档数据,提交者可以根据项目的保密级别以及研究进度,自由决定归档数据的开放权限和开放时间等。

CNSA 自 2018 年 10 月上线以来,其归档数据量快速增长。截至 2020 年 5 月 22 日,在该平台归档的项目有 2 176 个,提交的数据量达 2 221 TB。为便于研究人员查找和利用数据,CNSA 为每个归档的项目分配 DOI 以索引项目。DOI 为 CNSA 归档数据在互联网环境中的访问提供了便利途径,提高了人们对研究数据的认可,可作为有关科学记录合法的、可引用的成果支撑数据,并允许这些数据在未来的研究中被验证以及被重新利用[27]。

为实现活体资源、样本资源和数据资源的贯穿,使生命数据在全生命周期可追溯,除归档核酸数据外,CNGBdb 还构建了国家基因库样本信息共享平台(E-BioBank,EBB),支持活体资源和样本资源的递交和归档。E-BioBank 已归档 477 201 份样本、1 912 个物种、23 个样本库。

CNGBdb 还整合了很多外部数据库的优秀数据资源,如科研文献、基因、变异、蛋白质和序列等知识数据。为了使用户能够快速、准确地检索到其需要的数据和信息,CNGBdb 平台提供了生命大数据搜索引擎。CNGBdb 搜索的数据类型主要包括文献、项目、样本、试验、测序、组装、变异、基因、蛋白质、序列等。目前 CNGBdb 中可检索的知识条目超过 30 亿条,其中可被检索的文献超过 2 947万条记录,基因序列超过 2 274 万条记录,蛋白质序列超过 22.7 亿条记录。CNGBdb 中的科研文献信息来源于对多个文献数据库系统中数据的整合,包括 GigaScience、PubMed 和 Europe PMC 等。CNGBdb 知识检索服务,可通过平台首页搜索入口选择不同的数据库,实现跨多个数据库或者单个数据库高效、快速地检索。用户可在搜索输入框内输入任意的、有意义的词或是编号来查找相关的信息。除此之外,CNGBdb 库与库之间的信息实现了交叉互链,形成数据信息的互联互通,方便了数据的关联查询和检索,如搜索变异数据库,除可检索到变异信息外,还可查看变异关联物种、基因和文献等信息。这种数据互联互通的方式,极大提高了内容检索效率,便于用户进行相关知识的理解和深入研究。

除此之外,CNGBdb 还提供了基因数据分级分类管理、数据计算及数据应用等功能。

5.3 典型大数据硬件平台

本节介绍几种典型的大数据硬件平台,包括飞天大数据平台、FusionInsight 智能数据湖、云海 Insight HD 以及 XData 大数据一体机,介绍这些大数据硬件平台的基本组成和特性。

5.3.1 飞天大数据平台

飞天大数据平台作为我国自主研发大数据平台建设的最佳实践,是全球集群规模最大的计算平台。从 2009 年发展至今,它不仅承载了数据业务中 99% 的计算存储需求,还广泛应用于城市大脑、数字政府、电力、金融、新零售、智能制造、智慧农业等各领域的大数据建设。近几年来,飞天大数据平台的多项研究成果广受国际认可,如获 2021 年系统架构顶会 ATC 最佳论文[28]、VLDB 计算调度论文 Fangorn[29] 以及 2020 年 OSDI 机器学习与单机调度论文 AntMan[30] 等。

1. 关键发展节点

- 2009 年,"飞天"第一行代码。

- 2013 年,"登月"开始,单集群规模 5 000 台服务器,成为世界上第一家对外提供 5K 云计算服务能力的公司。

- 2015 年,完成"登月",所有数据计算和存储任务全部迁移到飞天平台;打破 Sort Benchmark 世界排序记录。

● 2016 年,全球部署 10 余个数据中心。

● 2017 年,飞天云操作系统获得中国电子学会 16 年来颁发的唯一一个科技进步特等奖;"数加"平台建立,MaxCompute 和 Data-Works 等 20 多个大数据产品亮相。

● 2018 年,MaxCompute 整体集群实现 10 万台协同,DataWorks 日调度任务数达千万;构建了从数据上云到应用全系列一站式开发平台。

● 2019 年,全域数据平台,将实时计算、图计算、离线计算、机器学习、搜索等引擎协同起来提供服务,且支持 AI。

2. 产品架构

飞天大数据平台包含 8 大引擎平台和一个操作系统,具体描述如下。通过全域智能大数据平台,企业可以借助其对接的多个计算存储引擎,高效完成大数据分析和处理的各类需求,构建数据全链路研发流程和数据治理体系。

8 大引擎平台如下:

(1)大数据引擎 MaxCompute:批量结构化数据的计算和存储,提供海量数据仓库的解决方案及分析、建模服务;

(2)开源大数据计算引擎 E-MapReduce:基于开源 Hadoop 和 Spark 的大数据处理系统;

(3)实时大数据计算引擎 RealtimeCompute:基于 Apache Flink 构建的企业级、高性能实时大数据处理系统;

(4)图计算引擎 GraphCompute:一站式图数据管理和分析平台,提供高性能、低延迟的可视化数据分析服务;

(5)交互式分析引擎 Hologres:支持高并发、低延迟地查询、分析和处理拍字节（petabyte，PB）级数据；

（6）智能推荐引擎 AIRecommendation：个性化推荐电商、内容、新闻咨询、视频直播和社交等多个行业模板；

（7）分布式搜索引擎 OpenSearch：自主研发的大规模分布式搜索引擎平台，承载多个电商平台的搜索业务；

（8）开源搜索引擎 ElasticSearch：基于 Lucene 的实时分布式搜索引擎，提供超大数据集的实时存储、查询与分析。

一个操作系统是全域智能大数据平台 DataWorks，对接多种引擎，高效地完成数据全链路研发流程，建设企业数据治理体系。

5.3.2　FusionInsight 智能数据湖

FusionInsight 智能数据湖整合了 MapReduce 服务（MapReduce service，MRS）、数据仓库服务（data warehouse service，DWS）、云搜索服务（cloud search service，CSS）、图引擎服务（graph engine service，GES）、数据湖探索（data lake insight，DLI）、数据湖治理中心（data lake governance center，DGC）和 ModelArts AI 开发平台等云服务，为政府、金融、运营商等客户提供大数据离线分析、实时检索、实时流处理、交互查询、数据接入和治理等功能，加速智能转型升级。

1. 总体方案架构

FusionInsight 智能数据湖的总体方案架构如图 5.5 所示。将交易系统、社交媒体、Web、物联网等数据实时增量更新到云端，而智能数据湖依托于云端完成大数据分析和处理，最后下沉到业务应用中。智能数据湖自上而下主要包含三大类服务，最顶层提供数据治理服务,中层提供数据计算服务,底层提供对象存储服务和数据统一表示服务。

2. 核心云服务产品

FusionInsight 智能数据湖依托云端,为金融、车联网、政企、电商、能源、电信等多个领域提供了多样、高效的大数据云服务产品,帮助企业一站式构建海量数据处理平台。

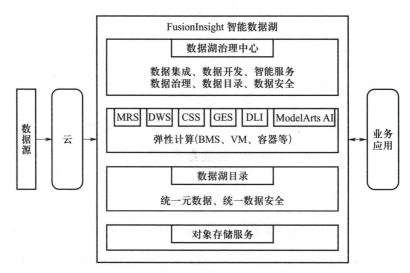

图 5.5　FusionInsight 智能数据湖的总体方案架构图

1) 数据湖治理中心(DGC)

DGC 是数据全生命周期一站式开发运营平台,提供数据集成、数据治理、数据可视化、数据安全、智能服务、统一运维等功能,其主要应用场景是快速构建一站式数据运营治理平台、快速将线下数据迁移上云、基于行业领域知识库快速构建数据中台等。

2) MapReduce 服务(MRS)

MRS 提供企业级大数据集群云服务,租户完全可控,可以轻松运行 Hadoop、Spark、HBase、Kafka、Storm 等大数据组件,其主要业务场景是车联网企业快速上云、快速构建和部署金融保险业务系统以及智慧物流、智慧水务以及游戏行业等。

3）数据仓库服务（DWS）

DWS 是基于公有云基础架构和平台的在线数据处理模块，兼容标准 SQL 和 PostgreSQL/Oracle 生态，其主要应用场景是数据仓库迁移、大数据融合分析以及实时数据分析等。

4）云搜索服务（CSS）

CSS 提供基于 ElasticSearch 且完全托管的在线分布式搜索服务，使用流程与数据库类似，支持结构化或非结构化文本的多条件检索和统计等，其主要应用场景是日志可视化分析、电商网站的站内检索推荐等。

5）图引擎服务（GES）

GES 是国内首个商用且拥有自主知识产权的分布式原生图引擎。它以"关系"为基础，构建"图"结构，实现查询、分析和推荐等，其主要应用场景是媒体传播网络构建与分析推荐、金融风控实时欺诈检测、城市路网调控等。

6）数据湖探索（DLI）

DLI 完全兼容 Apache Spark、Apache Flink、openLooKeng 生态，支持标准 SQL 查询、Flink SQL 在线分析以及 Spark 作业全托管等，提供一站式的流处理、批处理、交互式分析的 Serverless 融合处理分析服务。其主要应用场景有金融行业实时风控、基因数据处理、地理大数据分析以及异构数据源联邦分析等。

7）ModelArts AI 开发平台

ModelArts 是面向 AI 开发者的一站式开发平台，提供简便的数据处理、算法开发、模型训练以及模型部署的开发流程。利用 Model-Arts AI 开发平台可以帮助科研机构、AI 应用开发商、企业或个人开发者高精度、高效率地完成开发任务。

5.3.3 云海 Insight HD

云海 Insight HD 是基于行业大数据实践经验,选择符合主流技术发展方向的开源组件,提供性能优化、统一管理、安全保障等功能的企业级大数据平台。

云海 Insight HD 提供了多源数据的集成、异构数据的海量存储、多场景下的数据计算框架、海量数据的实时分析挖掘、统一的平台化管理监控、便捷易用的数据操作、立体化的数据安全等功能。云海 Insight HD 提供图形化的操作界面,方便用户创建数据模型,同时提供预设的机器学习流程,帮助用户完成数据分析,降低了技术的应用门槛。

云海 Insight HD 广泛应用于海量文本实时搜索、多维数据交互分析式挖掘和比对碰撞、统一平台的数据开放共享、数据流实时计算、海量数据挖掘分析等行业业务场景;同时也是企业云、政务云平台中分布式计算服务(托管 Hadoop 服务、流式计算服务、数据科学探索服务等)的核心技术组件。

云海 Insight HD 内置了大数据生态中的 20 多种常用组件。图 5.6 给出了云海 Insight HD 大数据平台集成组件的一个框架图,其中包括数据安全、数据仓库、数据检索、日志系统、分布式计算框架、分布式文件系统以及统一管理服务等。各组件具体介绍如下。

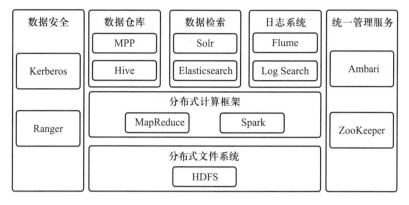

图 5.6　云海大数据平台集成组件

1. 数据安全

数据安全采用了 Kerberos[31] 和 Apache Ranger。其中 Kerberos 是一种计算机网络授权协议,用来在非安全网络中对个人通信以安全的手段进行身份认证。Apache Ranger 提供了一个集中式安全管理框架,用于在整个 Hadoop 平台上监视和管理数据。它可以对 Hadoop 生态的组件如 HDFS、YARN、Hive、Hbase 等进行细粒度的数据访问控制。通过操作 Ranger 控制台,管理员可以轻松地通过配置策略来控制用户访问权限。

2. 数据仓库

数据仓库是一种用来存储和分析结构化数据的特殊类型的数据库,数据仓库擅长对来源不同的数据进行聚合和关联。MPP（massively parallel processing,大规模并行处理）是目前比较流行的分布式数据仓库架构。Apache Hive 是一个建立在 Hadoop 架构之上的数据仓库,它能够实现数据的查询和分析。

3. 数据检索

Solr[32] 是 Apache Lucene 项目的开源企业搜索平台,其主要功能包括全文检索、命中标示、分面搜索、动态聚类、数据库集成以及富文本(如 Word、PDF)处理等。Solr 是高度可扩展的,并提供了分布式搜索和索引机制。Elasticsearch 同样是一个基于 Lucene 的搜索引擎,它提供了分布式、支持多租户的全文搜索引擎,具有接近实时的搜索性能。

4. 日志系统

Flume 是一个高可用、高可靠、分布式的海量日志收集系统。它可以从不同的数据源收集日志数据,经过高效聚合之后发送到存储系统中。Ambari Log Search 是 Ambari 社区推出的组件,其主要功能包括日志监控、收集、分析,并为收集的日志建立索引从而进行故障排查、日志搜索、日志审计等。

5. 分布式计算框架

MapReduce 是面向大数据并行处理的分布式计算框架,主要由编程模型和运行时环境两部分组成。其中,编程模型为用户提供了非常易用的编程接口,用户只需要像编写程序一样实现几个简单的函数即可实现一个分布式程序,而其他比较复杂的工作,诸如节点间的通信、节点失效、数据切分等,全部由 MapReduce 运行时环境完成,用户无须关心这些细节。Apache Spark 是一个开源集群运算框架,Spark 使用存储器内运算技术,能在数据尚未写入硬盘时即在存储器内进行分析、运算。Spark 在存储器内运行程序的运算速度比 Hadoop MapReduce 的运算速度快 100 倍,即便待运行程序位于硬盘中,Spark 也能快 10 倍。Spark 允许用户将数据加载至集群存储器,并多次对其进行查询,非常适用于机器学习算法。

6. 分布式文件系统

Hadoop 分布式文件系统(HDFS)能提供高吞吐量的数据访问,

适合大规模数据集方面的应用,为海量数据提供存储服务。HDFS是一个高度容错的系统,适合部署在廉价的机器上。

7. 统一管理服务

ZooKeeper 是一个开源的分布式协调服务,提供分布式数据一致性解决方案。分布式应用程序可以基于 ZooKeeper 实现诸如数据发布/订阅、负载均衡、命名服务、分布式协调/通知、集群管理、Master选举、分布式锁和分布式队列等功能。ZooKeeper 的设计目标是将那些复杂且容易出错的分布式一致性服务封装起来,构成一个高效、可靠的原语集,并以一系列简单、易用的接口提供给用户使用。Apache Ambari 旨在通过开发用于配置、管理和监视 Apache Hadoop集群的软件来简化 Hadoop 管理。Ambari 通过其 RESTful API 提供了直观、易用的 Hadoop Web 用户接口。

5.3.4 XData 大数据一体机

XData 大数据一体机是通用的海量数据处理平台,为结构化及非结构化海量数据提供存储组织和查询处理功能,满足用户对海量数据的过滤性查询、统计分析类查询和关联分析的处理需求,可广泛应用于政府、科教、能源、交通、环保等行业,助力用户挖掘数据价值,实现业务创新。

XData 大数据一体机可广泛应用于电信数据统计分析、互联网/移动互联网的日志和用户行为分析、物联网/传感器网络的数据监控和追踪分析以及金融交易数据的离线统计和挖掘等领域。

1. 系统结构

XData 大数据一体机包含客户端、计算模块与数据模块,系统结构如图 5.7 所示。

（1）客户端：用于和用户应用对接，提供 XJDBC/MapReduce 统一访问接口和各种服务专用访问接口。

（2）数据模块：用于提供结构化/非结构化数据一体化存储空间，内嵌高性能数据存取引擎，并行处理所有计算模块的数据访问请求。

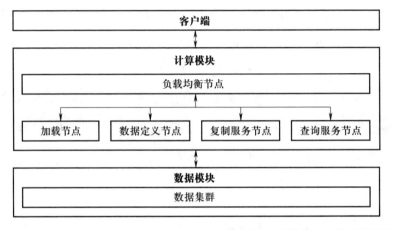

图 5.7　XData 大数据一体机系统结构

（3）计算模块：用于数据的并行加载和查询处理，对客户端提供统一的数据处理接口。

2. 技术规格

XData 大数据一体机技术规格如表 5.5 所示，其高性能的硬件平台完全有能力提供海量数据的采集、存储、整理、计算、分析、可视化能力。

XData 大数据一体机将数据存储单元和处理单元分离，通过构建高效的服务中间件，底层采用无共享结构的数据存储节点，进而聚合成一个单一的数据处理系统映像，以实现较高的数据读写并发度、计算并发度，以及良好的系统扩展性、可靠性和可维护性。

表 5.5 XData 大数据一体机技术规格

描述项	规格说明
节点数量	满柜 20 个高效计算节点
计算单元	支持主流高性能可扩展处理器,高速 UPI 互联总线,大容量三级缓存;单节点内存最大可扩展为 6 TB
存储单元	本地存储配置灵活,支持 NVMe 存储;单节点最大支持 128 TB 存储容量
I/O 扩展槽	最大可支持 10 个 PCI-e 扩展插槽(含 2 个专用 PCI-e 插槽),可选择支持多个高性能 GPU 插槽(需搭配高功率电源)
交换单元	可选集成千兆双口 RJ-45、万兆双口 RJ-45、千兆四口 RJ-45、万兆双口光纤,IB(56GE/100GE)网卡等多种网络接口,支持管理和数据双网部署
机柜尺寸	42U 标准机柜
供电支持	支持高压直流 240 V
满柜最大功率	单节点 550 W/800 W/1 200 W 铂金电源,支持热插拔,支持 1+1 冗余
软件功能	支持 XData 系列大数据软件

5.4 国产大数据一体机及应用

5.4.1 国产大数据一体机平台

大数据一体机是集服务器、存储设备、网络设备、操作系统、数据库管理系统以及为数据查询、分析、处理等用途而定制的软硬件,是面向大数据存储、处理与分析,展现全环节,软硬件一体化的解决方案。大数据一体机可抽象为硬件支撑层、软件处理层、应用管理层,体系结构如图 5.8 所示。下面主要介绍前两层。

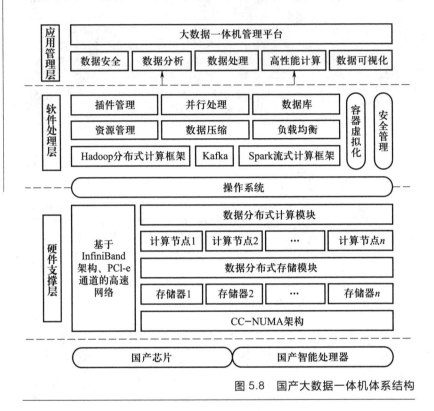

图 5.8　国产大数据一体机体系结构

1. 硬件支撑层

基于国产芯片的大数据一体机处理并行问题,需要有多个层次的并行计算以加快处理速度,同时也需要分布式存储的支持。国产处理器的高密度组装处理平台使用 CC-NUMA 多核多路节点,通过高速网络连接成集群形式,构建并行集群环境。同时利用寒武纪处理器来扩充并加速人工智能算法和应用,它的硬件体系架构如图 5.9 所示。为了实现在线交易、视频处理、图像渲染、高性能计算等应用,采用 CPU 与 GPU 处理及 MIC 混合的异构协同计算架构,通过 FPGA 将算法固化在硬件中,并在原有的存储结构基础上添加 SSD 缓存以提升数据读写速度,从而达到 GPU 加速的目的。

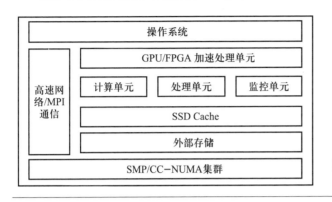

图 5.9　硬件架构图

1) SMP/CC-NUMA 结构

该系统顶层结构是由若干独立计算节点构成的集群,如图 5.10 所示,每一个计算节点及其内部单元均为 SMP/CC-NUMA 架构以提供更高的并行度。

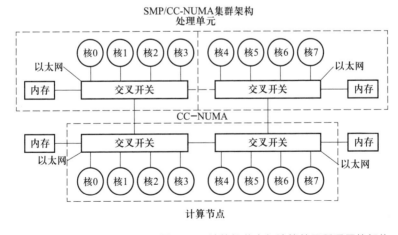

图 5.10　计算机节点与计算单元所采用的架构

2) 通用处理器与向量协处理器结合的编程模型设计

为了实现快速信息处理,采用通用处理器与向量协处理器结合的编程模型,如图 5.11 所示。在这种特别的编程模型中把高速缓存(cache)当作 RAM 使用,对软件不透明,提高了效率,借鉴了 GPU 思想,具有可管理、可编址等优势。

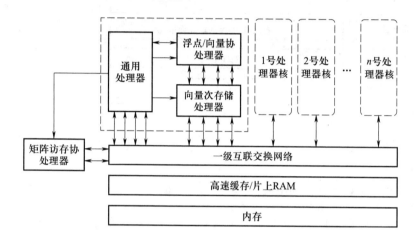

图 5.11　通用处理器与向量协处理器结合的编程模型

2. 软件处理层

国产大数据一体机软件处理层基于 Hadoop 分布式计算框架、Spark 流式计算框架、Kafka 和并行化思想,对数据进行存储、分析、处理,通过系统管理平台将结果可视化。同时,利用容器虚拟化技术对容器集群进行动态调度,并对资源和数据进行认证、授权、加密等安全管理,增强了系统的可管理性和易用性,保证整个系统的可行性和安全性。利用寒武纪板卡提供的相关软硬件接口来构建深度学习框架,为 YOLO 系列、SSD 系列等算法提供了平台支撑。

软件处理层包括分布式数据采集层、基于内存计算的混合型分布式存储层和处理层、一体化的资源和系统管理层,如图 5.12 所示。

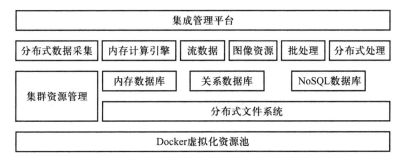

图 5.12 软件处理层架构

1）软件架构

软件架构包含分布式数据采集、大数据存储、大数据处理及一体化的集成管理平台等部分。

（1）分布式数据采集：使用流水化的并行提取方式进行数据的转换和加载，实现对多源异构行业数据的高速导入；并且支持多种数据源，如文本、XML、传输协议、数据库、文件系统等，同时支持动态扩展以提高系统吞吐量，并可以根据性能要求配置可靠性级别。

（2）大数据存储：主要包括基于分布式文件系统的关系数据库和分布式文件系统、NoSQL 数据库和内存数据库，以及用于实时计算的 BLAS 数学库。分布式文件系统可以直接从客户服务系统或社会经济数据中存取文本、视频和音频文件，并为上层数据库提供高度可靠的支撑以及可扩展的文件存储。关系数据库主要存储生产管理、客户关系、市场营销这些需要强一致性保障且结构化特征明显的数据。NoSQL 数据库用于存储半结构化或结构化特征较弱的数据，如历史日志数据、气象信息和社会经济数据，以及需要考虑性能和可扩展性的数据。内存数据库主要用于存储各种经常使用或需要高效处理的数据，如索引、中间结果、维度表等数据。BLAS 数学库提供各种实时计算的资源。

（3）大数据处理：包括内存计算引擎、基于内存计算的批处理引擎、交互处理引擎以及流处理引擎。内存计算引擎能够对分布式异构存储数据进行内存抽象，可以提高 I/O 处理性能及数据缓存性能，除此之外，内存计算引擎还可以提供并行流水化方式及线程轻量级运行环境，从而实现负载均衡；批处理引擎主要处理的是离线数据的并行计算问题，比如关联分析、聚类计算、协同过滤等数据挖掘方法；交互处理引擎是响应面向应用层的标准 SQL 请求，比如关联分析、查询、聚合等；流处理引擎主要用于处理连续的、实时到达的数据流，比如异常警报处理、时间窗口查询等。

（4）一体化的集成管理平台：包括分布式网络安全管理平台、集中式的 Web 管理控制台和分布式集群资源管理系统。分布式网络安全管理平台通过整合子系统的安装、部署及配置以及网络资源及子系统监控功能的存储、计算，并添加认证、授权、加密等安全管理功能，提高了整个安全管理系统的易用性及可管理性。Web 管理控制台通过统一的 Web 服务实现对各子系统任务功能的管理和控制。一方面，分布式集群资源管理系统采用统一的资源调度框架，该框架基于资源调度和任务控制分离模式对子系统进行资源分配，以提高子系统可扩展性、减轻子系统压力。另一方面，分布式网络安全管理平台通过监控、分布式锁定及一致性存储等手段，记录关键信息以便恢复系统状态，确保集群节点的动态变化，保证整个系统的可用性。

2）基于 Docker 虚拟化的资源池管理

传统虚拟机实现资源隔离的方法是使用独立的操作系统，利用 Hypervisor 技术把 CPU、内存、I/O 等设备进行虚拟化。每台虚拟机包含需要运行的程序、必要的运行库和整个客户操作系统。为了运行一个程序，通常需要花费几吉字节乃至几十吉字节不等的运行空间。而 Docker 使用 Docker 引擎技术代替了传统虚拟机的 Hypervisor 层和客户操作系统层，容器之间共享系统内核。利用 Linux 内核的一些技术，比如 CGroup 和 NameSpaces，Docker 容器可以很好地隔离容器之间的数据和资源，实现在同一 Linux 环境下不同容器之间的独立。Docker 容器技术还能避免虚拟机经常性开启且减少虚拟机的硬件开销。Docker 隔离应用的能力使 Docker 可以整合多个服务器以降低成本。由于没有多个操作系统占用内存，以及能在多个实例之间共享未用的内存，Docker 可以比虚拟机提供更好的服务器整合解决方案。

Docker 容器有效地将单个操作系统管理的资源划分到孤立的组中。容器可以在核心 CPU 本地运行指令，而不需要任何专门的解释机制，不需要指令级模拟，也不需要即时编译。每个容器内运行一个应用，不同的容器相互隔离，容器之间可以建立通信机制。通过建立镜像，不同的镜像搭配配套的运行环境，实现了应用的高可拓展性，容器的创建和停止都十分快速（毫秒级），容器自身对资源的需求很少；实现了更快速的交付和部署、更高效的资源利用、更方便的迁移和扩展、更简单的更新管理。启动 Docker 的系统代价比启动一台虚拟机的代价要低得多，无论是从启动时间还是从启动资源耗费角度来说。Docker 直接利用宿主机的系统内核，避免了虚拟机启动时所需的系统引导时间和操作系统运行的资源消耗。Docker 能在几秒之内启动大量的容器，这是虚拟机无法办到的。快速启动、低系统资源消耗的优点使 Docker 在弹性云平台和自动运维系统方面有着很好的应用前景。使用 Docker 每年可以为数据中心或云计算服务提供商节省大量的电力和硬件成本。

5.4.2　基因压缩在大数据平台的典型应用

在应用方面,大数据一体机可应用于生物医疗、教育、安全等众多领域。在需要处理海量数据的场合,都可以通过部署大数据一体机快速实现大数据分析和处理。本节通过基因压缩实例介绍大数据一体机平台上的大数据应用。

基因数据因其巨大的社会价值与经济价值,其安全性已成为国家安全的一部分,因此存储、分析与处理基因数据是国产大数据一体机的重要应用之一。基因数据快速增长能够极大丰富基因科学研究内容,对生命科学的发展具有很大的推动作用。基因数据分析技术在不断发展,在对某类疾病进行基因分析时,样本库也是越丰富越好,因此基因测序数据需要长期保存。而且,随着基因测试仪成本逐渐降低,基因测序点越来越分散,基因数据的汇聚与传输需要占用的网络带宽很大。目前基因数据增长的速度已经大大超过了存储和传输带宽增长的速度,给存储和数据传输带来很大的挑战[45]。一个人的完整基因大概包含 30 亿个碱基,所以未经压缩的单个人类基因数据约为 3 GB。以 10 TB 的存储空间、4 MBps 传输带宽的大数据一体机为例,一台大数据一体机只能存储 3 000 多个人的基因数据,传输一个人的基因数据需要 1.6 h。因此,面向国产大数据一体机的基因压缩技术是首先需要解决的关键问题。

为了充分利用大数据一体机多节点存储和计算优势,基因数据在大数据一体机上采用 HDFS 存储。所以基因压缩需要支持从 HDFS 上读取基因数据,然后采用 MapReduce 或 Spark 分布式计算框架进行压缩。本节介绍基于 MapReduce 的大数据一体机上的基因压缩。

基因压缩目前效率最高的是基于参考序列的基因压缩。基于参考序列压缩算法主要分为三步:参考序列与待压缩序列的信息读取,带压缩序列与参考序列的匹配,匹配结果的二进制序列化。为了保证基因序列按顺序读取,基因压缩算法将整条待压缩序列与大部分参考序列信息都读入内存进行处理,所以属于内存密集型算法。基于参考序列基因算法的重点是匹配算法,在匹配算法中交互文件数量有限,只需参考序列与待压缩序列两个文件;各序列匹配压缩的过程互不影响,没有共享的数据,结果也不需要进行归约统计。综合上述特点,在 Hadoop 平台上做 MapReduce 处理时,为了加快整个阶段的处理速度,应尽量减少甚至取消 Map 与 Reduce 中间的混洗处理;在基因压缩中,把整个计算过程放在 Map 任务中完成,将 Reduce 任务设置为 0,保证整个过程都在同一节点的内存中完成。

为了保证资源的高利用率,对影响并行度因素之一的节点数做进一步细化。利用 YARN 的 CGroup 机制,把一个节点资源划分成多个容器,这些计算容器之间互不影响,分配的资源相互独立,符合算法的运行条件。综上,基因压缩的计算次数 $T_{calculate} = Q_{container} = Q_{task} = Q_{file}$,其中 $Q_{container}$ 为计算容器的数量,Q_{task} 为 Map 任务数,Q_{file} 为序列文件的总数。基因压缩总体流程如图 5.13 所示。

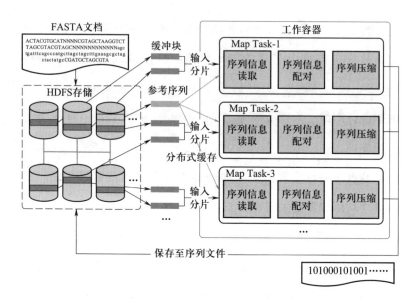

图 5.13　基因压缩实现流程

将 FASTA 格式基因文件存储于 HDFS 中,在执行 MapReduce 任务时将这些文件块再次划分成输入分片并发送至工作容器,经过压缩处理后输出为二进制文件,再次保存至 HDFS 中。如果需要对压缩文件进行进一步处理,可以从 HDFS 中下载这些文件。

1. 序列信息读取

基因压缩算法需要使用两个 FASTA 文件进行交互,所以需要先提取它们的关键信息。这些基因文件存储于 HDFS 中,这是一个分布式的抽象存储系统,在处理输入文件时需要考虑输入分片大小与输入文件的缓存配置。

（1）Map 输入分片。匹配算法对序列碱基字符的位置十分敏感,位置标注错误可能会大幅影响压缩率。在 HDFS 中较大的序列文件会被切分成若干个数据块加以保存,如果在实施 Map 任务前不调整分片容量,输入分片会被不同的 Map 任务分别处理。由于处理

338

过程相互独立,最终导致压缩错误。在输入前,调整输入分片容量 S_{split} 范围为 $S_{file} \leq S_{split} < S_{block} + S_{file}$,其中 S_{block} 代表 HDFS 中一个数据块的大小,S_{file} 代表待压缩文件大小。

(2) MapReduce 分布式缓存。在整个过程中各工作节点会被划分成多个计算容器供并行处理,所有节点生成计算容器的总数等于待压缩序列个数。基因压缩算法的输入是参考序列与待压缩两条序列,以实现两个文件的交互操作,如果采用参考序列与待压缩序列的多路径输入,会导致参考序列的 HDFS 路径被不同容器重复读取,而且每次读取都有可能产生磁盘读取与网络传输,在读取大批量基因文件的情况下会产生大量时间损耗。针对这一问题,采取 MapReduce 分布式缓存技术,其目的是在 MapReduce 任务运行之前,将 HDFS 上单独的一个或多个文件通过网络发送到各工作节点上,缓存在一个特定目录里作为索引文件。这样,网络传输的次数仅为节点总数,在实际处理中,即使是人类染色体中最大的 1 号染色体,在分布式多副本存储环境下,缓存速度也并不会令人失望。

(3) 提取过程。首先从分布式缓存中读取参考序列,经分析可知,文件中 A、C、G、T 相似度较高,其余字符如 N、Y、R 等出现频率低,分布十分散乱,所以只记录其位置与编号,不做匹配处理。由于 FASTA 文件中存在大量小写字符,所以还需单独记录这些小写字符信息。在提取参考序列过程中,只需考虑小写字符位置与大写字符序列信息。将参考序列的小写字符序列转化成大写字符,通过分配一个具有连续空间的数组 $G_{reference}$ 来存储所有的序列字符,存储的字符只有大写的 A、C、G、T。将出现的一段小写字符位置信息以 $<l_{position}, l_{length}>$ 二元组向量形式存储在数组 G_{ref_low} 中,其中 $l_{position}$ 为小写字符与上一段字符的相对位置，l_{length} 为这段小写字符的长度。这一工作由 Map 类的 Setup 函数完成。

下一步从 Map 输入分片中读取待压缩序列，将待压缩序列的读取作为一个逐行迭代的过程经由 Map 函数读取，采用 Hadoop 封装的键值对输入标准，可以缩短 Map 任务对输入分片键值对的处理时间。首先读取输入分片文件中首行基因文件信息，存入数组 $G_{identifier}$ 中；然后在输入分片中读取大写字符信息与小写字符信息，读取方式与参考序列类似；最终将所有大写字符存储在数组 G_{target}，小写字符位置存储在 G_{tar_low} 中；另外，还需读取未识别碱基字符即 N 字符信息、换行符信息与其他字符信息。N 字符信息同样使用 $<n_{position},\ n_{length}>$ 的向量形式存储在数组 G_N 中。由于不同 FASTA 文件每行长度不定，而且同一文件中也可能有行不满的情况，使用记录换行符位置的方式来标识每行的长度，将这些长度保存到一个数组 G_{line} 中。对于剩下的未知碱基，使用一些不规则排列的特定字符来表示，这些字符信息需要使用 $<p_{position},\ c_{info}>$ 的形式存储在数组 $G_{special}$ 中，其中 $p_{position}$ 为特殊字符的位置，依旧采取相对位置来表示，c_{info} 表示其字符。Map 函数只负责对待压缩序列进行迭代读取，所以 Map 函数不会产生输出。这一过程结束后，下一步会使用这些提取的信息进行匹配去重。

2. 序列信息匹配

序列信息经上一步处理后均已存入相应的数组中，接下来需要对其进行匹配操作。这一阶段主要使用待压缩序列字符数组 G_{target} 与参考序列数组 $G_{reference}$ 进行匹配，使用小写字符向量数组 G_{tar_low} 与 G_{ref_low} 进行匹配，并保存其他字符信息。这一步骤主要由 Map 类中的最后一个自定义函数 Cleanup 完成。

（1）构建哈希表。使用 K-mer 再次扫描参考基因序列,各位碱基字符按照 A = 0、C = 1、G = 2、T = 3 的编码方式进行编码后,依据 $G_{\text{reference}}$ 创建哈希表,使用哈希值在 G_{target} 中搜索拥有相同哈希值的字符片段。使用 K-mer 可以加速哈希表创建过程并使其无字符遗漏,在确定 K-mer 读取步长 k 后,每次读取一个 K-mer 都会包含一串长度为 k 的序列 S_j,其中 $j = 0,1,2,\cdots,k-1$。根据 S_j 计算哈希值 $value$, $value$ 计算如式（5.1）所示:

$$value = \sum_{j=0}^{k-1} s_j \times 4^j \qquad (5.1)$$

由式（5.1）可知,读取步长 k 的大小会影响匹配速度,也会通过影响哈希值的大小进而影响分配空间的大小。使用拉链法创建哈希表,由于链表内存占用较高,构建两个数组来模拟链表的链接方式:使用数组 G_{hash} 来存储一个 K-mer 的哈希值,数组 G_{loc} 充当链表。将第 n 个 K-mer 产生的哈希值 $value_n$ 存入 G_{loc},其在 G_{loc} 中的位置存入 $G_{\text{hash}}[value_{n-1}]$,这样通过 G_{hash} 的值就可以回溯 G_{loc} 的位置,而在 G_{loc} 中通过每个元素的位置有可能回溯出更多其他拥有相同哈希值的元素。构建哈希表方式如图 5.14 所示。

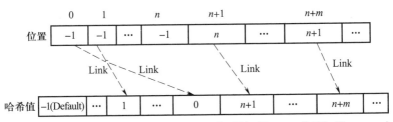

图 5.14　构建哈希表

（2）匹配去重。对参考序列构建哈希表后，对 G_{target} 中的数据进行哈希编码得到值 $value$，由 $G_{hash}[value]$ 中的值回溯 G_{loc} 数组元素的位置 l，这表示从 $G_{target}[l]$ 到 $G_{target}[l+k]$ 与 $G_{reference}[G_{hash}[value]]$ 至 $G_{reference}[G_{hash}[value]+k]$ 这两段 K-mer 完全相同，在此之后参考序列与待压缩序列继续向后逐位推进，继续寻找相同的碱基字符直到无匹配字符，记录这段额外长度 $length$。由于需要保证匹配的长度，设置一个匹配阈值 m，也称最小替换长度。在 G_{hash} 中发生冲突的元素可能有很多，如果 G_{loc} 相应位置不为 -1，则会继续向前回溯并匹配，直到匹配至 -1 为止。设置最小替换长度 m 作为匹配额外长度 $length$ 的最小值，若 $length$ 小于 m，则该处的 G_{loc} 位置不做考虑，存储为未匹配信息。最后取得一个额外长度的最大值 max_length，代表匹配到了最长序列。这段序列虽然可能在 G_{target} 的起始位置，但却并不一定在 $G_{reference}$ 的开头，所以如果要表示这段序列就需使用 G_{loc} 中 K-mer 的位置。使用 $p_{relative}$ 表示匹配的序列片段位置与预测位置的相对位置，其中预测位置 $p_{prediction}=p_{max}+l_{max}$，$p_{max}$ 和 l_{max} 为上一匹配片段起始位置和长度。所以 $p_{relative}$ 可能为负，而且参考序列与待压缩序列大部分的差异为 SNP，所有 $p_{relative}$ 大部分为 0 和 1。使用 $l_{relative}$ 表示 l_{max} 超出 m 部分的长度，采取相对长度来保存匹配片段的额外长度。最终使用 $<p_{relative},l_{relative}>$ 二元组形式保存匹配片段的信息。在这一过程中 m 会影响最小替换长度，也会影响最终结果的压缩率。将不满足最小替换长度的 K-mer 片段首字符未匹配到的字符存入 $G_{mismatch}$ 中，并将其由字符型转化为整型数据来存储，以便下一阶段做二进制编码。匹配成功后，G_{target} 序列将从 $k+l_{max}$ 继续向后匹配，直至全部匹配完成。

（3）其他信息匹配去重。大写字符匹配完成后,进行小写字符向量的匹配。由于小写字符的位置向量冗余度也可能很高,需要消除这些重复的位置向量。将$G_{\text{tar\_low}}$中每一个向量与$G_{\text{ref\_low}}$进行比较,如果相同则将其在数组$G_{\text{tar\_low}}$中出现的位置保存到数组$G_{\text{low\_loc}}$中,若不同则将这个向量保存到另一个数组$G_{\text{diff\_low\_vec}}$中。

除了小写字符,在读取阶段还产生基因文件信息数组$G_{\text{identifier}}$、N字符信息数组G_{N}、换行符信息数组G_{line}、特殊字符信息数组G_{special}。这些数组中存储的信息不会在参考序列中被提取出来,其中$G_{\text{identifier}}$为字符类型,G_{special}中的c_{info}也为字符类型,将这些字符型转换成整型数据存储,为下一步二进制编码做准备。由于换行符信息数组G_{line}存储的是基因文件一行的长度,而基因文件每行长度几乎相同,所以数组G_{line}中会有很多冗余信息。对G_{line}数组实施行程编码(run length encoding),以$< b_{\text{position}}, b_{\text{num}} >$二元组形式保存至一个新数组$G_{\text{line\_out}}$中,其中$b_{\text{position}}$为相同行宽的起始位置,$b_{\text{num}}$为从$b_{\text{position}}$开始相同行宽的个数。这一过程结束后,下一步会把这些信息进行二进制编码。

（4）二进制编码。经过上一步骤的匹配处理后,文件内容变成了一组由特定顺序数字组成的字符串。此时压缩效果仍不太理想,而且这些数字信息之间尚未设置标志位,设置字符标志位也十分占用空间。在这一阶段对这些数字中间结果使用静态熵编码,进一步提高压缩率,经验证效果优于第三方压缩插件。

在分析压缩过程中大量数据集产生的中间结果以及各类信息的输出结果后发现,这些结果的分布几乎没有任何规律,而且数值跳动巨大,可能为几百万,也可能为 0 或 1,其静态熵编码方案如表 5.6 所示,对频繁出现的 0 与 1 变量使用 3 b,其中 01 表示前缀;当值为 2～262 146 时,使用 19 b,其中使用 1 作其前缀;对于大于或等于 262 146 的值,使用 30 b 对其编码,其中用 28 b 表示数值位,使用 00 作为前缀。

表 5.6 熵编码

值	前缀	编码位/b
<2	01	1
2～<262 146	1	18
≥262 146	00	28

在 MapReduce 中输出二进制,需要使用 SequenceFile 格式对二进制进行编码,输出的序列化封装格式设置为 BytesWritable 格式类型,在反序列化的时候也需使用 Hadoop 的 SequenceFile 解码库对其进行解码。

3. 解压缩

并行压缩多条数据仅仅为了存储迁移处理,实际处理中可能不会对这么多生物数据同时解压而后进行分析操作,并且基因压缩输出在 HDFS 中的结果为一个个独立的二进制小文件,适合进行单独解压,故基因压缩解压算法仍保留为单机算法。MapReduce 使用 <key, value> 形式输出,Hadoop 的二进制编码机制会对其格式进行特定的编码,所以在读取二进制压缩文件时需要使用 Hadoop 的 SequenceFile 解码库。

在解压时,也需使用一条参考序列对其进行字符还原。由于匹配压缩算法较为依赖参考序列,在解压中选取的参考序列必须与压缩过程中的参考序列一致。解压缩是压缩的逆过程,主要分为文件读取、二进制解码、匹配信息还原三步。

（1）文件读取。使用 Hadoop 提供的 SequenceFile 解码库对压缩后的二进制文件进行特定解码，将读取的压缩文件存入内存。同时提取参考序列 A、C、G、T 信息，与压缩阶段读取步骤相同，提取小写字符信息，存入 $G_{\text{ref\_low}}$ 中。

（2）二进制解码。根据之前序列化的操作，依据编码规则的逆过程对二进制编码进行解码。将这些处理后的数据存入相应的数组中。

（3）匹配信息还原。经由上一步操作之后，待解压文件的信息都转化为数字存入数组中。首先按照序列信息匹配步骤的处理顺序来还原这些数字数组，将 $G_{\text{line\_out}}$ 还原为 G_{line} ，将 $G_{\text{low\_loc}}$ 与 $G_{\text{diff\_low\_vec}}$ 结合 $G_{\text{ref\_low}}$ 还原为 $G_{\text{tar\_low}}$ 。对 $G_{\text{reference}}$ 建立哈希表，将匹配阶段后的二元组信息<position , length>与 G_{mismatch} 一起还原出解压文件的大写字符序列，存入 G_{target} 。之后将 N 字符信息与特殊字符信息依次还原并填充至序列相应位置。最后将这些字符信息按照 G_{line} 中规定的行宽依次加入换行符并输出至解压文件。最终输出的解压文件与原始文件完全一致，基因压缩能够实现无损解压。

5.4.3 天文大数据

近年来，在气候科学、天体物理学、燃烧科学、计算生物学和高能物理等关键领域，越来越多的科学应用倾向于高度数据化，这对研究和开发都提出了重大的数据挑战。在科学实验、观察和模拟的过程中生成了大量数据，这些数据集的大小可以从几百兆字节到百万兆字节甚至更多[33]。例如,澳大利亚 SKA 望远镜使用下一代存档系统(NGAS)来存储和维护大量需要收集的数据[34]。NGAS 希望每年处理大约 3 PB 的数据,该数据足以填充 12 000 个单层的、250 GB 的蓝光光盘。产生大数据革命的因素众多,例如计算能力的快速增长(特别是与 I/O 系统带宽的缓慢增长相比)使数据采集和生成变得更加容易,高分辨率、多模型的科学发现将需要并产生更多的数据,从大量低熵数据中挖掘有价值信息的需求近年来大幅增加。

天文学进入了大数据时代,大型巡天望远镜的应用也使天文学数据不论是在量级还是在质量或者复杂度(或者说是丰富程度)上都产生了质的飞跃,而这三者又是紧密相连的。不同设备所采集的数据也不尽相同,例如,位于墨西哥的斯隆数字巡天望远镜以及我国研制的郭守敬望远镜(大天区面积多目标光纤光谱天文望远镜,LAMOST)[35]获取的是天体多色测光资料以及光谱数据,用以探索宇宙中各种各样的星体;利用位于贵州省的著名的"中国天眼"500 m 口径球面射电望远镜(FAST)所观测的脉冲电信号数据,已经成功地发现了 59 颗优质的脉冲星候选体,为我国的天文事业做出了巨大贡献;位于智利的大型综合巡天望远镜(LSST)每年可拍摄超过 20 万张图片,这些图像数据在处理后将被用于侦测暗物质与暗能量以及寻找太阳系中的大小天体(包括近地小行星或者超新星)[36];而南京紫金山天文台通过暗物质粒子探测卫星"悟空"号获取了大量的电信号数据,这些数据在经过处理后被分类为电子、中微子等带有不同粒子特征的数据,为观测暗物质做出了贡献。

以上所述天文数据是根据存在方式实施分类的,除此之外,天文数据还可以根据获取方式（观测数据以及数值模拟数据）、结构（结构化数据、半结构化数据、非结构化数据）等诸多方面进行分类。

结合数据科学家们提出的大容量、多类型、高复杂性等大数据特征与天文学特点，天文数据的特点除了已知的海量性、空间性以及多模式外，还有可能是高维度（光谱数据）、多尺度以及高分辨率（图像数据）的[37-41]。此外，由于宇宙空间中的某些因素或仪器本身的影响，这些数据也有可能是缺失或者伴有误差的。这些天文数据的类型、特点及丰富程度对天文大数据在诸如存储、传输、处理、分析、挖掘等方面提出了严峻的挑战。

1. 天文大数据存储

新兴的大数据处理技术（如 MapReduce）虽然擅长分析大数据[42]，但是像 Spark 这样的分布式系统，作为处理许多应用程序域中大量数据的集群计算模型，已变得越来越流行。Spark 执行内存计算，其目标是优化基于磁盘的框架，例如 Hadoop。然而，由于未对涉及密集计算的数据访问做优化，这些分布式框架不能提供有效的天文查询处理能力。这是由天文数据的部分特征决定的，例如前文所述的高维度数据，在数据存储时必须先对数据进行降维处理，然后才能将其存储在诸如 MapReduce 这样的分布式存储系统中。但是由于其本身并不具备数据的降维能力，因此布拉昂（Brahem）等提出了 AstroSpark[43]系统。该系统是 Spark 的一个扩展系统，是一种可扩展、低延迟、经济效益高，并且十分高效的天文查询处理框架，用于处理和分析天文数据。AstroSpark 的基本框架如图 5.15 所示。

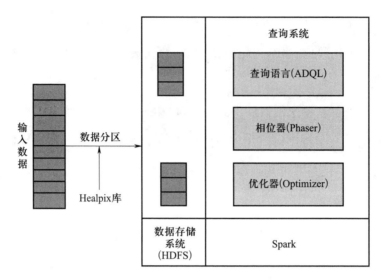

图 5.15　AstroSpark 基础框架

由华盛顿大学开发的开源项目 Myria 也能够快速读取并处理天文大数据。勒布曼(Loebman)等设计了一个称为 MyMergerTree 的合并树系统[44]，为了使天文学家能够通过大规模天体物理模拟来跟踪其"合并树"以研究星系的增长历史，该系统使用 Myria 作为后端的并行数据管理系统[46]。

Myria 可以直接从外部源(例如 HDFS 或 Internet)读取和处理数据，将加载到 Myria 的数据存储到 PostgreSQL 中，每个群集节点上都运行着一个独立的实例(类似于 HadoopDB)。通过这样的设计，Myria 可以利用 PostgreSQL 的索引功能，还可以将一些计算直接推送到其存储层。一旦进入内存，Myria 将继续使用自己内存中的关系和数据混洗运算符来处理数据。

我国科学家在研究了太阳 FITS 元数据和数据分布式存储中的不一致性问题后，设计了面向太阳观测的分布式存储系统 AstroFS[45]。该系统基于网络 RAID0 数据分片技术，利用数据的聚合/拆分、数据均衡分布存储、数据复制和提交、并发控制等技术,实现了存储的高性能和可扩展等,使该系统适用于面向大型望远镜的数据存储。

2. 天文大数据处理

由于不同的观测设备所采集的数据类型不一致,如 LAMOST 所观测的数据主要是光谱数据以及图像数据[46-50],而紫金山天文台暗物质粒子探测卫星(DAMPE)所采集的原始数据包含 14 大类。天文数据多样性、高复杂度的特性,使传统的数据挖掘、数据分析与处理技术在天文数据领域的应用变得尤为困难[51,52]。但同时,这也为天文领域以及计算机科学领域的专家提供了广阔的研究空间。

图 5.16 给出了天文数据处理的流程[53]。从图 5.16 可以看出,本地计算机在通过资源检索获取了云门户所定位的资源后,会将天文数据传入预处理系统进行预处理,同时预处理过的数据会存入云存储系统进行有效的管理,之后,后处理系统会将存储于云存储系统中的数据提取出来进行处理。同时,云存储系统中也存储了高性能计算资源。

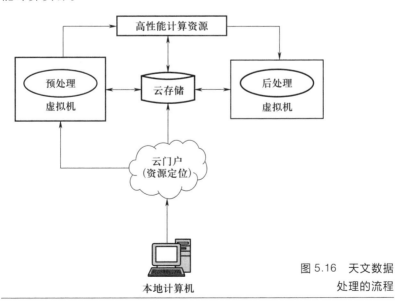

图 5.16 天文数据处理的流程

观测而来的数据往往无法直接用于处理分析,这些原始数据大多是杂乱无章的,因此,为了便于处理,首先使用一些方法对天文数据进行分类,以下是一些常用的分类方法。

(1)朴素贝叶斯分类。朴素贝叶斯分类通过对特征独立性进行"朴素"假设来应用贝叶斯定理[54]。形式上,给定一组 n 个特征 x_1, $x_2,\cdots,x_n$,相关的模式被认为属于满足以下条件的类 y,如式(5.2)所示:

$$y = \underset{j}{\operatorname{argmax}} P(C_j) \prod_{i=1}^{n} P(x_i \mid C_j) \qquad (5.2)$$

其中,$P(C_j)$ 为类 C_j 的先验概率,$P(x_i \mid C_j)$ 为给定类 C_j 特征 x_i 的条件概率(易于从使用监督学习框架的数据估计得出)。

(2)逻辑回归。在逻辑回归中,因变量(类)y 的条件概率被建模为解释变量[37](输入特征)$x_2,\cdots,x_n$ 的对数变换多元线性回归,如式(5.3)所示:

$$P_{\mathrm{LR}}(y = \pm 1 \mid x, \boldsymbol{w}) = \frac{1}{1 + \mathrm{e}^{-y \boldsymbol{w}^{\mathrm{T}} x}} \qquad (5.3)$$

通过最大化训练数据集上模型的可能性来训练模型(即学习的权重参数),如式(5.4)所示:

$$\prod_{i=1}^{2} P_r(y_i \mid x_i, \boldsymbol{w}) = \prod_{i=1}^{2} \frac{1}{1 + \mathrm{e}^{-y \boldsymbol{w}^{\mathrm{T}} x_i}} \qquad (5.4)$$

由于模型的复杂性而受到惩罚,如式(5.5)所示:

$$\frac{1}{\sigma\sqrt{2\pi}} \mathrm{e}^{\frac{1}{2\sigma^2} \boldsymbol{w}^{\mathrm{T}} \boldsymbol{w}} \qquad (5.5)$$

这可以作为以下正则化负对数似然的最小化重述,如式(5.6)所示:

$$\vartheta = C \sum_{i=1}^{2} \log(1 + \mathrm{e}^{-y \boldsymbol{w}^{\mathrm{T}} x_i}) + \boldsymbol{w}^{\mathrm{T}} \boldsymbol{w} \qquad (5.6)$$

梯度下降法用于使 ϑ 最小化。

（3）支持向量机（SVM）。SVM 通过将原始输入数据映射到高维（可能是无限维）[55]空间中构造一系列分离超平面的类来执行分类。通过隐式而不是明确地执行该映射，有效地实现了将数据映射到较高维空间，从而解决看似难以处理的任务。通过把内积运算替换成核函数，确保了用原始空间中的变量能够容易地计算高维空间中的点积[56]。给定 $\{(x_1,y_1),\cdots,(x_n,y_n)\}$ 形式的标记训练数据（输入向量和相关标签），支持向量机旨在找到最小化错误分类数的映射，以规范的方式训练实例。

（4）k 最近邻。k 最近邻分类包括特征 $x_2,\cdots,x_n$ 的新模式。在具有已知类别成员资格的训练模式中，包括输入模式（在特征空间中）的 k 个最近邻的集合中占优势的类别[57]。通常，使用的距离为欧几里得距离（欧氏距离）[58]。

（5）随机森林。随机森林分类器属于基于集合的学习方法，它们易于实施，操作快速，并且已被证明在各种领域都有非常成功的应用。随机森林方法的关键原则包括在训练阶段构建许多"简单"决策树[59]，并在分类阶段建立多数分裂（模式）。除了其他优点之外，这种分裂策略可纠正决策树的不良特征，避免过度训练数据。在训练阶段，随机森林将捕获技术应用于各树木[60]。捕获时，反复从训练集中选择随机样本并将树木替换为这些样本。每棵树都没有任何修剪，树的数量是一个自由参数，可以使用捕获误差来进行自动学习。

3. 存在的问题与未来的发展趋势

天文大数据作为研究天文学的重要依据，其宝贵程度不言而喻,然而天文数据的丰富度与多样性也使天文学家望而却步[61]。而对已经收集的天文大数据进行分类、辨别、预处理、清洗以及分析等处理,靠人工来完成很显然是不现实、不科学的。目前,天文大数据领域所遇到的挑战主要有如何对每天采集的数据进行高效、准确的分类,以实现数据的快速归档;如何更加高效地存储天文数据,以实现天文数据的快速查询;如何优化计算算法,实现海量天文数据的快速处理;如何充分利用海量的历史数据等,这些已成为天文领域中的关键科学问题。

应对上述挑战正是现代计算机领域所擅长的,尤其是高性能计算,其高吞吐量以及分布式计算的特点为解决天文大数据所遇到的这些难题提供了可能性。

(1)目前天文大数据应用运行在主流 CPU 集群中,只能通过横向扩展方式增大集群规模,这同时也增加了成本投入和能耗的开销。未来希望构建基于国产芯片的计算集群,加入定制化的人工智能芯片,如寒武纪处理器,为天文大数据的处理提供定制化计算集群。

(2)海量数据的不断产生,造成了数据传输和存储的困难。科学研究的时效性要求这些数据能被快速存储、分析、共享和归纳。而大数据一体机的应用能够较好地应对天文数据的存储、分析和共享问题,使天文数据能够在大数据一体机上得到快速、高效的分析与推断,为天文数据的分析以及预测提供支持。

(3)将传统的数据分类算法与机器学习相结合,如决策树、神经网络等,提高天文数据算法分类的效率与精确度。

(4)目前天文大数据大多采用传统的数据库格式,对于超大规模的数据,极大地影响了归档的效率,进而导致查询效率低的问题[59]。未来可以考虑基于分布式思想开发专用的数据存储软件。

（5）传统的数据处理算法存在效率低、复杂度高等问题。未来可以考虑将数据处理算法并行化，提高整体的数据处理效率，同时在数据分析过程中，应用数据挖掘的关键算法，如关联规则、朴素贝叶斯等，使在天文数据中发现新物质与新现象的可能性进一步提升。

参考文献

[1] DEAN J,GHEMAWAT S. MapReduce:simplified data processing on large clusters [C]//Communications of the ACM 51,1,2008,107-113. DOI:https://doi.org/ 10.1145/1327452.1327492.

[2] GHEMAWAT S,GOBIOFF H,LEUNG S T. The Google file system[C]//Proceedings of the 19th ACM Symposium on Operating Systems Principles,NY, USA,October 19-22,2003. ACM,2003. DOI:https://doi.org/10.1145/945445. 945450.

[3] CHANG F,DEAN J,GHEMAWAT S,et al.Bigtable:a distributed storage system for structured data[J]. ACM Transactions on Computer Systems,2006(26),2, 26. DOI:https://doi.org/10.1145/1365815.1365816.

[4] WANG B,LIU F,ZHANG E C,et al. The China national geneBank—owned by all,completed by all and shared by all[J]. Hereditas(Beijing),2019,41(8): 761-772.

[5] CLARKE L,FAIRLEY S,ZHENG-BRADLEY X,et al. The international genome sample resource(IGSR):a worldwide collection of genome variation incorporating the 1000 genomes project data[J]. Nucleic Acids Research,2017,45 (D1):D854-D859.

[6] Consortium ICG. International network of cancer genome projects[J].Nature, 2010,464(7291):993-938.

[7] YU J,HU S N,WANG J,et al. A draft sequence of the rice genome(Oryza sativa L.ssp.indica)[J]. Science,2002,296(5565):79-92.

[8] International RGSP. The map-based sequence of the rice genome[J]. Nature, 2005,436(7052):793-800.

[9] RGP. The 3,000 rice genomes project[J]. GigaScience,2014,3:7.

[10] MILNER S G,JOST M,TAKETA S,et al. Genebank genomics highlights the diversity of a global barley collection[J]. Nature Geneties,2019,51(2):319-326.

[11] SAYERS E W, CAVANAUGH M, CLARK K, et al. GenBank [J]. Nucleic Acids Research,2019,47(D1):D94-D99.

[12] MADEIRA F,PARK YM,LEE J,et al. The EMBL-EBI search and sequence analysis tools APIs in 2019 [J].Nucleic Acids Research, 2019, 47 (W1): W636-W641.

[13] KODAMA Y,MASHIMA J,KOSUGE T,et al. DDBJ update:the Genomic Expression Archive(GEA) for functional genomics data[J]. Nucleic Acids Research,2018(D1):D69-D73.

[14] RIGDEN D J,FERNANDEZ X M. The 2018 Nucleic Acids Research database issue and the online molecular biology database collection[J]. Nucleic Acids Res,2018,46(D1):D1-D7.

[15] Members SIB. The SIB Swiss Institute of Bioinformatics' resources:focus on curated databases[J]. Nucleic Acids Res,2016,44(D1):D27-D37.

[16] KANEHISA M,FURUMICHI M,TANABE M,et al. KEGG:new perspectives on genomes,pathways,diseases and drugs[J]. Nucleic Acids Research,2017,45 (D1):D353-D361.

[17] COCHRANE G,KARSCH-MIZRACHI I,TAKAGI T. The international nucleo-

tide sequence database collaboration[J]. Nucleic Acids Research, 2016, 46 (D1):D48-D51.

[18] WANG J, WANG W, LI R Q, et al. The diploid genome sequence of an asian individual[J]. Nature, 2008, 456(7218):60-65.

[19] LI R Q, FAN W, TIAN G, et al. The sequence and de novo assembly of the giant panda genome. Nature, 2010, 463(7279):311-317.

[20] Members NGDC. Database resources of the national genomics data center in 2020[J]. Nucleic Acids Research, 2020, 48(D1):D24-D33.

[21] MA Y K, BAO Y M . Prospects for national biological big data centers[J]. Hereditas (Beijing), 2018, 40(11):938-943.

[22] WANG Y Q, SONG F H, ZHU J W, et al. GSA:genome sequence archive[J]. Genomics Proteomics Bioinfor-matics, 2017, 15(1):14-18.

[23] ZHANG Y S, XIA L, SANG J, et al. The BIG Data Center's database resources [J]. Hereditas (Beijing), 2018, 40(11):1039-1043.

[24] ZHANG S S, CHEN T T, ZHU J W, et al. GSA:Genome Sequence Archive[J]. Hereditas (Beijing), 2018, 40(11):1044-1047.

[25] SHI W Y, QI H Y, SUN Q L, et al. gcMeta:a global catalogue of metagenomics platform to support the archiving, standardization and analysis of microbiome data [J]. Nucleic acids research, 2019, 47(D1):D637-D648.

[26] XU L, YU X, YAN Y. Deep learning application in astronomical big data processing[J]. E-science Technology & Application, 2018, 9(3):49-58.

[27] DEEPU C V, KURKURE N, DINDE P, et al. e-Onama:mobile high performance computing for engineering research[C]//Proceedings of International Conference on IEEE Third Innovative Computing Technology. 2013, 532-536.

[28] FENG Y H, LIU Z, ZHAO Y J, et al. Scaling large production clusters with partitioned synchronization [C]//2021 USENIX Annual Technical Conference

(USENIX ATC 21). 2021:81-97.

[29] CHEN Y D, WANG J M, LU Y F, et al. Fangorn: adaptive execution framework for heterogeneous workloads on shared clusters[C]// 47th International Conference on Very Large Data Bases, Part 4: 47th International Conference on Very Large Data Bases (VLDB 2021), Copenhagen, 16-20 August 2021, 2972-2985.

[30] XIAO W, REN S, LI Y, et al. AntMan: dynamic scaling on GPU clusters for deep learning[C]//The 14th USENIX Symposium on Operating Systems Design and Implementation (OSDI 20). 2020:533-548.

[31] NEUMAN B C, TS'O T. Kerberos: an authentication service for computer networks[J]. IEEE Communications magazine, 1994, 32(9):33-38.

[32] SMILEY D, PUGH E, PARISA K, et al. Apache Solr enterprise search server [M]. 3rd ed. [S.l.]: Packt Publishing, 2015.

[33] XU L, YU X, YAN Y. Deep learning application in astronomical big data processing[J]. E-Science Technology & Application, 2018, 9(3):49-58.

[34] ZHANG Q, YANG L T, CHEN Z, et al. A survey on deep learning for big data [J]. Information Fusion, 2018, 42:146-157.

[35] SHAN G H, XIE M J, LI F A, et al. Visualization of large scale time-varying particles data from cosmology [J], Journal of Computer-Aided Design & Computer Graphics, 2015, 27(1):1-8.

[36] VINOGRADOV V I. Advanced high-performance computer system architectures[J].Nuclear Inst & Methods in Physics Research A, 2007, 571(1-2): 429-432.

[37] DEEPU C V, KURKURE N, DINDE P, et al. e-Onama: mobile high performance computing for engineering research [C]//Proceedings of International Conference on IEEE Third Innovative Computing Technology.2013, 532-536.

［38］GAO C Z,CHENG Q,HE P,et al. Privacy－preserving naive bayes classifiers secure against the substitution－then－comparison attack［J］. Information Sciences,2018,444:72-88.

［39］LIU K,ZHOU X J,ZHOU D R. Research and development of data visualization ［J］.Computer Engineering,2002,28(8):1-2.

［40］BACON D F,GRAHAM S L,SHARP O J. Compiler transformations for high－performance computing［J］. ACM Computing Surveys,1994,26(4):345-420.

［41］DEAN J,GHEMAWAT S.MapReduce:simplified data processing on large clusters［J］. Communications of the ACM,2008,51(1):107-113.

［42］ZHONG R Y,LAN S,XU C,et al. Visualization of RFID－enabled shopfloor logistics big data in cloud manufacturing［J］. The International Journal of Advanced Manufacturing Technology,2016,84(1-4):5-16.

［43］BRAHEM M,LOPES S,YEH L,et al. AstroSpark:towards a distributed data server for big data in astronomy［C］//Proceedings of International Conference on the 3rd ACM SIGSPATIAL PhD Symposium. 2016:3.

［44］LOEBMAN S,ORTIZ J,CHOO L,et al. Big－data management use－case:a cloud service for creating and analyzing galactic merger trees［C］//Proceedings of international conference on Data analytics in the Cloud. 2014:1-4.

［45］LIU Y B.Research on key technologies of massive data storage for solar telescope［D］. Chinese Academy of Sciences,2014.

［46］THORVALDSDOTTIR H,ROBINSON J T,MESIROV J P. Integrative Genomics Viewer (IGV):high-performance genomics data visualization and exploration［J］. Briefings in Bioinformatics,2013,14(2):178-192.

［47］YOU L, TUNÇER B. Informed design platform:interpreting "big data" to adaptive place designs［C］//Proceedings of International Conference on IEEE 16th on Data Mining Workshops.2016:1332-1335.

[48] WANG L D. Big data and visualization: methods, challenges and technology progress[J]. Canadian Journal of Electrical & Computer Engineering, 2015, 34(3):3-6.

[49] ZHANG S C, LI X L, ZONG M, et al. Learning k for kNN classification[J]. ACM Transactions on Intelligent Systems & Technology, 2017, 8(8):1-19.

[50] LOSING V, HAMMER B, WERSING H. KNN classifier with self adjusting memory for heterogeneous concept drift[C]//Proceedings of international conference on IEEE 16th data mining. 2016:291-300.

[51] JOG A, CARASS A, ROY S, et al. Random forest regression for magnetic resonance image synthesis[J]. Medical Image Analysis, 2017, 35:475-488.

[52] LU M, SADIQ S, FEASTER D J, et al. Estimating individual treatment effect in observational data using random forest methods[J]. Journal of Computational and Graphical Statistics, 2018, 27(1):209-219.

[53] KIM J, DALLY W J, SCOTT S, et al. Technology-driven, highly-scalable dragonfly topology[C]//Proceedings of International Symposium on IEEE Computer Architecture. 2008:77-88.

[54] SUN N, SUN B, LIN J D, et al. Lossless pruned naive Bayes for big data classifications[J]. Big Data Research, 2018, 14:27-36.

[55] HARRIS T. Credit scoring using the clustered support vector machine[J]. Expert Systems with Applications, 2015, 42(2):741-750.

[56] RAVALE U, MARATHE N, PADIYA P. Feature selection based hybrid anomaly intrusion detection system using k means and RBF kernel function[J]. Procedia Computer Science, 2015, 45:428-435.

[57] ADENIYI D A, WEI Z, YONGQUAN Y. Automated web usage data mining and recommendation system using k-nearest neighbor (KNN) classification method[J]. Applied Computing and Informatics, 2016, 12(1):90-108.

[58] DOKMANIC I, PARHIZKAR R, RANIERI J, et al. Euclidean distance matrices: a short walk through theory, algorithms, and applications[J]. IEEE Signal Processing Magazine, 2015, 32(6): 12-30.

[59] KE G L, MENG Q, FINLEY T, et al. Lightgbm: a highly efficient gradient boosting decision tree[C]//Proceedings of International conference on Advances in Neural Information Processing Systems. 2017: 3146-3154.

[60] BELGIU M, DRĂGUŢ L. Random forest in remote sensing: a review of applications and future directions[J]. ISPRS Journal of Photogrammetry and Remote Sensing, 2016, 114: 24-31.

[61] ZHANG Y, ZHAO Y. Astronomy in the big data era[J]. Data Science Journal, 2015, 14(11): 1-9.